CIFAR10测试目标图像　　　　　　　　着色后的测试图像(预测后)

真实图像　　　　　　　　　　　　　由CycleGAN完成的色彩迁移

CIFAR10预测的目标图像。第100000步　　　CIFAR10预测的目标图像。第100000步

由自编码器完成的色彩迁移　　　　　CycleGAN使用PatchGAN完成的色彩迁移

图 7.1.9　使用不同技术的色彩迁移结果。包括真实图像，使用自编码器进行着色的结果，使用 vanllaGAN 判别器进行辅助的 CycleGAN 的结果，以及使用 PatchGAN 判别器辅助的 CycleGAN 的着色结果（彩色图片可从本书 Github 代码库中找到）

MNIST测试源图像　　　　　　　　　SVHN测试目标图像

MNIST 数字　　　　　　　　　　　　　街景房屋号

图 7.1.11　两个不同的域，数据未对齐（彩色图片可从本书 GitHub 代码库中找到）

MNIST测试源图像

MNIST 数字

所预测的SVHN目标图像，
第100000步

所预测的SVHN目标图像，
第100000步

SVHN域中的MNIST数字

使用PatchGAN的SVHN
域中的MNIST数字

图 7.1.12　测试数据从 MNIST 域到 SVHN 的风格转换
（彩色图片可从本书 GitHub 代码库中找到）

图 7.1.13 测试数据从 SVHN 域到 MNIST 的样式转换
（彩色图片可从本书 GitHub 代码库中找到）

所预测的MNIST源图像

SVHN到MNIST后向循环

所预测的SVHN目标图像

重构的MNIST源图像

图 7.1.14 使用 PatchGAN 的前向循环 CycleGAN 从 MNIST（源）转换到 SVHN（目标）
（彩色图片可从本书 GitHub 代码库中找到）

SVHN测试目标图像

SVHN到MNIST后向循环

所预测的MNIST源图像

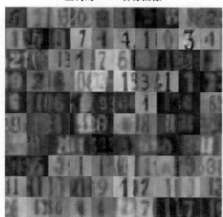

重构的SVHN目标图像

图 7.1.15 使用 PatchGAN 的后向循环 CycleGAN 从 MNIST（源）转换到 SVHN（目标）。重建后的目标与原始目标不完全相同（彩色图片可从本书 GitHub 代码库中找到）

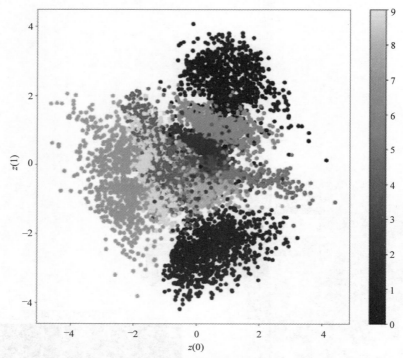

图 8.1.6 测试数据集 (VAE MLP) 上潜向量均值。色条显示随 z 的函数变化所展现出的相应 MNIST 数字（彩色图片可从本书 GitHub 代码库中找到）

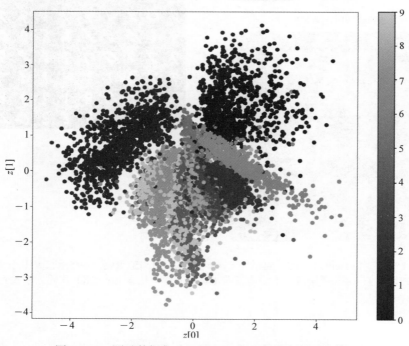

图 8.1.11 测试数据集（VAE CNN）上的潜向量平均值。色条显示随 z 的函数变化所展现出的相应 MNIST 数字（彩色图片可从本书 GitHub 代码库中找到）

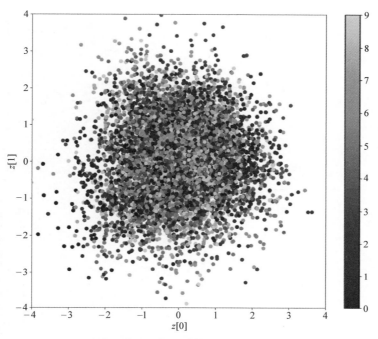

图 8.2.4 测试数据集上潜向量均值 (CVAE CNN)。
色条显示随 z 的函数变化所展现出的相应 MNIST 数字
（彩色图片可从本书 GitHub 代码库中找到）

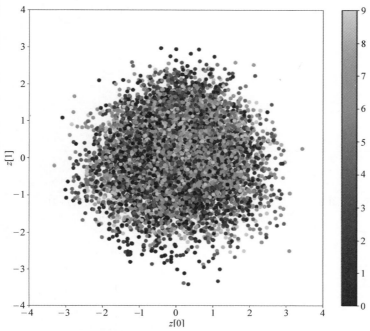

图 8.3.1 测试数据集上潜向量的均值（β-VAE，其中 $\beta=7$）
（彩色图片可从本书 GitHub 代码库中找到）

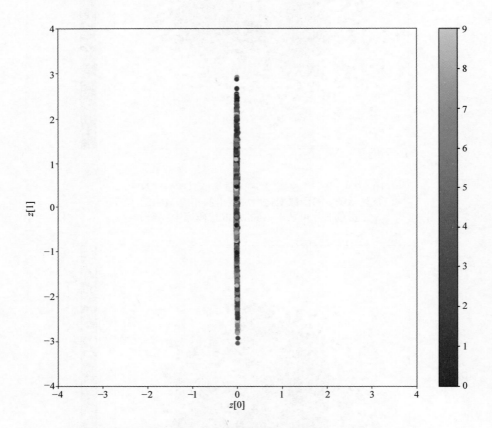

图 8.3.2 测试集合上潜向量的均值（β-VAE，其中 β=10）
（彩色图片可从本书 GitHub 代码库中找到）

深度学习系列

Keras 高级深度学习

［菲］罗韦尔·阿蒂恩扎（Rowel Atienza）著
蔡　磊　潘华贤　程国建　译

本书是高级深度学习技术的综合指南，内容包括自编码器、生成对抗网络（GAN）、变分自编码器（VAE）和深度强化学习（DRL），在这些技术的推动下，AI 于近期取得了令人瞩目的成就。

本书首先对多层感知器（MLP）、卷积神经网络（CNN）和循环神经网络（RNN）进行了概述，这些是本书中介绍的更高级技术的构建模块。之后探索了包括 ResNet 和 DenseNet 在内的深度神经网络架构以及如何创建自编码器。读者将学习如何使用 Keras 和 TensorFlow 实现深度学习模型，并进一步实现其高级应用。随后，读者将会了解到有关 GAN 的所有知识，以及认识到其如何将 AI 性能提升到新的水平。在此之后，读者可快速了解 VAE 的实现方式，并将认识到 GAN 和 VAE 是如何具备生成数据的能力的，并且使所生成的数据对人类来说极具说服力。因此，该类方法已成为现代 AI 的一个巨大进步。为充分了解该系列相关先进技术，读者将会学习如何实现 DRL，例如深度 Q-Learning 和策略梯度方法，这些方法对于 AI 在现代取得很多成就至关重要。

本书适合想要深入了解深度学习高级主题的机器学习工程师，以及高等院校人工智能、数据科学、计算机科学等相关专业学生阅读。

Copyright © 2018 Packt Publishing

First published in the English language under the title "*Advanced Deep Learning with Keras*" / by Rowel Atienza/ ISBN: 978-1-78862-941-6

Copyright in the Chinese language (simplified characters) © 2020 China Machine Press

This translation of *Advanced Deep Learning with Keras* first published in 2020 is published by arrangement with Packt Publishing Ltd.

This title is published in China by China Machine Press with license from Packt Publishing Ltd. This edition is authorized for sale in China only, excluding Hong Kong SAR, Macao SAR and Taiwan. Unauthorized export of this edition is a violation of the Copyright Act. Violation of this Law is subject to Civil and Criminal Penalties.

本书由 Packt Publishing Ltd 授权机械工业出版社在中华人民共和国境内（不包括香港、澳门特别行政区及台湾地区）出版与发行。未经许可的出口，视为违反著作权法，将受法律制裁。

北京市版权局著作权合同登记　图字：01-2019-0589 号。

图书在版编目（CIP）数据

Keras 高级深度学习 /（菲）罗韦尔·阿蒂恩扎（Rowel Atienza）著；蔡磊，潘华贤，程国建译. —北京：机械工业出版社，2020.3

（深度学习系列）

书名原文：Advanced Deep Learning with Keras

ISBN 978-7-111-64796-6

Ⅰ. ①K… Ⅱ. ①罗… ②蔡… ③潘… ④程… Ⅲ. ①机器学习 Ⅳ. ①TP181

中国版本图书馆 CIP 数据核字（2020）第 028952 号

机械工业出版社（北京市百万庄大街 22 号　邮政编码 100037）
策划编辑：刘星宁　　　责任编辑：刘星宁　任　鑫
责任校对：肖　琳　　　封面设计：马精明
责任印制：孙　炜
保定市中画美凯印刷有限公司印刷
2020 年 5 月第 1 版第 1 次印刷
184mm×240mm · 17.75 印张 · 4 插页 · 416 千字
标准书号：ISBN 978-7-111-64796-6
定价：89.00 元

电话服务　　　　　　　网络服务
客服电话：010-88361066　机　工　官　网：www.cmpbook.com
　　　　　010-88379833　机　工　官　博：weibo.com/cmp1952
　　　　　010-68326294　金　书　网：www.golden-book.com
封底无防伪标均为盗版　机工教育服务网：www.cmpedu.com

译者序

目前业界与学界流行的热词是 ABCDIV（A—人工智能、B—区块链、C—云计算、D—数据科学与大数据、I—物联网、V—虚拟现实），而人工智能则包含了机器学习与深度学习。三位深度学习之父 Yoshua Bengio、Yann LeCun、Geoffrey Hinton 因他们在神经计算领域的突出贡献获得了 2019 年度计算机科学界的最高奖——图灵奖。今天，深度学习已经成为人工智能技术领域最重要的技术之一。在最近数年中，计算机视觉、语音识别、自然语言处理和机器人技术取得的巨大进展都离不开深度学习。

Keras 的命名来自古希腊语，含义为将梦境化为现实的"牛角之门"。出自《荷马史诗·奥德赛》第 19 卷佩涅洛佩与奥德修斯的对话——无法挽留的梦幻拥有两座门，一座门由牛角制成，一座门由象牙制成。象牙之门内光彩夺目，却仅是无法实现的梦境；唯有走进牛角之门，才能由梦境看见真实。Keras 是一款用 Python 编写的 AIML（人工智能与机器学习）深度学习函数库及 API，它能够以开源平台 TensorFlow、CNTK、Theano 等作为后端运行。Keras 的特点是支持敏捷开发及快速 AIML 实验环境搭建。它允许简单而快速的原型设计，可在 CPU 和 GPU 上无缝运行，能够以最小的时延把您的想法转换为实验结果。它允许实践者以尽可能少的限制将各模块组装在一起形成需要的网络结构，诸如神经网络层数、损失函数、优化器、初始化方法、激活函数、正则化方法等都可以结合起来构造成为新的集成模型，从而轻松地创建可以提高表现力的新模块。

本书内容涵盖了 AIML 前沿技术介绍；使用 Keras 实现高级深度学习模块的集成；多层感知器（MLP）、卷积神经网络（CNN）、循环神经网络（RNN）等模块的构建与组合；自编码器和变分自编码器（VAE）；生成对抗网络（GAN）及其 AI 实现技术；分离表示 GAN 和跨域 GAN；深度强化学习的方法及其实现；使用 OpenAI Gym 产生符合行业标准的应用；深度 Q-Learning 和策略梯度方法等。

本书适合于本科院校作为培训教材，对研究生课题及其实现也有极大的帮助；对自学及实战者也是不可多得的辅助参考。本书的翻译出版得益于机械工业出版社刘星宁老师的推荐与鼓励，在此特致感谢。译者的几位在读研究生在全书的初稿形成、图表编辑等诸多方面给予了帮助，在此一并致谢。

由于译者水平有限、加之 AIML 领域新兴概念繁多，难免误译或词不达意，敬请读者赐教与原谅。

译　者

原书前言

近年来，深度学习在视觉、语音、自然语言处理与理解等存在大量数据处理的难题中取得了空前的成功，进而引起了公司、高校和政府对该领域的研究兴趣，从而更加加速了该领域的发展。本书精选了深度学习当中一些高级内容。在本书中，这些高级理论通过介绍背景原理、挖掘概念背后的直观表述、使用 Keras 实现公式和算法并对实验结果进行检验的方式来进行讲述。

纵观今日，人工智能（Artificial Intelligence, AI）仍不是一个易于理解的领域。深度学习作为 AI 的子领域，面临着相同的境遇。尽管深度学习还不是一个成熟的领域，但很多现实世界的应用，例如基于视觉的检测和识别、产品推荐、语音识别与合成、节能、药品开发、金融和市场营销，已经成功使用了深度学习算法。此外，更多的相关应用还会源源不断地被挖掘并实现。本书的目的就是尝试解释相关高级概念，并给出实现示例，让专家在其领域内识别出所需的应用目标。

尚未完全成熟的领域是一把双刃剑。一方面，它为探索和利用提供了诸多机会。深度学习中尚存大量未解决的问题。这些问题可转变为率先进入市场的机会，如产品开发、发布或认可。然而，另一方面，某些关键任务环境中很难信任一个尚未完全理解的领域。当被问及时，我们可以肯定地说，仅有极少数的机器学习工程师愿意去乘坐一架由深度学习系统所控制的自动驾驶飞机。要达到这种信任级别，还有很多工作需要去做。本书中所讨论的高级概念，很有可能为达到这种信任级别而扮演了重要的角色。

深度学习的每一本书都不可能完全覆盖整个领域，本书也是如此。在给定的时间和空间内，我们会接触到一些有趣的领域，例如检测、分割和识别、视觉理解、概率推理、自然语言处理和理解、语音合成以及自动机器学习。然而，本书相信，对这些精选领域的认知将有助于读者从事其他未涵盖的领域。

作为将要阅读本书的读者，需谨记，您选择了一个令人兴奋的领域，并可以对社会产生重大的影响。我们很有幸，能从事一份早晨起来便迫不及待想为之奋斗的工作。

本书适用的读者

本书面向希望深入了解深度学习高级主题的机器学习工程师和学生。书中所探讨的内容都通过 Keras 代码进行了补充说明。本书适合那些想了解如何将理论通过 Keras 转化成为可实际运行代码的读者。除了理解理论外，代码实现通常是将机器学习应用于实际问题的艰巨任务之一。

本书所覆盖的内容

第 1 章，Keras 高级深度学习入门，介绍了深度学习的相关概念，例如优化、正则化、损失函数、基本层和网络，以及这些概念在 Keras 中的实现。本章同时介绍了深度学习和

Keras 中的 Sequential API。

第 2 章，深度神经网络，讨论了 Keras 函数式 API 的应用，并使用函数式 API 在 Keras 中进行了检验，实现了两种广泛使用的深度网络架构——ResNet 和 DenseNet。

第 3 章，自编码器，涵盖了自编码器的通用网络架构，该架构用于发现输入数据的潜在表示。在 Keras 中讨论并实现了自编码器的两个示例应用，即去噪和色彩迁移。

第 4 章，生成对抗网络，讨论了深度学习最新的重大进展之一。生成对抗网络（GAN）用于生成以假乱真的新数据。本章介绍了 GAN 的原理，并在 Keras 中检验和实现了 GAN 的两个示例——DCGAN 和 CGAN。

第 5 章，改进的 GAN 方法，介绍了对基本 GAN 进行改进的算法。该算法解决了 GAN 训练方面的困难，并提高了所合成数据的感知质量。

第 6 章，分离表示 GAN，讨论了如何控制 GAN 所生成的合成数据的属性。如果潜表示可被分离，则属性可控制。在 Keras 中介绍并实现了两种解表征的技术，即 InfoGAN 和 StackedGAN。

第 7 章，跨域 GAN，覆盖了 GAN 的一个实际应用，它可将图像从一个域转换到另一个域，该过程称为跨域转换。

第 8 章，变分自编码器，讨论了深度学习近期的另一个重大进展。与 GAN 类似，变分自编码器（VAE）是一个用于产生合成数据的生成模型。但与 GAN 不同的是，VAE 专注于可解码的连续潜空间，该空间适用于变分推断。在 Keras 中涵盖并实现了 VAE 及其变种算法——CVAE 和 β-VAE。

第 9 章，深度强化学习，介绍了强化学习和 Q-Learning 的原理，提出了在离散动作空间实施 Q-Learning 的两种技术——Q-Table 更新和深度 Q 网络（DQN）。在 Keras 中使用 Python 和 DAN 对所实现的 Q-Learning 方法在 OpenAI Gym 环境下进行了演示。

第 10 章，策略梯度方法，介绍了如何使用神经网络对强化学习中的决策策略进行学习。在 Keras 和 OpenAI Gym 环境下实现了四种方法，分别是 REINFORCE、基线 REINFORCE、Actor-Critic 和优势 Actor-Critic。本章中的示例演示了在连续动作空间中的策略梯度方法。

如何充分利用本书

- **深度学习和 Python**：读者应具备深度学习及其在 Python 中进行实现的基础知识。如果有使用过 Keras 实现深度学习算法的经验更好，但非必须。第 1 章介绍了深度学习的概念及其在 Keras 中的实现。
- **数学**：本书中讨论的内容假设读者熟悉大学级别的微积分、线性代数、统计和概率论。
- **GPU**：本书中绝大多数 Keras 实现都需要 GPU。没有 GPU，将会花费大量时间（数小时至数天），因此，很多代码示例的执行将不切实际。本书中的示例尽可能控制所使用数据的大小，以尽量减少使用高性能计算机的可能。推荐读者至少使用 NVIDIA GTX 1060 的显卡辅助计算。
- **编辑器**：本书中的示例代码使用了 Ubuntu Linux 16.04 LTS、Ubuntu Linux 17.04 和

macOS High Sierra 中的 vim 进行编辑。任何支持 Python 的编辑器都可行。
- **TensorFlow**：Keras 需要一个后端。本书中的所有示例代码采用以 TensorFlow 为后端的 Keras 完成。请确保 GPU 驱动和 TensorFlow 都正确安装。
- **GitHub**：为能通过示例和相关实验进行学习，请使用 git pull 或 fork 命令从 GitHub 代码库中获取本书的代码集。获取成功后，可进行检验、运行、更改并再次运行。可通过调整示例代码的方式去完成所有创造性的实验。这也是领会章节中所展示理论知识的唯一方法。如果您能为本书的 GitHub 代码库加星点赞，我们将十分感激。

下载代码文件

本书的代码集存放在 GitHub，可通过以下网址进行访问：
https://github.com/PacktPublishing/Advanced-Deep-Learning-with-Keras

下载彩色图片

我们也提供本书所涉及的截屏和流程图的彩色图片 PDF 文件。可从以下网址下载：
http://www.packtpub.com/sites/default/files/downloads/9781788629416_ColorImages.pdf

使用惯例

本书的代码示例都使用 Python 编写。具体而言，是使用 Python3 编写。代码模式基于 vim 的 syntax highlighting 插件。以下面代码为例：

```python
def encoder_layer(inputs,
                  filters=16,
                  kernel_size=3,
                  strides=2,
                  activation='relu',
                  instance_norm=True):
    """ 构建一个由 Conv2D-In-LeakyReLU 组成的一般编码器层。
    IN 为可选项，LeakyReLU 可被 ReLU 所替代
    """
    conv = Conv2D(filters=filters,
                  kernel_size=kernel_size,
                  strides=strides,
                  padding='same')
    x = inputs
    if instance_norm:
        x = InstanceNormalization()(x)
    if activation == 'relu':
        x = Activation('relu')(x)
    else:
        x = LeakyReLU(alpha=0.2)(x)
    x = conv(x)
    return x
```

必要时，会使用三重引号注释。

任何命令行代码的执行将会表示为以下形式：

`$ python3 dcgan-mnist-4.2.1.py`

示例代码文件的命名模式为：算法 - 数据集 - 章.节.编号.py。命令行的示例可参照第4章中的代码列表4.2.1，即在MNIST数据集上所采用的DCGAN方法。在一些例子中，如没有明确给出执行代码的命令行，可按照以下假设形式执行：

`$ python3` 代码列表中的文件名

代码示例的文件名已包含在代码列表的题注中。

目 录

译者序
原书前言

第1章 Keras 高级深度学习入门 ... 1
1.1 为什么 Keras 是完美的深度学习库 ... 1
1.1.1 安装 Keras 和 TensorFlow ... 2
1.2 实现核心深度学习模型——MLP、CNN 和 RNN ... 3
1.2.1 MLP、CNN 和 RNN 之间的差异 ... 4
1.3 多层感知器（MLP） ... 4
1.3.1 MNIST 数据集 ... 4
1.3.2 MNIST 数字分类模型 ... 6
1.3.3 正则化 ... 11
1.3.4 输出激活与损失函数 ... 12
1.3.5 优化 ... 13
1.3.6 性能评价 ... 16
1.3.7 模型概述 ... 18
1.4 卷积神经网络（CNN） ... 19
1.4.1 卷积 ... 21
1.4.2 池化操作 ... 23
1.4.3 性能评价与模型概要 ... 23
1.5 循环神经网络（RNN） ... 25
1.6 小结 ... 30
参考文献 ... 31

第2章 深度神经网络 ... 32
2.1 函数式 API ... 32
2.1.1 创建一个两输入单输出模型 ... 35
2.2 深度残差网络 (ResNet) ... 40
2.3 ResNet v2 ... 45
2.4 密集连接卷积网络 (DenseNet) ... 48
2.4.1 为 CIFAR10 数据集构建一个 100 层的 DenseNet-BC 网络 ... 50

2.5 小结 ··· 53
参考文献 ··· 54

第 3 章　自编码器··· 55
3.1 自编码器原理 ··· 55
3.2 使用 Keras 构建自编码器 ··· 57
3.3 去噪自编码器 (DAE) ·· 65
3.4 自动色彩迁移自编码器 ·· 69
3.5 小结 ··· 75
参考文献 ··· 76

第 4 章　生成对抗网络··· 77
4.1 GAN 概要 ·· 77
4.2 GAN 原理 ·· 78
4.3 Keras 中的 GAN 实现 ··· 81
4.4 条件 GAN ··· 89
4.5 小结 ··· 96
参考文献 ··· 97

第 5 章　改进的 GAN 方法·· 98
5.1 Wasserstein GAN ·· 98
    5.1.1 距离函数 ·· 99
    5.1.2 GAN 中的距离函数 ·· 100
    5.1.3 Wasserstein 损失函数的使用 ·· 102
    5.1.4 使用 Keras 实现 WGAN ·· 105
5.2 最小二乘 GAN (LSGAN) ·· 111
5.3 辅助分类器 GAN (ACGAN) ·· 114
5.4 小结 ··· 126
参考文献 ··· 126

第 6 章　分离表示 GAN·· 127
6.1 分离表示 ··· 127
6.2 InfoGAN ··· 129
6.3 在 Keras 中实现 InfoGAN ··· 131
6.4 InfoGAN 生成器的输出 ··· 140
6.5 StackedGAN ··· 142

6.6 在 Keras 中实现 StackedGAN ··· 143
6.7 StackedGAN 的生成器输出 ··· 158
6.8 小结 ··· 160
参考文献 ··· 161

第 7 章 跨域 GAN ··· 162

7.1 CycleGAN 原理 ··· 162
    7.1.1 CycleGAN 模型 ··· 164
    7.1.2 使用 Keras 实现 CycleGAN ··· 167
    7.1.3 CycleGAN 生成器的输出 ··· 180
    7.1.4 CycleGAN 用于 MNIST 和 SVHN 数据集 ··· 182
7.2 小结 ··· 188
参考文献 ··· 189

第 8 章 变分自编码器 ··· 190

8.1 VAE 原理 ··· 190
    8.1.1 变分推断 ··· 191
    8.1.2 核心公式 ··· 192
    8.1.3 优化 ··· 192
    8.1.4 再参数化的技巧 ··· 193
    8.1.5 解码测试 ··· 194
    8.1.6 VAE 的 Keras 实现 ··· 194
    8.1.7 将 CNN 应用于 VAE ··· 199
8.2 条件 VAE (CVAE) ··· 204
8.3 β-VAE：可分离的隐式表示 VAE ··· 212
8.4 小结 ··· 216
参考文献 ··· 216

第 9 章 深度强化学习 ··· 217

9.1 强化学习原理 ··· 217
9.2 Q 值 ··· 219
9.3 Q-Learning 例子 ··· 220
    9.3.1 用 Python 实现 Q-Learning ··· 224
9.4 非确定性环境 ··· 230
9.5 时序差分学习 ··· 230

9.5.1　OpenAI Gym 中应用 Q-Learning ·················231
9.6　深度 Q 网络 (DQN)·················235
　　9.6.1　用 Keras 实现 DQN ·················237
　　9.6.2　双 Q-Learning (DDQN) ·················242
9.7　小结·················243
参考文献·················244

第 10 章　策略梯度方法·················245
10.1　策略梯度定理·················245
10.2　蒙特卡罗策略梯度（REINFORCE）方法·················247
10.3　基线 REINFORCE 方法·················249
10.4　Actor-Critic 方法·················250
10.5　优势 Actor-Critic 方法·················251
10.6　Keras 中的策略梯度方法·················252
10.7　策略梯度方法的性能评估·················266
10.8　小结·················270
参考文献·················271

第 1 章
Keras 高级深度学习入门

本章将介绍贯穿全书的三种深度学习神经网络，即 MLP、CNN 和 RNN，这些网络将作为本书高级深度学习主题（例如自编码器和 GAN）的构成模块。

本章将使用 Keras 库实现这些深度学习模型。首先，将展示为什么 Keras 对于我们来说是绝佳的选择。在此之后，将深入说明三种深度学习模型的安装和实现细节。

本章主要内容如下：
- 展示为什么 Keras 是用于高级深度学习的绝佳选择。
- 介绍贯穿本书的高级深度学习模型的核心构建模块：MLP、CNN 和 RNN。
- 提供如何使用 Keras 和 TensorFlow 实现 MLP、CNN 和 RNN 的示例。
- 在此过程中，还将介绍一些深度学习中的重要概念，这些概念包括优化器、正则项和损失函数。

学习完本章后，可使用 Keras 实现基本的深度学习模型。下一章中，将以此为基础，深入探讨高级深度学习主题，例如深度网络、自编码器和 GAN。

1.1 为什么 Keras 是完美的深度学习库

Keras [Chollet, François. "Keras（2015）."（2017）] 是一个流行的深度学习库，在撰写本书时有超过 250000 名开发人员，这个数字每年增加一倍以上。超过 600 名贡献者积极维护该项目。本书当中的一些示例代码也贡献给了 Keras GitHub 代码库。Google 的另一个开源深度学习库 TensorFlow 也选择 Keras 作为其库的高等级 API。此外，在业界，Keras 被 Google、Netflix、Uber 和 NVIDIA 等主要技术公司所使用。本节中将介绍如何使用 Keras Sequential API。

本书选择 Keras 作为工具，是因为 Keras 是一个致力于加速深度学习模型实施的库。这使得 Keras 成为进行诸如探索高级深度学习概念和相关实践活动的最佳选择。由于 Keras 与深度学习密切相关，因此在能最大限度地使用 Keras 库之前，需要对深度学习的关键概念进行学习。

 本书中的所有示例都可以在以下的 GitHub 链接中找到：
https://github.com/PacktPublishing/Advanced-Deep-Learning-with-Keras。

Keras 是一个深度学习库，可用来有效地构建和训练模型。在该库中，神经网络层像乐高积木一样彼此连接，从而形成一个清晰且易于理解的模型。模型训练简单，仅需指定数据、训练的代数和需要监控的指标。其中的大多数深度学习模型可使用极少的代码实现。通过使用 Keras，可节省编写代码的时间，提高效率。所节省的时间可用在一些更为的关键任务中，例如，去表征更好的深度学习算法。

将 Keras 与深度学习相结合，其可更为有效地提供三种深度学习网络，这些深度学习网络将在本节后面部分进行介绍。

同样，Keras 非常适合对本书所要使用的深度模型进行快速实施。使用 Sequential Model API 可利用几行代码构建出一个典型模型。然而，Keras 虽简洁但不简单，可使用其 API、Model 和 Layer 类以构建更高级和复杂的模型，通过对这些类定制还可满足一些特殊的需求。函数式 API 支持构建图模型，图层重用以及行为与 Python 函数相似的模型。同时，Model 和 Layer 类提供了一个框架，用于实现罕见或实验性的深度学习模型和网络层。

1.1.1 安装 Keras 和 TensorFlow

Keras 不是一个独立的深度学习库。如图 1.1.1 所示，它建立在另一个深度学习库或后端之上。这些库或者后端可以是 Google 的 TensorFlow、MILA 的 Theano 或微软的 CNTK。对 Apache 的 MXNet 的支持即将完成。本书所使用的测试实例都以 Python 3 的 TensorFlow 作为后端，TensorFlow 的流行度是我们选择该库的主要原因。

通过编辑 Linux 或 macOS 中的 Keras 配置文件 .keras / keras.json，可轻松地完成后端的切换。由于底层算法的实现方式不同，所以不同后端上的网络速度也不相同。

硬件方面，Keras 可运行在 CPU、GPU 和 Google 的 TPU 上。本书中的测试实例将基于 CPU 和 NVIDIA 的 GPU（GTX 1060 和 GTX 1080Ti）。

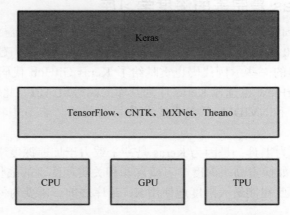

图 1.1.1　Keras 是一个高级库，位于其他深度学习模型之上，
Keras 支持 CPU、GPU 和 TPU

在介绍本书内容之前，需确保正确安装 Keras 和 TensorFlow。实际中，可使用多种方法完成安装，在这里使用 pip3 进行设置，即

```
$ sudo pip3 install tensorflow
```

如希望支持 NVIDIA GPU，需要首先安装驱动程序、NVIDIA 的 CUDA 工具包和 cuDNN 深度神经网络库。建议安装支持 GPU 的版本，这样可以加速训练和预测过程。

```
$ sudo pip3 install tensorflow-gpu
```

下一步安装 Keras：

```
$ sudo pip3 install keras
```

为保证正常运行本书所提供的示例，需要安装额外的一些软件包，包括 pydot、pydot_ng、vizgraph、python3-tk 和 matplotlib。

如果 TensorFlow 和 Keras 与其相关项目安装成功，运行以下代码后将不会报错：

```
$ python3
>>> import tensorflow as tf
>>> message = tf.constant('Hello world!')
>>> session = tf.Session()
>>> session.run(message)
b'Hello world!'
>>> import keras.backend as K
Using TensorFlow backend.
>>> print(K.epsilon())
1e-07
```

与下面内容相类似的 SSE4.2 AVX AVX2 FMA 警告消息是安全的，可以忽略。如希望删除警告消息，需重新编译 TensorFlow 的源代码并安装。源代码来自 https://github.com/tensorflow / tensorflow。

```
tensorflow/core/platform/cpu_feature_guard.cc:137] Your CPU supports
instructions that this TensorFlow binary was not compiled to use:
SSE4.2 AVX AVX2 FMA
```

本书的内容未完整地覆盖 Keras API，仅对有关高级深度学习内容相关的材料进行了讲解。更多内容，请参阅官方 Keras 文档（https://keras.io）。

1.2　实现核心深度学习模型——MLP、CNN 和 RNN

本书将介绍的三个高级深度学习模型分别为

- MLP：多层感知器。
- CNN：卷积神经网络。
- RNN：循环神经网络。

这三个网络将贯穿本书。尽管这三个网络彼此独立，但经常会采用组合的方式来充分利用它们各自的优势。

本章的剩余章节，将更进一步详细地讨论这些模型。本节后面的内容，将介绍 MLP 和与之相关的其他主题（如损失函数、优化器和正则项）。在此之后，将引入 CNN 和 RNN 的相关内容。

1.2.1 MLP、CNN 和 RNN 之间的差异

多层感知器（Multilayer Perceptron, MLP）是一个全连接的网络。在其他一些文献中，也被称为深度前馈网络或前馈神经网络。对该网络应用目标的了解，将有助于深入理解高级深度学习模型的设计动机。MLP 在简单的逻辑和线性回归问题中很常见。然而，MLP 在处理序列数据和多维数据模式时效果欠佳。MLP 的设计造成其难以记录序列数据中的模式，并且在处理多维数据时需依赖大量的参数设置。

RNN 在序列数据的预测应用中较受欢迎，其主要原因是其内部设计允许网络探索历史数据，这些历史数据可用于预测。对于图像和视频这种多维数据，CNN 则更擅长图像或视频的分类、分割和生成等。在某些实例中，1 维卷积形式的 CNN 也作为序列数据网络使用。然而，在大多数深度学习模型中，多个 MLP、CNN 和 RNN 会被组合使用以充分利用每个网络的性能。

MLP、CNN 和 RNN 结构本身并不能完整描述深度网络。仍需对网络目标函数（或损失函数）、优化器和正则项等概念进行细化。网络在训练阶段的目的是减少损失函数的值，以正确引导模型进行学习。为了最小化损失函数，模型会引入一个优化器。该优化器不断地在每次单步训练时调整网络的权值和偏置。一个训练良好的模型不仅对训练数据有效，对测试数据甚至未知数据的预测也能取得良好的效果。所使用正则化项的作用就是确保训练模型对于新数据的泛化性。

1.3 多层感知器（MLP）

多层感知器是三个网络中首要介绍的内容。假设我们的目标是建立一个神经网络，用于识别手写数字。例如，网络的输入是手写数字 8 的图像时，相应的网络输出为数字 8。这是一个典型的分类器网络，可使用逻辑回归完成。为训练和验证一个分类器网络，需收集足够的手写数字。修订后的 MNIST 数据集（Modified National Institute of Standards and Technology dataset）常作为深度学习的入门所使用，该数据集可提供一个手写字符分类的数据集合。

在讨论多层感知器模型之前，首先应对 MNIST 数据集进行必要的介绍。本书中的大量示例将会使用 MNIST 数据集。由于 MNIST 数据集包含 70000 个较小但信息足够丰富的样本，因此其常用于解释和验证深度学习理论。

1.3.1 MNIST 数据集

MNIST 是从 0~9 的手写数字集合。其训练集由 60000 个图像组成，测试集则由 10000 手写图像组成。这些图像已被正确地归类且提供了正确的标签（label）。在一些文献中，目标值（target）或真实值（ground truth）也用于指代标签。

上述 MNIST 数字样本中，所包含的灰度图像的尺寸为 28×28 像素。如需在 Keras 中

使用 MNIST 数据集，仅调用一个 API 便可下载并自动完成图像和标签的提取。

代码列表 1.3.1 展示了如何在一行代码中加载 MNIST 数据集，该行代码允许对训练和测试标签进行计数，并在此之后随机绘制数字图像。

代码列表 1.3.1，mnist-sampler-1.3.1.py。相关 Keras 代码展现了如何访问 MNIST 数据集、绘制 25 个随机样本、统计训练和测试数据集中标签的数量。

```python
import numpy as np
from keras.datasets import mnist
import matplotlib.pyplot as plt

# 加载数据集
(x_train, y_train), (x_test, y_test) = mnist.load_data()

# 统计测试集不同标签的数量
unique, counts = np.unique(y_train, return_counts=True)
print("Train labels: ", dict(zip(unique, counts)))

# 统计训练集不同标签的数量
unique, counts = np.unique(y_test, return_counts=True)
print("Test labels: ", dict(zip(unique, counts)))

# 从训练集中采样25个 MNIST 数字
indexes = np.random.randint(0, x_train.shape[0], size=25)
images = x_train[indexes]
labels = y_train[indexes]

# 绘制25个 MNIST 数字
plt.figure(figsize=(5,5))
for i in range(len(indexes)):
    plt.subplot(5, 5, i + 1)
    image = images[i]
    plt.imshow(image, cmap='gray')
    plt.axis('off')

plt.show()
plt.savefig("mnist-samples.png")
plt.close('all')
```

调用 mnist.load_data( ) 很方便，因为用户无须单独加载所有 70000 个图像和相应标签，并将其存储在数组中。在命令行中执行 python3 mnist-sampler-1.3.1.py 会打印出训练和测试数据集中相应标签的分布。

Train labels: {0: 5923, 1: 6742, 2: 5958, 3: 6131, 4: 5842, 5: 5421, 6: 5918, 7: 6265, 8: 5851, 9: 5949}

Test labels: {0: 980, 1: 1135, 2: 1032, 3: 1010, 4: 982, 5: 892, 6: 958, 7: 1028, 8: 974, 9: 1009}

如图 1.3.1 所示，上述的代码将绘制 25 个随机数字。

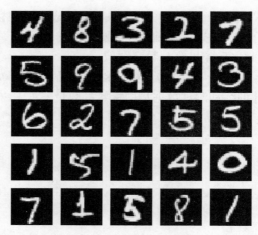

图 1.3.1 来自 MNIST 数据集的示例图像（每幅为 28×28 像素的灰度图像）

在讨论多层感知器分类器模型之前，须谨记虽然 MNIST 中的数据是 2 维张量，可根据所依赖的输入层结构进行尺寸调整（Reshape）。图 1.3.2 展示了如何对 MLP、CNN 和 RNN 输入层 3×3 灰度图像数据进行尺寸调整。

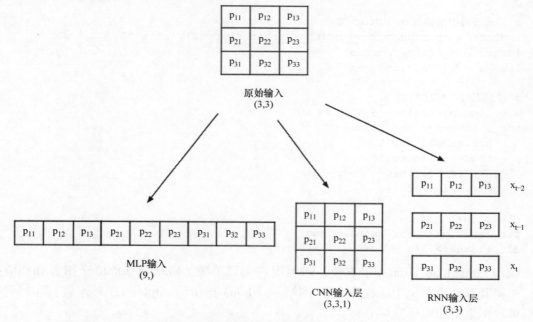

图 1.3.2 对一个类似于 MNIST 数据进行尺寸调整，调整依赖于输入层的类型。为简单起见，仅显示灰度图像的尺寸调整

1.3.2 MNIST 数字分类模型

图 1.3.3 所展现的是 MLP 模型，该模型可用于 MNIST 数字图像分类任务。从所展现的

感知器可以看出，MLP 模型是一个如图 1.3.4 所示的全连接网络。该图还展示了感知器的输出是如何通过输入数据经过权值和偏置的函数计算得出的。代码列表 1.3.2 展示其 Keras 的实现。

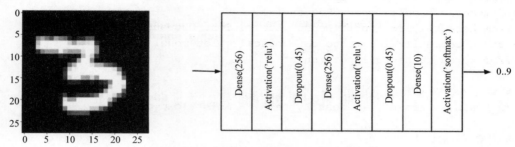

图 1.3.3　MLP MNIST 数字分类器模型

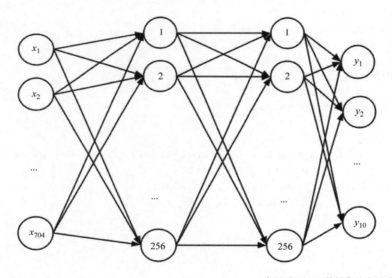

应用于MNIST数据集的多层感知器

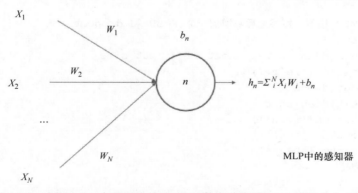

MLP中的感知器

图 1.3.4　在图 1.3.3 中所展示的 MNIST 数字分类器 MLP 模型是由全连接层组成。为简化起见，激活和 dropout 没有显示。该图同时展示了一个感知器

代码列表 1.3.2，mlp-mnist-1.3.2.py 用于展现使用 MLP 建立 MNIST 数字分类器模型的 Keras 实现。

```python
import numpy as np
from keras.models import Sequential
from keras.layers import Dense, Activation, Dropout
from keras.utils import to_categorical, plot_model
from keras.datasets import mnist

# 载入 MNIST 数据集
(x_train, y_train), (x_test, y_test) = mnist.load_data()

# 计算标签的数量
num_labels = len(np.unique(y_train))

# 转换为 one-hot 向量
y_train = to_categorical(y_train)
y_test = to_categorical(y_test)

# 图像维度(假设为方形)
image_size = x_train.shape[1]
input_size = image_size * image_size

# 尺寸调整与标准化
x_train = np.reshape(x_train, [-1, input_size])
x_train = x_train.astype('float32') / 255
x_test = np.reshape(x_test, [-1, input_size])
x_test = x_test.astype('float32') / 255

# 网络参数
batch_size = 128
hidden_units = 256
dropout = 0.45

# 模型为一个3层 MLP 模型，每层之后都增加一个 ReLU 和 dropout
model = Sequential()
model.add(Dense(hidden_units, input_dim=input_size))
model.add(Activation('relu'))
model.add(Dropout(dropout))
model.add(Dense(hidden_units))
model.add(Activation('relu'))
model.add(Dropout(dropout))
model.add(Dense(num_labels))
# one-hot向量的输出
model.add(Activation('softmax'))
model.summary()
plot_model(model, to_file='mlp-mnist.png', show_shapes=True)
```

```
# one-hot 向量的损失函数
# 使用 adam 优化器
# 对于分类任务,正确率是一个适用的指标
model.compile(loss='categorical_crossentropy',
              optimizer='adam',
              metrics=['accuracy'])
# 训练网络
model.fit(x_train, y_train, epochs=20, batch_size=batch_size)

# 在测试集上进行验证决定了其泛化性能
loss, acc = model.evaluate(x_test, y_test, batch_size=batch_size)
print("\nTest accuracy: %.1f%%" % (100.0 * acc))
```

在讨论模型实现之前,需确保数据尺寸和格式的正确性。在加载 MNIST 数据集后,统计标签数量的计算方法如下:

```
# 统计标签的数量
num_labels = len(np.unique(y_train))
```

当然,也可直接设置 num_labels=10。但让计算机自动完成统计并设置是一个好习惯。该代码假定 y_train 具有 0~9 的标签。

此时,标签的格式为数字型 0~9。这种标签的稀疏标量表示并不适合神经网络预测层对每个类别进行概率值的输出。相对而言,one-hot 向量的数据格式更适合该任务。一个 10 维的 one-hot 向量可具体表示为:代表该数字类别的位数被置 1,其余各位都为 0。举例来说,如果当前样本的标签为 2,则与之等效的 one-hot 向量可表示为 [0,0,1,0,0,0,0,0]。注意,标签的索引从 0 起始。

通过以下代码可把每一个标签转换为 one-hot 向量:

```
# 转换为 one-hot 向量
y_train = to_categorical(y_train)
y_test = to_categorical(y_test)
```

在深度学习中,数据存储在张量(tensors)中。该术语可用于表示一个标量(0 维张量)、向量(1 维张量)、矩阵(2 维张量)和多维张量。此刻起,本书将使用张量这个术语,除非使用标量、向量或者矩阵更有利于对问题进行解释。

剩余代码用于计算图像的维度,以及第一个 Dense 层的 input_size,并将每一个像素从 0~255 标准化到 0.0~1.0。尽管可以直接使用原始的像素值进行计算,但仍推荐对输入数据进行标准化操作,这样可避免出现较大梯度值,造成训练更加困难。网络的输出也是标准化的形式。在完成训练后,可通过一个选项将输出张量乘以 255,使所有的数值反转至整型像素值的范围内。

所提出的模型是基于 MLP 层。因此,输入数据也应该是一个 1 维的张量。同理,x_train 的尺寸被调整为 [60000,28*28],x_test 数据尺寸被调整为 [10000,28*28]。

```
# 图像维度（假设为方形）
image_size = x_train.shape[1]
input_size = image_size * image_size

# 尺寸调整和标准化
x_train = np.reshape(x_train, [-1, input_size])
x_train = x_train.astype('float32') / 255
x_test = np.reshape(x_test, [-1, input_size])
x_test = x_test.astype('float32') / 255
```

1.3.2.1 使用 MLP 和 Keras 构建模型

在完成数据准备工作后可开始建立模型。这里所展示的模型由三个 MLP 层组成。在 Keras 当中，一个 MLP 层可看作一个密集层（Dense），即该层可表示一个密集连接的层。第一和第二个 MLP 层都包含 256 个神经元，使用 relu 激活和 dropout 策略。由于设置 128、512 和 1024 个神经元时网络性能较差，因此，最终选择 256 个神经元。在使用 128 个神经元时，网络收敛最快，但测试正确率较低。而增加神经元的数目到 512 和 1024 时，并不能显著提升测试的正确率。

神经元的个数可作为一个超参数（hyperparameter），用于设定网络容量。网络容量是对一个网络功能复杂度的衡量，而网络性能表示该网络的评估能力。例如，对于一个多项式而言，多项式的次数可作为一个超参数。随着多项式次数的增大，多项式函数的容量也会增加。

简便起见，以下所展示的分类模型将使用 Keras 所提供的 Sequential 模型 API 进行实现。该方法足以处理单输入和单输出的序列层。然而，Keras 的函数式 API 将在第 2 章中用于实现高级的深度学习模型。

```
# 模型为一个3层 MLP 模型，每层之后都跟随 ReLU 和 dropout
model = Sequential()
model.add(Dense(hidden_units, input_dim=input_size))
model.add(Activation('relu'))
model.add(Dropout(dropout))
model.add(Dense(hidden_units))
model.add(Activation('relu'))
model.add(Dropout(dropout))
model.add(Dense(num_labels))
# one-hot vector向量的输出
model.add(Activation('softmax'))
```

由于密集层是一个线性运算符，因此一个密集层序列仅能用于近似线性函数。然而，MNIST 数字分类问题本质上是一个非线性问题。因此，在密集层之间插入 relu 激活函数，可使 MLP 对非线性映射进行建模。relu 或 ReLU（Rectified Linear Unit）激活函数是一个简单的非线性函数。该激活函数与一种滤波器类似，该滤波器允许正数通过，并将除正数以外的数整合为零。数学表达上，relu 可以表示为以下公式，该公式可绘制为图 1.3.5。

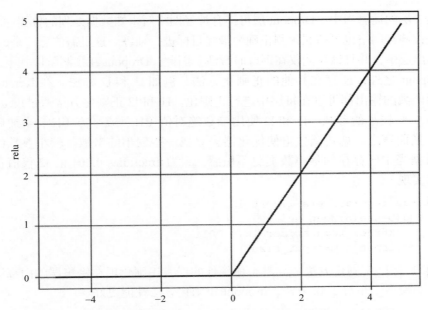

图 1.3.5　ReLU 的函数图。ReLU 函数用于在神经网络中引入非线性

除此之外，还可使用其他非线性函数作为激活函数，如 elu、selu、softplus、sigmoid 和 tanh。然而，由于简易性往往带来较高的计算效率，使得 relu 激活函数在业界最为常用。sigmoid 和 tanh 常在输出层中作为激活函数使用，详细内容将在随后的章节中进行介绍。表 1.3.1 展示了每个激活函数的公式。

表 1.3.1　常见非线性激活函数的定义

relu	$\mathrm{relu}(x) = \max(0, x)$	式（1.3.1）
softplus	$\mathrm{softplus}(x) = \log(1 + e^x)$	式（1.3.2）
elu	$\mathrm{elu}(x, a) = \begin{cases} x & x \geq 0 \\ a(e^x - 1) & \text{其他} \end{cases}$ 其中 $a \geq 0$，且是一个可调的超参数	式（1.3.3）
selu	$\mathrm{selu}(x) = k \times \mathrm{elu}(x, a)$ 其中 $k = 1.0507009873554804934193349852946$， $a = 1.6732632423543772848170429916717$	式（1.3.4）

1.3.3　正则化

神经网络趋向于对训练数据进行记忆，尤其是数据大于其容量时。在这种情况下，网络在处理测试数据时会遭受灾难性的失败。该现象可作为网络泛化性较差的典型案例。为避免该问题，模型可使用一个正则化层或函数。而 Dropout 是常用的一个正则化层。

Dropout 策略的思想很简单。在指定丢弃率的情况下（此处设置丢弃率 dropout=0.45），Dropout 层从即将参与下一层的神经元当中随机移除部分神经元。举例来说，如果第一层包含 256 个神经元，在应用 dropout=0.45 的丢弃策略后，第一层中仅有（1-0.45）× 256=140 神经元参与到第二层的运算当中。Dropout 层可提升神经网络对未知数据处理的鲁棒性，尽管某些神经元丢失，神经网络也可按照预测正确为最终目标进行训练。这里需注意的是，Dropout 不会应用在输出层中，并且该功能仅在训练时激活。因此，Dropout 在预测阶段并不工作。

除 Dropout 之外，还存在其他的正则化方法，例如 l1 和 l2 方法。在 Keras 中，偏置、权值和激活函数的输出都可以在每层中进行正则化。l1 和 l2 正则化方法通过设立惩罚函数，并偏向选取一些较小的参数，l1 和 l2 使用参数绝对值（l1）或平方（l2）累加后的分数来增强惩罚。换而言之，惩罚函数迫使优化器去寻找一些较小的参数。较小参数的神经网络对于输入数据当中所存在的噪声数据更不敏感。设置 fraction= 0.001 的 l2 权值正则化项可用以下代码实现：

```
from keras.regularizers import l2
model.add(Dense(hidden_units,
          kernel_regularizer=l2(0.001),
          input_dim=input_size))
```

如使用 l1 或 l2 正则化方法，无需添加额外的层。正则化项在密集层的内部引入。对于此处所提出的模型，相对于 l2 方法，dropout 正则化方法性能更好。

1.3.4 输出激活与损失函数

输出层有 10 个神经元，并使用 softmax 激活函数。这 10 个神经元对应 10 个可能的标签或类别。softmax 激活函数的数学表示如下：

$$\text{softmax}(x_i) = \frac{e^{x_i}}{\sum_{j=0}^{N-1} e^{x_j}} \quad (1.3.5)$$

该公式作用于所有 $N=10$ 的输出，x_i 为 $i=0, 1,...,9$ 的最终预测结果。softmax 激活函数的思想非常简单，通过标准化预测将输出转换成概率值。每个预测的输出是预测索引相对于所给图像正确标签的一个概率值。所有输出概率值的和为 1.0。举例来说，当 softmax 层建立一个预测时，它将是一个如下所示的 10 维张量：

```
[  3.57351579e-11    7.08998016e-08    2.30154569e-07    6.35787558e-07
   5.57471187e-11    4.15353840e-09    3.55973775e-16    9.99995947e-01
   1.29531730e-09    3.06023480e-06]
```

所预测的输出张量表明，输入的图像为 7，因为相应索引具有最高的概率值。使用 numpy.argmax( ) 方法可计算出最高概率值所对应的索引值。

此外，对于输出激活层还有其他选择，例如 linear、sigmoid 和 tanh。linear 激活函数是一个一致性函数，用于将输入复制到输出。sigmoid 函数更具体地被称为 logistic sigmoid。在所预测的张量元素需要被独立地映射到 0.0~1.0 之间时使用。不同于 softmax 函数，其所预测张量所有元素的累加不会限制为 1.0。例如，sigmoid 可作用于情感预测（0.0 表示差，1.0 表示好）或图像生成（0.0 表示像素 0，1.0 表示像素 255）的最后一层中。

tanh 函数将其输入映射到 −1.0~1.0 的范围内。如果需要输出值能在正负之间摆动时，使用该函数十分重要。tanh 函数常用于递归神经网络的中间层，但其也可用作输出层的激活。如果 tanh 被用于替代 sigmoid 作为输出激活函数，那么所使用的数据必须被正确缩放。例如，对于灰度图像，其数据通过 $x=(x-127.5)/127.5$ 缩放至范围 [−1.0 1.0]，而不是使用 $x=x/255$ 缩放至 [0.0 1.0]。

图 1.3.6 展现了 sigmoid 和 tanh 函数的图形。数学上，sigmoid 函数可用以下公式来表示：

$$\mathrm{sigmoid}(x) = \sigma(x) = \frac{1}{1+e^x} \quad (1.3.6)$$

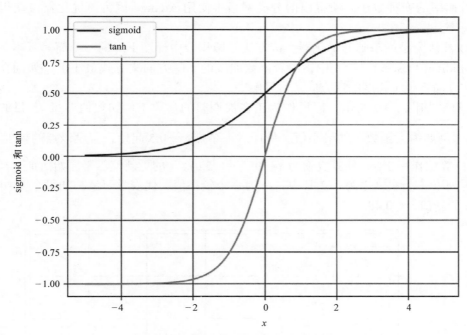

图 1.3.6　sigmoid 和 tanh 函数的图形

所预测的张量与 one-hot 真实向量之间的远近程度被称为损失。典型的损失为 mean_squared_error（mse），其通过求取目标与预测之间的均方差而得出。在当前实例中，我们使用 categorical_crossentropy。该损失通过目标值与预测值对数乘积的和再取负数得出。在 Keras 中还有很多其他的损失函数，例如 mean_absolute_error 和 binary_crossentropy。对损失函数的选择不是任意的，其应该作为模型进行学习的一个指标。对于分类问题，categorical_crossentropy 或 mean_squared_error 可作为仅次于 softmax 激活层之后的较好选择。binary_crossentropy 损失函数通常在 sigmoid 激活层中使用，同时 mean_squared_error 可作为 tanh 输出层的一个选项。

1.3.5　优化

优化目标是最小化损失函数，其主要思想是：如果损失被减少到一个可接受的水平，模型将会间接学习从输入到输出的映射。使用性能指标决定一个模型是否已经完成对潜在数据分布的学习。Keras 中默认的指标是 loss。在训练、验证和测试期间，其他的指标（例如正确率）也会被引入。正确率是一个百分比或分数，作为基于真值的正确预测。在深度学习中，还有很多其他的性能指标。然而，指标的使用依赖于模型的应用目标。在一些文献中，一般使用训练模型在测试数据集上的性能指标来对比其他深度学习模型。

在 Keras 中，优化器有很多选择。最常用的优化器包括 SGD（Stochastic Gradient Descent）、Adam（Adaptive Moments）和 RMSProp（Root Mean Squared Propagation）。每个优化器都有可调整的参数，例如学习率、动量和衰减。Adam 和 RMSprop 是 SGD 自适应学习速率的变种方法。所提出的分类网络中使用 Adam，因为该优化器可获得最高的测试正确率。

SGD 被认为是最基础的优化器，该方法是微积分中梯度下降的一个简易版本。在梯度下降（Gradient Descent, GD）中，沿着函数曲线的下降方向去寻找最小值，如同在山谷中沿着下坡方向行走（梯度的反方向）直到触底。

GD 算法如图 1.3.7 所示。假设作为正在被调整的参数（例如权值向量），目的是找到所对应 y（例如损失函数）的最小值。从任意一个点 $x=-0.5$ 起始，假设该点的梯度为 $\frac{dy}{dx} = -2.0$。GD 算法作用于 x，使其更新为 $x=-0.5-\epsilon(-2.0)$。x 的更新值等于原始值加上梯度相反方向，再乘以一个缩放比例 ϵ。其中，ϵ 为一个较小值，代表学习率。如果令 $\epsilon=0.01$，便可得到 x 的新值 $x=-0.48$。

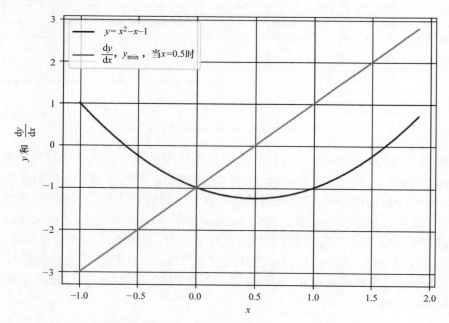

图 1.3.7　梯度下降类似于沿函数曲线下坡方向移动，直到触及最低点。
在该图中，全局最小值位于 $x=0.5$ 处

GD 迭代执行。在每一步，y 将接近其最小值。在 $x=0.5$ 时，$\frac{dy}{dx} = 0.0$。GD 算法搜寻出的最小绝对值 $y=-1.25$。梯度值将不会随 x 进行任何改变。

学习率的选择至关重要。设置较大的 ϵ 值会造成搜索在最小值周围摆动而无法收敛。另一方面，设置较小的 ϵ 值，在找到最小值之前需要进行大量的迭代。此外，对于多峰最小值的问题，学习率选择不当，会导致搜索陷入局部最优。

图 1.3.8 展示了一个多峰最小值问题。该搜索从图的左侧开始，且学习率设置较小，则 GD 很可能找到 $x=-1.51$ 作为最小值，而不会在 $x=1.66$ 处找到全局最小值。学习率的正确估值足以使梯度下降算法跳过 $x=0.0$ 处的峰值。在深度学习的具体实施中，常推荐在开始时将学习率设置为一个较大的值（例如 0.1 到 0.001），并在接近最小值时逐渐减小。

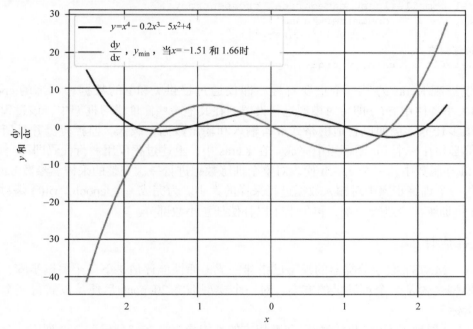

图 1.3.8　两个最小值 $x=-1.51$ 和 $x=1.66$ 的函数图，该图还显示了函数的导数

梯度下降通常不会用于深度神经网络，因为深度神经网络需要训练数百万个参数，而完全梯度下降算法计算效率低，常用 SGD 作为替代。在 SGD 中，选择小批量样本来计算下降的近似值。相关参数（例如，权值和偏置）可通过以下等式进行调整：

$$\boldsymbol{\theta} \leftarrow \boldsymbol{\theta} - \epsilon \boldsymbol{g} \tag{1.3.7}$$

在该等式中，$\boldsymbol{\theta}$ 和 $\boldsymbol{g} = \frac{1}{m}\nabla\_{\boldsymbol{\theta}}\sum L$ 分别为损失函数的参数和梯度张量。$\boldsymbol{g}$ 从损失函数的偏导中计算得出。为优化 GPU 使用，推荐将最小 batch 的大小设置为 2 的幂次方。对于所提出的网络，batch_size=128。

式（1.3.7）用于计算最后一层的参数更新。然而，如何调整前面几层的参数呢？对于当前示例，使用了微分链式法将梯度传播至低层，并计算相应的梯度。该算法被称为深度学习中的反向传播算法。反向传播算法的细节介绍超出了本书的讨论范围，有兴趣的读者可参阅相关文献。

由于优化基于微分，因此损失函数的一个重要标准就是该函数是否平滑或可微。引入新损失函数时需牢记该约束。

给定训练数据集，选择损失函数、优化器和正则项后，现在可通过调用 fit( ) 函数训练模型：

```
# one-hot 向量的损失函数
# 使用Adam 优化器
# 对于分类任务来说正确率是一个合适的指标
model.compile(loss='categorical_crossentropy',
              optimizer='adam',
              metrics=['accuracy'])
# 训练网络
model.fit(x_train, y_train, epochs=20, batch_size=batch_size)
```

这里展现 Keras 的另一个重要特性，即仅通过提供 x 和 y 的数据、训练的 epochs 和 batch 的大小，使用 fit( ) 即可对模型进行设置。在其他一些深度学习框架中，该过程需要被转换成很多任务，例如以合适的格式准备输入和输出数据、载入、监控等。并且所有的这些操作都必须在一个 for 循环当中完成。在 Keras 中，上述过程仅用一行代码即可完成。

在 fit( ) 函数中，一个 epoch 代表对整个训练数据进行一次完整的采样。参数 batch_size 表示在每一个训练步骤中对输入数据进行采样的大小。为完成一个 epoch，fit( ) 函数需要通过 batch 将训练集合进行分割，再加上 1 以补偿任意小数部分。

1.3.6 性能评价

此时，MNIST 数字分类器的模型已搭建完成，而性能评估是下一个关键步骤，决定所提出的模型是否是一个可满足的方案。对一个模型训练 20epoch 后便足以获得一个可比较的性能指标。

表 1.3.2 展现了不同的网络配置和其相应的性能指标。在"分层"这一列下，分别显示了第 1~3 层单元的数量。每个优化器使用 Keras 默认的参数，可观察到使用不同正则化项、优化器和每层单元数所得到的结果。从表 1.3.2 当中可观察到另外一个很显著的现象就是一个较大的网络不一定能得到更好的性能。

虽然增加网络的深度并不能在训练和测试数据集上获得更好的正确率。但另一方面，使用较小的神经元数量（例如 128），也会获得较差的测试和训练正确率。当正则项被移除，且每层使用 256 个神经，可获得最好的训练正确率 99.93%。然而，由于网络过拟合，其测试正确率却较低，为 98%。

在网络使用 Adam 优化器并设置 dropout（0.45）时，可达到最高的测试正确率，（98.5%）。技术上而言，鉴于其 99.39% 的训练正确率，该方案仍有一定程度的过拟合。当单元数设置为 256-512-256、dropout（0.45）且使用 SGD 时，其训练和测试正确率同为

98.2%。移除 regularizer 和 ReLU 层都会得到最差的性能。通常，使用 dropout 层的性能优于使用 l2 层。

表 1.3.2 展现了一个典型的深度学习网络在调整参数期间的性能。该示例主要说明改进网络结构的必要性。在下一节中，另一个使用 CNN 的模型在测试正确率上表现出了显著的改进。

表 1.3.2 不同的 MLP 网络配置和性能衡量

分层	正则化项	优化器	ReLU	训练正确率（%）	测试正确率（%）
256-256-256	None	SGD	None	93.65	92.5
256-256-256	l2(0.001)	SGD	Yes	99.35	98.0
256-256-256	l2(0.01)	SGD	Yes	96.90	96.7
256-256-256	none	SGD	Yes	99.93	98.0
256-256-256	dropout(0.4)	SGD	Yes	98.23	98.1
256-256-256	dropout(0.45)	SGD	Yes	98.07	98.1
256-256-256	dropout(0.5)	SGD	Yes	97.68	98.1
256-256-256	dropout(0.6)	SGD	Yes	97.11	97.9
256-512-256	dropout(0.45)	SGD	Yes	98.21	98.2
512-512-512	dropout(0.2)	SGD	Yes	99.45	98.3
512-512-512	dropout(0.4)	SGD	Yes	98.95	98.3
512-1024-512	dropout(0.45)	SGD	Yes	98.90	98.2
1024-1024-1024	dropout(0.4)	SGD	Yes	99.37	98.3
256-256-256	dropout(0.6)	Adam	Yes	98.64	98.2
256-256-256	dropout(0.55)	Adam	Yes	99.02	98.3
256-256-256	dropout(0.45)	Adam	Yes	99.39	98.5
256-256-256	dropout(0.45)	RMSprop	Yes	98.75	98.1
128-128-128	dropout(0.45)	Adam	Yes	98.70	97.7

1.3.7 模型概述

使用 Keras 库为我们提供了一种快速机制来描述模型,可通过调用以下命令完成:

```
model.summary()
```

代码列表 1.3.2 展示了所建立网络的概述。该模型总共需要 269322 个参数。考虑到当前任务是一个分类 MNIST 图像的简单任务,模型为序列化。MLP 并非参数有效。参数的数量可从图 1.3.4 中,通过关注感知器的计算而得出。从输入到密集层:784256+256=200960;从第一个密集层到第二个密集层:256×256+256=65792;从第二个紧密层到输出层:10×256+10=2570。最终,总数为 269322。

代码列表 1.3.3,一个 MNIST 数字分类器 MLP 模型的概述。

```
Layer (type)                 Output Shape              Param #
=================================================================
dense_1 (Dense)              (None, 256)               200960
_____
activation_1 (Activation)    (None, 256)               0
_____
dropout_1 (Dropout)          (None, 256)               0
_____
dense_2 (Dense)              (None, 256)               65792
_____
activation_2 (Activation)    (None, 256)               0
_____
dropout_2 (Dropout)          (None, 256)               0
_____
dense_3 (Dense)              (None, 10)                2570
_____
activation_3 (Activation)    (None, 10)                0
=================================================================
Total params: 269,322
Trainable params: 269,322
Non-trainable params: 0
```

验证网络的另一种方法是调用以下代码:

```
plot_model(model, to_file='mlp-mnist.png', show_shapes=True)
```

图 1.3.9 展示了绘制结果。从图中可发现该图与调用 summary( ) 所得到的结果类似,所不同的是使用图形方式展现了每一个层的内链接和 I/O。

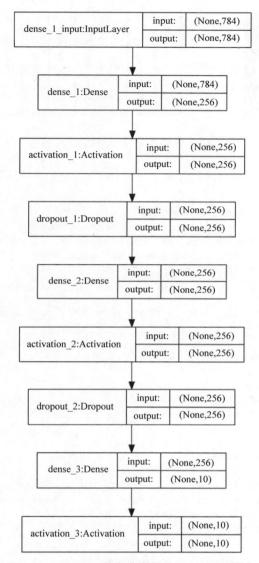

图 1.3.9 MNIST 数字分类器的 MLP 图形描述

1.4 卷积神经网络（CNN）

本节将对卷积神经网络（Convolutional Neural Networks, CNN）进行介绍。在本节中，仍尝试解决相同的 MNIST 数字分类问题，所不同的是这次将使用 CNN 进行分类。

图 1.4.1 展现了用于 MNIST 数字分类的 CNN 模型，其实现如代码列表 1.4.1 所示。在实现 CNN 模型之前，需要对先前模型进行一定的修改。与之前使用输入向量所不同，当前输入张量有新的维度（高、宽和通道），对于灰度的 MNIST 图像则设置为（image_size,image_size,1）=(28,28,1)。需要对测试和训练图像的尺寸进行调整，以适应输入的需要。

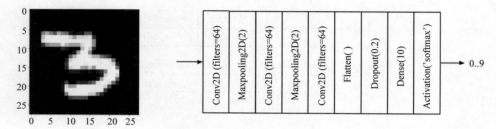

图 1.4.1 MNIST 数字分类的 CNN 模型

代码列表 1.4.1，cnn-mnist-1.4.1.py 展示了使用 CNN 进行 MNIST 数字分类的 Keras 代码。

```python
import numpy as np
from keras.models import Sequential
from keras.layers import Activation, Dense, Dropout
from keras.layers import Conv2D, MaxPooling2D, Flatten
from keras.utils import to_categorical, plot_model
from keras.datasets import mnist

# 载入 MNIST 数据集
(x_train, y_train), (x_test, y_test) = mnist.load_data()

# 计算标签的数量
num_labels = len(np.unique(y_train))

# 转换为 one-hot 向量
y_train = to_categorical(y_train)
y_test = to_categorical(y_test)

# 输入图像的维度
image_size = x_train.shape[1]
# 尺寸调整与标准化
x_train = np.reshape(x_train,[-1, image_size, image_size, 1])
x_test = np.reshape(x_test,[-1, image_size, image_size, 1])
x_train = x_train.astype('float32') / 255
x_test = x_test.astype('float32') / 255

# 网络参数
# 图像以方形灰度进行处理
input_shape = (image_size, image_size, 1)
batch_size = 128
kernel_size = 3
pool_size = 2
filters = 64
dropout = 0.2

# 模型是一个 CNN-ReLU-MaxPooling 栈
model = Sequential()
model.add(Conv2D(filters=filters,
                 kernel_size=kernel_size,
                 activation='relu',
```

```
                  input_shape=input_shape))
model.add(MaxPooling2D(pool_size))
model.add(Conv2D(filters=filters,
                 kernel_size=kernel_size,
                 activation='relu'))
model.add(MaxPooling2D(pool_size))
model.add(Conv2D(filters=filters,
                 kernel_size=kernel_size,
                 activation='relu'))
model.add(Flatten())
# 添加dropout 作为正则化项
model.add(Dropout(dropout))
# 输出层是一个10维 one-hot 向量
model.add(Dense(num_labels))
model.add(Activation('softmax'))
model.summary()
plot_model(model, to_file='cnn-mnist.png', show_shapes=True)

# one-hot 向量的损失函数
# 使用 Adam 优化器
# 正确率对于分类任务是一个合适的指标
model.compile(loss='categorical_crossentropy',
              optimizer='adam',
              metrics=['accuracy'])
# 训练网络
model.fit(x_train, y_train, epochs=10, batch_size=batch_size)

loss, acc = model.evaluate(x_test, y_test, batch_size=batch_size)
print("\nTest accuracy: %.1f%%" % (100.0 * acc))
```

这里的主要变化是使用 Conv2D 层。relu 激活函数已作为 Conv2D 的一个参数。当引入批标准化（batch normalization）层时，relu 激活函数可作为一个单独的激活层。批标准化用于深度 CNN 时，可使用较大的学习率以避免训练期间的不稳定。

1.4.1 卷积

如果说 MLP 模型中单元的数量用于描述密集层的特性，那么核（kernel）将决定 CNN 操作的特性。如图 1.4.2 所示，核可作为一个矩形块或窗口，从左向右、从上向下滑动整个图像。该操作叫作卷积，其作用是将输入图像转换成为一个特征映射。该映射可认为是核从输入图像中所学内容的一种表示。该特征映射在随后的层中转化为另一个映射，且该过程一直延续。每个 Conv2D 所建立的特征映射数量由 filters 参数控制。

图 1.4.3 展示了卷积所涉及的计算。为了简单起见，展示了一个对 5×5 的输入图像采用一个 3×3 的核进行卷积的过程，并展示了卷积后所得到的特征映射结果。特征映射的一个元素值使用阴影进行显示。可以注意到，所得到特征映射的结果比原始的输入图像要小，这是因为卷积操作仅作用在有效的元素上，核不能超越图像的边界。如果需要输入的维度等于输出特征映射的维度，则可使用 Con2D 的选项 padding='same'，输入图像会在其边界周围填充零，以便在卷积后保持维度不变。

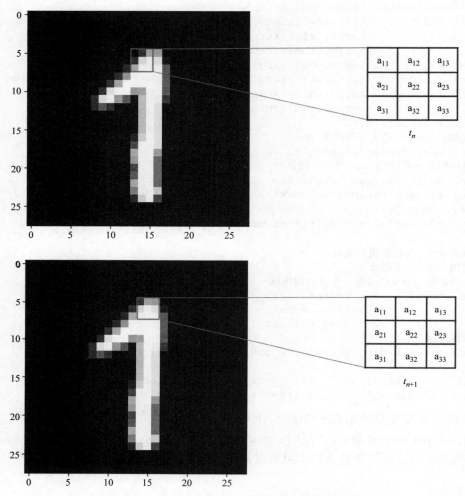

图 1.4.2 3×3 大小的核与一个 MNIST 数字图像卷积，显示了步 t_n 和 t_{n+1} 的卷积，其中核通过一个像素的步长向右边移动

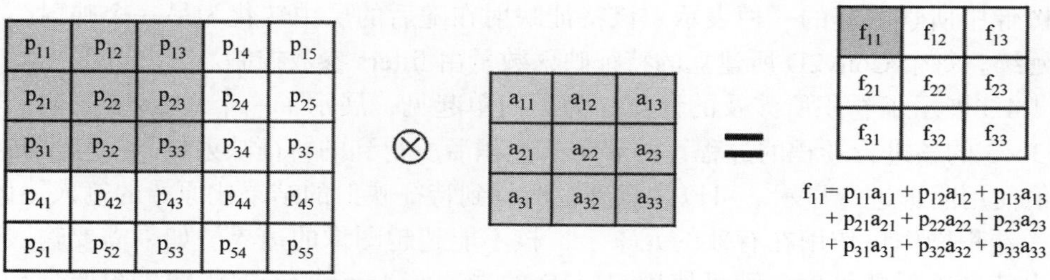

图 1.4.3 卷积操作展示特征映射的一个元素是如何计算的

1.4.2 池化操作

CNN 的最后一个变化是添加了参数为 pool_size=2 的 MaxPooling2D 层。MaxPooling2D 用于压缩每个特征映射。每个 patch 的大小 pool_sizepool_size 被缩减至一个像素。该值等于 patch 中最大的像素值。对两个 patch 进行 MaxPooling2D 的操作如图 1.4.4 所示。

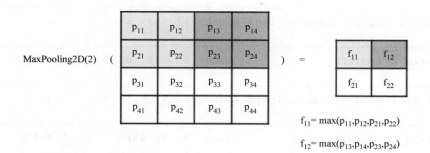

图 1.4.4　MaxPooling2D 操作。为简单起见，假设输入特征映射大小为 4×4，产生一个 2×2 特征映射

MaxPooling2D 的重要性在于其可通过转换所增加核的覆盖范围，减少特征映射的大小。例如，在 MaxPooling2D(2) 之后，一个 2×2 的核可近似于卷积一个 4×4 的 patch。CNN 可为一个不同的覆盖学习一组新的特征集合。

池化和压缩还存在其他意义。举例来说，可使用 MaxPooling2D(2) 完成一个 50% 大小的压缩，此外，可通过 AveragePooling2D(2) 求取一个 patch 的平均值而非最大值。跨步卷积 Conv2D(strides=2,…) 会在卷积时每次跨越两个像素，因此同样可得到减少 50% 大小的效果。采用不同的缩减技术存在细微的差别。

在 Conv2D 和 MaxPooling2D 中，pool_size 和 kernel 都可以是非方形的。在该情况下须指明行和列的大小。例如，pool_size =(1,2) 和 kernel =(3,5)。

最后一个 MaxPooling2D 的输出是一个特征映射的栈。Flatten 的作用是将特征映射的栈转换为一个向量格式，该格式可适用于 dropout 或 Dense 层（类似 MLP 模型的输出层）。

1.4.3 性能评价与模型概要

如代码列表 1.4.2 所示，相较于 MLP 层所使用的 269322 个参数，代码列表 1.4.1 中的 CNN 模型所需要的参数更少，仅为 80226 个。Conv2d_1 层中有 640 个参数，每个核有 $3 \times 3 = 9$ 个参数，并且每 64 个特征映射有一个核和一个偏置参数。其他卷积层参数的数量可使用类似的方法计算得出。图 1.4.5 展示了 CNN MNIST 数字分类器的图形表示。

表 1.4.1 显示，使用一个 3 层且每层有 64 特征映射，并使用 dropout=0.2 的 Adam 优化器所构建的模型，可获得最大的测试正确率 99.4%。相对于 MLP，CNN 参数效率更高且具有更高的正确率。同样，CNN 也适合对序列数据、图像和视频进行学习表示。

代码列表 1.4.2，用于显示 CNN MNIST 数字分类器的概述。

```
Layer (type)                 Output Shape              Param #
=================================================================
conv2d_1 (Conv2D)            (None, 26, 26, 64)        640

max_pooling2d_1 (MaxPooling2 (None, 13, 13, 64)        0

conv2d_2 (Conv2D)            (None, 11, 11, 64)        36928

max_pooling2d_2 (MaxPooling2 (None, 5, 5, 64)          0

conv2d_3 (Conv2D)            (None, 3, 3, 64)          36928

flatten_1 (Flatten)          (None, 576)               0

dropout_1 (Dropout)          (None, 576)               0

dense_1 (Dense)              (None, 10)                5770

activation_1 (Activation)    (None, 10)                0
=================================================================
Total params: 80,266
Trainable params: 80,266
Non-trainable params: 0
```

表 1.4.1 对于 MNIST 数字分类问题，不同 CNN 网络的配置和性能衡量

分层	优化器率	正则化项	训练正确率（%）	测试正确率（%）
64-64-64	SGD	dropout(0.2)	97.76	98.50
64-64-64	RMSprop	dropout(0.2)	99.11	99.00
64-64-64	Adam	dropout(0.2)	99.75	99.40
64-64-64	Adam	dropout(0.4)	99.64	99.30

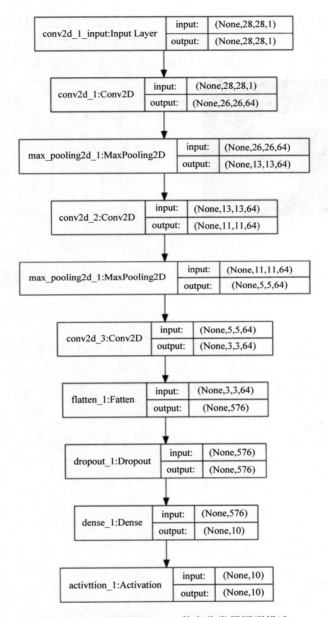

图 1.4.5　CNN 的 MNIST 数字分类器图形描述

1.5　循环神经网络（RNN）

本节将介绍三大人工神经网络的最后一个——循环神经网络（Recurrent neural networks，RNN）。

RNN 代表一个网络家族，适用于对序列数据进行学习，如自然语言处理（NLP）或仪器中传感器的数据流。尽管每个 MNIST 数据样本非自然序列化,但每个图像都可解释为像素行或者列的序列。因此,一个 RNN 模型可将每个 MNIST 图像转换一个 28 个元素的输入向量序列,其时间步长等于 28。代码列表 1.5.1 展现图 1.5.1 中的 RNN 模型。

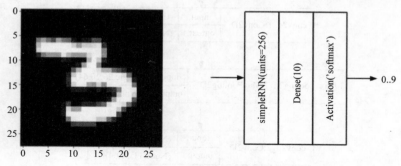

图 1.5.1　MNIST 数字分类的 RNN 模型

代码列表 1.5.1,用于展示 rnn-mnist-1.5.1.py 中使用 RNN 进行 MNIST 数字分类的 Keras 代码。

```python
import numpy as np
from keras.models import Sequential
from keras.layers import Dense, Activation, SimpleRNN
from keras.utils import to_categorical, plot_model
from keras.datasets import mnist

# 载入 MNIST 数据集
(x_train, y_train), (x_test, y_test) = mnist.load_data()

# 计算标签的数量
num_labels = len(np.unique(y_train))

# 转换为 one-hot 向量
y_train = to_categorical(y_train)
y_test = to_categorical(y_test)

# 尺寸调整和标准化
image_size = x_train.shape[1]
x_train = np.reshape(x_train,[-1, image_size, image_size])
x_test = np.reshape(x_test,[-1, image_size, image_size])
x_train = x_train.astype('float32') / 255
x_test = x_test.astype('float32') / 255

# 网络参数
input_shape = (image_size, image_size)
batch_size = 128
units = 256
```

```
dropout = 0.2

# 一个256个单元的RNN模型，输入为28时间间隔的28维向量
model = Sequential()
model.add(SimpleRNN(units=units,
                    dropout=dropout,
                    input_shape=input_shape))
model.add(Dense(num_labels))
model.add(Activation('softmax'))
model.summary()
plot_model(model, to_file='rnn-mnist.png', show_shapes=True)

# one-hot 向量的损失函数
# 使用 sgd 优化器
# 对于分类任务，正确率是一个合适的指标
model.compile(loss='categorical_crossentropy',
              optimizer='sgd',
              metrics=['accuracy'])
# 训练网络
model.fit(x_train, y_train, epochs=20, batch_size=batch_size)

loss, acc = model.evaluate(x_test, y_test, batch_size=batch_size)
print("\nTest accuracy: %.1f%%" % (100.0 * acc))
```

与之前两个模型相比，RNN 有两个主要的差别。首先，input_shape=（image_size,image_size）变为 input_shape=（timesteps,input_dim），可解释为一个 input_dim 维，长度为 timesteps 的向量。第二个不同在于使用 SimpleRNN 层来表示一个 units=256 的 RNN 细胞。units 变量表示输出单元的数量。如果 CNN 的特点是使用核对输入特征映射进行卷积，那么 RNN 的特点在于其输出不仅是当前输入的一个函数，还是先前输出或隐藏状态的一个函数。由于先前输出也是其先前输入的函数，因此当前的输出也作为其先前输出和输入的函数，并依此类推。Keras 中的 SimpleRNN 层是一个 RNN 的简化版本。下面的公式描述了 SimpleRNN 的输出。

$$h_t = \tanh(b + Wh_{t-1} + Ux_t) \quad (1.5.1)$$

该公式中，b 表示偏置，且 W 和 U 分别表示循环核（先前输出的权值）和核（当前输入的权值）。下标 t 用于表示序列的位置。对于 units=256 的 SimpleRNN 层，总共有 $256+256 \times 256+256 \times 28=72960$ 个参数，对应于 b、W 和 U 的贡献。

图 1.5.2 同时展现了用于 MNIST 数字图像分类的 SimpleRNN 和 RNN。SimpleRNN 比 RNN 更精简的原因在于，计算 softmax 前缺少 $O_t=Vh_t+c$ 的输出值。

与 MLP 或 CNN 相比，RNN 开始可能较难理解。在 MLP 中，感知器是基础单元。一旦理解了感知器的概念，便可知 MLP 不过是一个感知器网络。在 CNN 中，卷积核是一个块或窗口，用于划过特征映射来建立另一个特征映射。在 RNN 中，最重要的概念是自循环。实质上仅存在一个细胞。

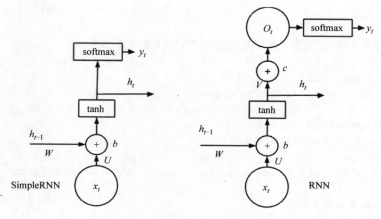

图 1.5.2 SimpleRNN 和 RNN 的图解

出现多个细胞的错觉是因为每个时间间隔上都展现出一个细胞，但是实际上除非其网络被展开，所展现的都是不断被重用的相同细胞。RNN 的基本神经网络是通过细胞进行共享。

代码列表 1.5.2 展现了使用 SimpleRNN 需要更少的参数。图 1.5.3 展示了 RNN MNIST 数字分类器的图形描述。该模型非常简明。表 1.5.1 显示了 SimpleRNN 在展现的所有网络中获得最小的正确率。

代码列表 1.5.2，用于展现 RNN MNIST 数字分类器的概述。

```
Layer (type)                 Output Shape              Param #
=================================================================
simple_rnn_1 (SimpleRNN)     (None, 256)               72960
_____
dense_1 (Dense)              (None, 10)                2570
_____
activation_1 (Activation)    (None, 10)                0
=================================================================
Total params: 75,530
Trainable params: 75,530
Non-trainable params: 0
```

在很多深度神经网络应用中，普遍使用其他 RNN 家族的成员，例如长短期记忆（Long Short-Term Memory, LSTM）网络，该网络已被应用于机器翻译和问题自动应答。LSTM 网络可解决长期依赖问题，并可通过记忆过去的相关信息获得当前的输出。

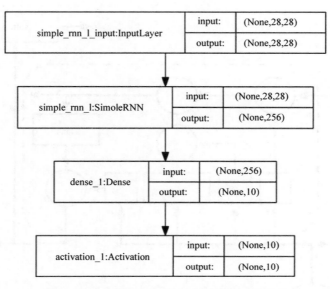

图 1.5.3 RNN MNIST 数字分类器的图形描述

表 1.5.1 不同网络配置的 SimpleRNN 和性能指标

分层	优化器	正则化项	训练正确率（%）	测试正确率（%）
256	SGD	dropout(0.2)	97.26	98.00
256	RMSprop	dropout(0.2)	96.72	97.60
256	Adam	dropout(0.2)	96.79	97.40
512	SGD	dropout(0.2)	97.88	98.30

与 RNN 或 SimpleRNN 不同，LSTM 细胞内部的结构更为复杂。图 1.5.4 展现了在 MNIST 数字分类范畴下 LSTM 图解。LSTM 不仅使用当前输入、过去输出或隐藏状态，而且还引入一个细胞状态 s_t，用于将信息从一个细胞转移至另一个。细胞状态之间的信息流由三个门所控制，即 f_t、i_t 和 q_t。这些门决定哪些信息应当保留或替换，并且决定过去和当前输入的哪些信息应当作用于当前细胞状态或输出。本书不会讨论 LSTM 细胞的内部细节，但是，感兴趣的读者可通过 http://colah.github.io/posts/2015-08-Understanding-LSTMs，查阅有关 LSTM 的详细介绍。

LSTM( ) 层可作为 SimpleRNN 的一个直接替代。如果认为使用 LSTM 处理当前任务绰绰有余，可为当前任务选择一个简易版本的 LSTM，即门控循环单元（Gated Recurrent Unit，GRU）。GRU 通过将细胞状态和隐藏状态合并来简化 LSTM。GRU 也会将门的数量减少至 1。GRU( ) 函数也可以作为 SimpleRNN( ) 函数的一个直接替换。

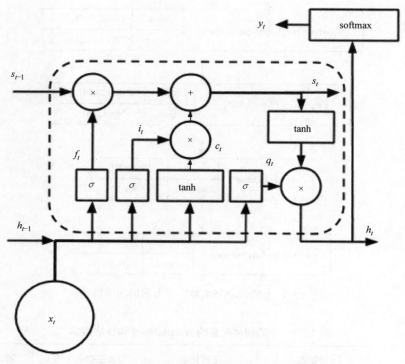

图 1.5.4　LSTM 图解（为清楚起见，未显示参数）

目前，还存在很多用于配置 RNN 的方法。其中一种方法是设置 RNN 模型为双向。默认情况下 RNN 为非双向，某种意义上，当前的输出仅受过去状态和当前输入的影响。在双向 RNN 中，特征的状态也会影响当前或过去的状态，该过程通过允许信息的反向流动来完成。过去的输出被更新，其需要依赖于所收到的新信息。RNN 可通过调用一个包装函数来设置双向功能。例如，一个双向的 LSTM 可通过 Bidirectional（LSTM()）来实现。

对于所有类型的 RNN，增加单元将会增加容量。但是另一个增加容量的方法是通过堆积 RNN 层来完成。根据经验法则，模型的容量应该仅在需要时才被增加。多余的容量会造成过拟合且而延长训练时间，并在预测阶段会获得更差的性能。

1.6　小结

本章介绍了三种深度学习模型：MLP、RNN 和 CNN，并介绍了快速开发、训练和测试这些深度学习模型的 Keras 库。此外，还讨论了 Keras 的 Sequential API。在下一章中，将介绍函数式 API，这些 API 能够帮助我们构建更为复杂的深度神经网络，尤其是高级深度神经网络。

本章回顾了深度学习的一些重要概念，如优化、正则化和损失函数。为便于理解，这些概念在 MNIST 数字分类器的应用背景下进行介绍。使用人工神经网络解决 MNIST 数字分类问题的不同方案（如 MLP、CNN 和 RNN）是构建深度神经网络重要模块。此外，本章还探讨了这些模块的性能衡量方法。

通过对深度学习概念的理解，以及如何将 Keras 作为实现这些概念的工具。目前我们已具备分析高级深度学习模型的能力。在下一章中，在讨论完函数式 API 之后，我们将继续介绍深度学习模型及其相关实现。后续章节将讨论一些高级主题，如 GAN、VAE 和强化学习，所附的 Keras 代码实现将会在理解这些主题方面起到重要作用。

参考文献

1. LeCun, Yann, Corinna Cortes, and C. J. Burges. *MNIST handwritten digit database*. AT&T Labs [Online]. Available: *http://yann. lecun. com/exdb/mnist* 2 (2010).

第 2 章
深度神经网络

本章将对深度神经网络进行介绍。这些网络在处理更为复杂和更具挑战的数据集（如 ImageNet、CIFAR10 和 CIFAR100）时表现出色。本章将集中介绍两种网络，ResNet [2,4] 和 DenseNet [5]。在展现更多的细节前，需简要介绍一下这两种神经网络。

ResNet 通过引入残差学习的概念，使其能够通过解决深度卷积网络中梯度消失的问题来构建网络。

DenseNet 通过允许每个卷积直接访问输入和低层特征映射，来进一步改进 ResNet 技术。借助瓶颈层和过渡层，帮助深度网络保持较少参数。

至于为什么仅介绍这两种网络，而非其他模型，其主要原因在于大量模型都受到 DenseNet 与 ResNet 网络技术的启发，如 ResNet [6] 和 FractalNet [7]。通过了解 ResNet 和 DenseNet，借助其设计原则可指导我们构建自己的模型。同时，通过使用迁移学习，可将预训练好的 ResNet 和 DenseNet 模型用于不同目的。鉴于此原因以及这些模型与 Keras 的兼容性，使得其成为探索本书深度学习范围内最理想的模型。

虽然本章将重点介绍深度神经网络，然而本章首先开始要介绍 Keras 的一个重要特性：函数式 API。该 API 可作为在 Keras 中构建网络的替代方法，使我们能够构建无法通过 Sequential 模型所实现的更为复杂的网络。之所以对该 API 进行深入研究，是因为该 API 将成为构建深度网络（例如本章中将介绍的两种模型）的有力工具。建议在阅读本章之前完成第 1 章的学习，因为我们将参考该章的代码和概念，并将其代入到本章的高等级应用中。

本章主要内容如下：
- Keras 中的函数式 API，以及探索其运行网络实例的方法。
- Keras 中的深度残差网络的实现（ResNet 版本 1 和版本 2）。
- Keras 中密集连接卷积网络（DenseNet）。
- ResNet 和 DenseNet 的介绍。

2.1 函数式 API

在第 1 章中，首次介绍了 Sequential 模型中神经网络层的叠加。通常，模型通过其输入和输出层访问。现已知，目前尚未提供一个简单的机制方便我们在网络的中间增加附加输入，或者在到达最后一层前去捕获一个附加输出。

Sequential 模型存在缺点，例如，不支持图模型，不支持类 Python 函数模型。此外，在两个模型之间共享网络层也很困难。函数式 API 解决了这些问题，这也是为什么它成为深度学习模型应用的一个重要工具的原因。

函数式 API 由以下两个概念所引导：

• 层作为一个实例，用于接收一个张量作为其参数。层的输出是另一个张量。如要构建模型，层实例作为对象，通过输入和输出张量彼此连接起来，并产生类似于在 Sequential 模型中堆叠多个层得到的结果。然而，由于每一个层的输入/输出都易于访问，因此模型易于引入附加或多个输入与输出。

• 模型是多个输入张量与输出张量之间的一个函数。在模型输入和输出之间，张量作为层的实例，彼此之间通过层的输入和层的输出张量相互链接。因此，模型是包含一个或多个输入层，以及一个或多个输出层的函数。模型的实例确立了一个计算图形，用于描述数据流是如何从输入到输出的。

为完成函数式 API 模型的构建，模型的训练和评估所使用的函数与 Sequential 模型相同。在函数式 API 中，有 32 个滤波器，作为层输入张量。层输出张量的 2 维卷积层 Conv2D 可表示为

```
y = Conv2D(32)(x)
```

同时，可叠加多个层来构建模型。例如，可重写上一章中所建立的 MNIST 代码以重构 CNN，如下所示：

代码列表 2.1.1，cnn-functional-2.1.1.py 用于展示如何使用函数式 API 转换 cnn-mnist-1.4.1.py。

```python
import numpy as np
from keras.layers import Dense, Dropout, Input
from keras.layers import Conv2D, MaxPooling2D, Flatten
from keras.models import Model
from keras.datasets import mnist
from keras.utils import to_categorical


# 计算标签的数量
num_labels = len(np.unique(y_train))

# 转换为 one-hot 向量
y_train = to_categorical(y_train)
y_test = to_categorical(y_test)

# 尺寸调整和标准化
image_size = x_train.shape[1]
x_train = np.reshape(x_train,[-1, image_size, image_size, 1])
x_test = np.reshape(x_test,[-1, image_size, image_size, 1])
x_train = x_train.astype('float32') / 255
```

```
x_test = x_test.astype('float32') / 255

# 网络参数
# 按照方形灰度图像进行处理
input_shape = (image_size, image_size, 1)
batch_size = 128
kernel_size = 3
filters = 64
dropout = 0.3

# 使用函数式 API 搭建 CNN 层
inputs = Input(shape=input_shape)
y = Conv2D(filters=filters,
           kernel_size=kernel_size,
           activation='relu')(inputs)
y = MaxPooling2D()(y)
y = Conv2D(filters=filters,
           kernel_size=kernel_size,
           activation='relu')(y)
y = MaxPooling2D()(y)
y = Conv2D(filters=filters,
           kernel_size=kernel_size,
           activation='relu')(y)
# 在连接到密集层之前将图像转换为向量
y = Flatten()(y)
# dropout 正则化
y = Dropout(dropout)(y)
outputs = Dense(num_labels, activation='softmax')(y)

# 通过输入/输出来构建模型
model = Model(inputs=inputs, outputs=outputs)
# 文中的网络模型
model.summary()

# 分类器损失,Adam 优化器,分类正确率
model.compile(loss='categorical_crossentropy',
              optimizer='adam',
              metrics=['accuracy'])

# 使用输入图像和标签训练模型
model.fit(x_train,
          y_train,
          validation_data=(x_test, y_test),
          epochs=20,
          batch_size=batch_size)

# 测试集上的模型正确率
```

```
score = model.evaluate(x_test, y_test, batch_size=batch_size)
print("\nTest accuracy: %.1f%%" % (100.0 * score[1]))
```

在默认情况下，MaxPooling2D 将 pool_size 设置为 2，因此未显示该参数的设置。

在前面的代码列表中，每一层都是张量的函数。生成的每一个张量输出都将成为下一层的输入。为创建该模型，可调用 Model( ) 方法并设置 inputs 和 outputs 张量，或使用张量的列表。其他与之前无异。

同时，也可以使用 Sequential 模型中的 fit( ) 和 evaluate( ) 函数完成训练和评估。实际上，Sequential 类是 Model 类的子类。需要记住，在 fits( ) 函数中插入参数 validation_data，用于观察训练过程中的验证正确率。在 20epoch 内，正确率从 99.3% 提高至 99.4%。

2.1.1 创建一个两输入单输出模型

本小节将创建一个具有两个输入和一个输出的模型。开始之前，需要明确所要实现的模型不能简单地通过 Sequential 模型建立。

假设要对 MNIST 数字分类问题开发一个如图 2.1.1 所示的新模型，并称其为 Y-Network。Y-Network 在左右两边的 CNN 分支上，两次使用相同的输入。该网络通过 concat-

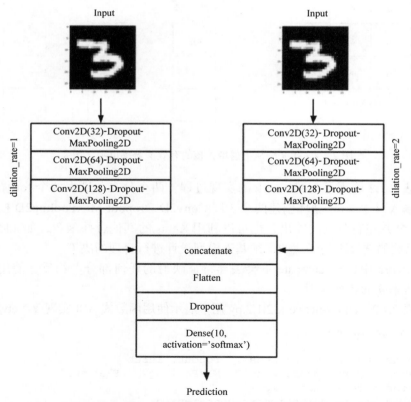

图 2.1.1　Y-Network 接收两个相同的输入，但在卷积网络的两个路径中处理输入。使用连接层对分支的输出进行组合。最后一层预测与之前的 CNN 示例类似

enate 层将结果合并。合并选项 concatenate 沿着坐标轴将两个相同形状的张量合并为一个张量。例如，沿坐标轴最后一个变量合并两个相同尺寸的张量（3,3,16），从而得到一个新的相同尺寸的张量（3,3,32）。

concatenate 层之后与先前的 CNN 模型保持一致。构成 Flatten-Dropout-Dense：

为提升代码列表 2.1.1 中模型的性能，这里可做出一些修改。首先，在 Y-Network 的分支中，将滤波器的数量增加一倍，以补偿在 MaxPooling2D( ) 之后特征映射的减半。例如，第一个卷积的输出是（28,28,32），则在极大池化操作后，变为（14,14,32）。下一个卷积的滤波器大小为 64，输出为（14,14,64）。

其次，虽然两个分支具有相同的核大小 3，但右侧分支使用的扩张率为 2。图 2.1.2 显示了不同扩张率对核大小为 3 的影响。其思想是通过使用扩张率来增加核的覆盖，CNN 可使右侧分支学习到不同的特征映射。使用 padding ='same' 选项来确保在使用扩张率时，CNN 不会有负张量维度。通过使用 padding ='same'，可保持输入的尺寸与输出特征图相同。具体做法是在输入当中填充零，以确保相同大小的输出。

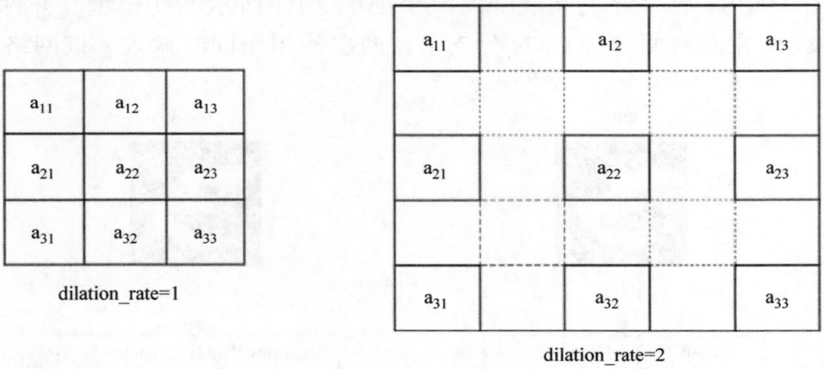

图 2.1.2　扩张率从 1 递增，核的有效覆盖率也随之增大

代码列表 2.1.2 展现了 Y-Network 的实现过程，两个分支分别由两个 for 循环创建，且都有相同的输入尺寸。for 循环创建两个 3 层 Conv2D-Dropout-MaxPooling2D 栈。使用 concatenate 层组合并左右分支的输出，也可以利用 Keras 的其他合并函数，如 add、dot、multiply。合并函数的选择不是任意的，须基于模型设计进行合理的决策。

在 Y-Network 中，concatenate 不会丢弃特征映射的任何部分。相反，使用 Dense 层设定如何处理所串联的特征映射。

代码列表 2.1.2，cnn-y-network-2.1.2.py 用于展示使用函数式 API 实现 Y-Network 的过程。

```
import numpy as np

from keras.layers import Dense, Dropout, Input
from keras.layers import Conv2D, MaxPooling2D, Flatten
from keras.models import Model
from keras.layers.merge import concatenate
from keras.datasets import mnist
from keras.utils import to_categorical
```

```python
from keras.utils import plot_model

# 载入 MNIST 数据集
(x_train, y_train), (x_test, y_test) = mnist.load_data()

# 计算标签数量
num_labels = len(np.unique(y_train))

# 转换为 one-hot 向量
y_train = to_categorical(y_train)
y_test = to_categorical(y_test)

# 调整输入图像的尺寸并进行标准化
image_size = x_train.shape[1]
x_train = np.reshape(x_train,[-1, image_size, image_size, 1])
x_test = np.reshape(x_test,[-1, image_size, image_size, 1])
x_train = x_train.astype('float32') / 255
x_test = x_test.astype('float32') / 255

# 网络参数
input_shape = (image_size, image_size, 1)
batch_size = 32
kernel_size = 3
dropout = 0.4
n_filters = 32

# Y-Network 的左分支
left_inputs = Input(shape=input_shape)
x = left_inputs
filters = n_filters
# 3层 Conv2D-Dropout-MaxPooling2D
# 每层后的滤波器加倍 (32-64-128)
for i in range(3):
    x = Conv2D(filters=filters,
               kernel_size=kernel_size,
               padding='same',
               activation='relu')(x)
    x = Dropout(dropout)(x)
    x = MaxPooling2D()(x)
    filters *= 2

# Y-Network 的右分支
right_inputs = Input(shape=input_shape)
y = right_inputs
filters = n_filters
# 3层Conv2D-Dropout-MaxPooling2D
# 每层后的滤波器加倍 (32-64-128)
for i in range(3):
    y = Conv2D(filters=filters,
               kernel_size=kernel_size,
```

```
                    padding='same',
                    activation='relu',
                    dilation_rate=2)(y)
    y = Dropout(dropout)(y)
    y = MaxPooling2D()(y)
    filters *= 2

# 合并左右分支的输出
y = concatenate([x, y])
# 在连接 Dense 层之前将特征映射转换为向量
y = Flatten()(y)
y = Dropout(dropout)(y)
outputs = Dense(num_labels, activation='softmax')(y)

# 使用函数式 API 搭建模型
model = Model([left_inputs, right_inputs], outputs)
# 使用图形方式查看模型
plot_model(model, to_file='cnn-y-network.png', show_shapes=True)
# 使用层文本描述的方式查看模型
model.summary()

# 分类器损失，Adam 优化器，分类器正确率
model.compile(loss='categorical_crossentropy',
              optimizer='adam',
              metrics=['accuracy'])

# 使用输入图像和标签训练模型
model.fit([x_train, x_train],
          y_train,
          validation_data=([x_test, x_test], y_test),
          epochs=20,
          batch_size=batch_size)

# 测试集上的模型正确率
score = model.evaluate([x_test, x_test], y_test, batch_size=batch_size)
print("\nTest accuracy: %.1f%%" % (100.0 * score[1]))
```

退一步而言，Y-Network 期望有两个输入用于训练和验证。这两个输入是相同的，因此使用 [x_train, x_train]。

经过 20epoch 训练，Y-Network 的准确率为 99.4%~99.5%。这比准确率在 99.3%~99.4% 之间的 3-stack CNN 略有改进。但这种改进却以较高的复杂性和超过两倍的参数为代价。图 2.1.3 显示了通过 Keras 和 plot_model( ) 函数生成的 Y-Network 架构。

以上是对函数式 API 的介绍。本章的重点是建立深度神经网络 ResNet 和 DenseNet。因此，我们仅关注构建它们所需的函数式 API 的相关要素，对所有 API 的介绍超出了本书的范围。

有关函数式 API 的更多信息，请参阅 https://keras.io/。

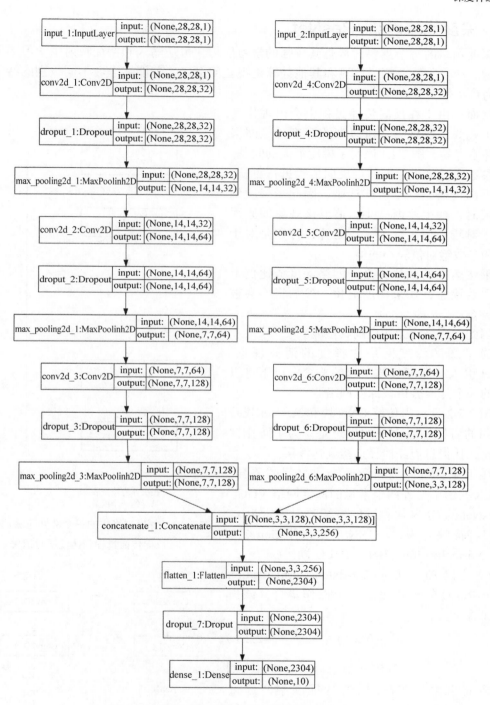

图 2.1.3 代码列表 2.1.2 所实现的 CNN Y-Network

2.2 深度残差网络 (ResNet)

深度网络的一个重要优势是其较强的学习能力,可从输入和特征映射中学习不同级别的表示。在分类、分割、检测和其他计算机视觉问题中,若能够学习不同级别的特征,通常会为算法带来更优异的性能。

然而,由于在反向传播过程中会出现梯度消失(爆炸)的现象,所以训练深度神经网络过程并不容易。图 2.2.1 说明了梯度消失的问题。网络参数通过输出层向前层反向传播进行更新。由于反向传播是基于链式法则,因此当梯度到达浅层时,梯度逐渐减小。造成该现象的原因是由于对较小值进行了乘积运算,特别是对于误差和参数绝对值较小的值。

乘法运算的数量将会随网络深度成比例上涨。需要注意,如果梯度退化,参数将不会被正确更新。

因此,网络将无法提高其性能。

为了缓解深度网络中梯度的消失现象,ResNet 引入了深度残差学习的概念。以下将以网络的一个片段分析该深度网络。

图 2.2.2 显示出传统 CNN 块和 ResNet 残差块之间的对比。ResNet 的思想是,为了防止梯度退化,让信息流经捷径连接到达浅层。

接下来,将详细介绍两个块之间的差异。图 2.2.3 展示了另外两个常见的深度网络 VGG[3] 和 ResNet 的 CNN 块。层的特征映射表示为 x,第 l 层特征映射为 x_l。CNN 层中采用 Conv2D-Batch Normalization(BN)-ReLU 操作。

假设以 $H(\ )$= Conv2D-Batch Normalization (BN)-ReLU 的形式表示一个操作集合,该集合意味着

$$x_{l-1}=H(x_{l-2}) \quad (2.2.1)$$

$$x_l=H(x_{l-1}) \quad (2.2.2)$$

换而言之,在 $l-2$ 层的特征映射,通过 $H(\ )$=Conv2D-Batch Normalization(BN)-ReLU 转换到 x_{l-1}。相同的操作集合应用于将 x_{l-1} 转换到 x_l。再换言之,如果有一个 18 层的 VGG,在图

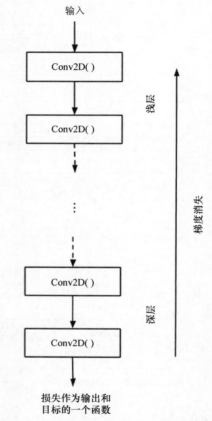

图 2.2.1 深度网络中的一个常见问题是梯度在反向传播过程到达浅层时消失

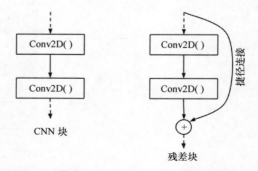

图 2.2.2 传统 CNN 与 ResNet 的模块对比。为防止反向传播期间梯度退化,引入了捷径连接

像被传递到第 18 层之前,将会有 18 次的 $H(\ )$ 操作。

通常,可观察到网络层的输出特征映射仅直接受前一个特征映射的影响。同时,对于 ResNet,有

$$x_{l-1}=H(x_{l-2}) \qquad (2.2.3)$$

$$x_l=\text{ReLU}(F(x_{l-1})+x_{l-2}) \qquad (2.2.4)$$

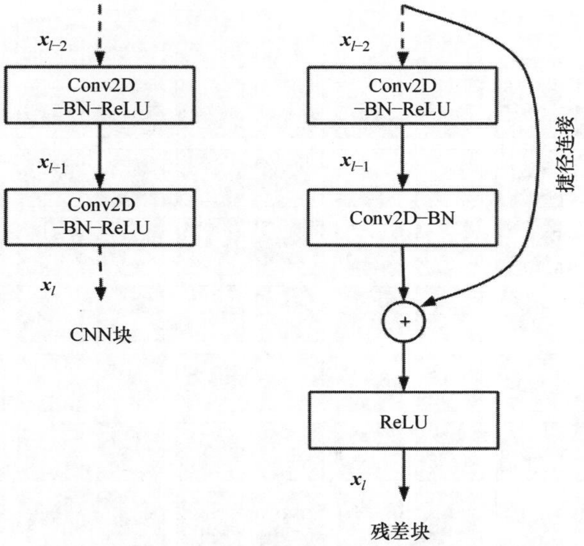

图 2.2.3　普通 CNN 块和残差块对层的详细操作

$F(x_{l-1})$ 由 Conv2D-BN 组成,也被称为残差映射,符号 + 是捷径连接和 $F(x_{l-1})$ 输出之间张量元素的加法。捷径连接不会增加额外的参数,也不会增加计算复杂度。该加法操作可通过 Keras 中 add( ) 合并函数实现。然而,$F(x_{l-1})$ 和 x 需要有相同的维度。如果维度不同(例如,当更改特征映射的大小时),需要对 x 执行一个线性投影,以匹配 $F(x_{l-1})$ 的大小。在原始论文中,线性映射发生在特征映射被减半时,可通过使用 1×1 核和 strides=2 的 Conv2D 操作完成。

回想第 1 章,我们讨论了设置 stride > 1 等同于卷积时跨越一个像素。例如,设置 strides=2,在卷积过程中核划过当前区域时将会跳过每一个除当前像素之外的像素。

在式(2.2.3)和式(2.2.4)中,都建模了 ResNet 残差块操作。这意味着如果深层被训练以追求更小的错误率,那么浅层当中就没有理由会有更高的错误率。

了解 ResNet 块的基本构建,可为图像分类问题设计一个深度残差网络。然而,本次将利用该网络处理更具挑战的高级数据集。

本节计划使用 CIFAR10 数据集,该数据集在原始论文中就作为验证集之一被使用。本例中,可使用 Keras 所提供的一个 API 方便地访问 CIFAR10 数据集,具体使用方法如下:

```
from keras.datasets import cifar10
(x_train, y_train), (x_test, y_test) = cifar10.load_data()
```

与 MNIST 数据集类似，CIFAR10 数据集包含 10 个类别。该数据集是一个较小（32×32）的真实世界 RGB 图像，包含飞机、汽车、鸟、猫、鹿、狗、青蛙、马、船和卡车，共 10 个类别。图 2.2.4 展示了 CIFAR10 中的一些样本图像。

在该数据集中，有 50000 个带标签的训练图像和 10000 个带标签的测试图像用于验证。

图 2.2.4　CIFAR10 数据集的样本图像。完整数据集具有 50000 个带标签的训练图像和 10000 个带标签的测试图像用于验证

对于 CIFAR10 数据，可使用如表 2.2.1 所示的不同网络配置来构建 ResNet。数值和相应 ResNet 架构的验证结果如表 2.2.2 所示。表 2.2.1 显示了三个残差块集合。每一个集合有 $2n$ 个层，对应于 n 个残差块。一个 32×32 的额外层作为第一层用于输入图像。

除两个不同大小特征层之间进行线性映射的过程层外，其他核的大小均设置为 3。例如，对于一个 Conv2D，核的大小设置为 1，并且 strides=2。为兼容 DenseNet，将在大小不同的残差块之间进行连接时使用条件过渡层。

ResNet 使用 kernel_initializer='he_normal'，在反向传播时帮助收敛。最后一层由 AveragePooling2D-Flatten-Dense 组成。需注意，ResNet 不会使用 Dropout。此外，可注意到所增加的合并操作与一个 1×1 的卷积会有一个自正则化的效果。图 2.2.5 展示了为处理表 2.2.1 所描述的 CIFRA10 数据集的 ResNet 模型架构。

以下代码列表展示了在 Keras 中 ResNet 的部分实现。相关代码已经贡献到 Keras

GitHub 代码库中。从表 2.2.2 中可看出，通过更改参数 n 的值，可以增加网络的深度。例如，对于 $n=18$，已经有 ResNet110，即一个 110 层的深度网络。为建立 ResNet20，可使用 $n=3$。

```
n = 3

# 模型版本设置
# 原论文：version = 1 (ResNet v1),
# 改进后的 ResNet: version = 2 (ResNet v2)
version = 1

# 通过所提供的模型参数 n 计算深度
if version == 1:
    depth = n * 6 + 2
elif version == 2:
    depth = n * 9 + 2
…
if version == 2:
    model = resnet_v2(input_shape=input_shape, depth=depth)
else:
    model = resnet_v1(input_shape=input_shape, depth=depth)
```

resnet_v1( ) 方法是针对 ResNet 的模型构建器。使用一个公共函数 resnet_layer( )，可辅助建立一个 Conv2D-BN-ReLU 的堆栈。

该模型被标定为版本 1，因为下一节将介绍一个改进的 ResNet，其将会被标定为版本 2 或 v2。相对于 ResNet，ResNet v2 有一个改进的残差块设计，可提高模型性能。

表 2.2.1 ResNet 网络架构配置

层	输出尺寸	滤波器大小	条件
卷积	32 × 32	16	3 × 3 Conv2D
残差块 (1)	32 × 32		$\begin{Bmatrix} 3 \times 3 & \text{Conv2D} \\ 3 \times 3 & \text{Conv2D} \end{Bmatrix} \times n$
过渡层 (1)	32 × 32		{1 × 1 Conv2D, strides = 2}
	16 × 16		
残差块 (2)	16 × 16	32	$\begin{Bmatrix} 3 \times 3 & \text{Conv2D, strides = 2 if 1st Conv2D} \\ 3 \times 3 & \text{Conv2D} \end{Bmatrix} \times n$
过渡层 (2)	16 × 16		{1 × 1 Conv2D, strides = 2}
	8 × 8		
残差块 (3)	8 × 8	64	$\begin{Bmatrix} 3 \times 3 & \text{Conv2D, strides = 2 if 1st Conv2D} \\ 3 \times 3 & \text{Conv2D} \end{Bmatrix} \times n$
平均池化	1 × 1		8 × 8 AveragePooling2D

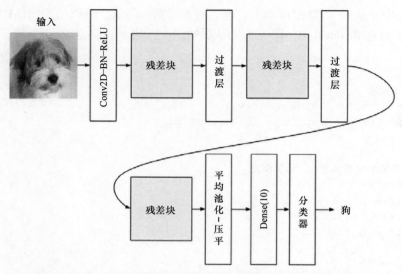

图 2.2.5　用于 CIFAR10 数据集分类的 ResNet 模型架构

表 2.2.2　使用 CIFAR10 验证的 ResNet 模型结构

分层	n	CIFAR10 的正确率（原论文）(%)	CIFAR10 的正确率（本书）(%)
ResNet20	3	91.25	92.16
ResNet32	5	92.49	92.46
ResNet44	7	92.83	92.50
ResNet56	9	93.03	92.71
ResNet110	18	93.57	92.65

以下为 resnet-cifar10-2.2.1.py 的部分代码，用于实现 ResNet v1 的 Keras 模型。

```
def resnet_v1(input_shape, depth, num_classes=10):
    if (depth - 2) % 6 != 0:
        raise ValueError('depth should be 6n+2 (eg 20, 32, 44 in [a])')
    # 开始模型定义
    num_filters = 16
    num_res_blocks = int((depth - 2) / 6)

    inputs = Input(shape=input_shape)
    x = resnet_layer(inputs=inputs)
    # 实例化残差单元栈
    for stack in range(3):
        for res_block in range(num_res_blocks):
            strides = 1
            if stack > 0 and res_block == 0:
                strides = 2  # downsample
            y = resnet_layer(inputs=x,
```

上述代码与原始的 ResNet 实现有一些细微的差别。具体而言，是使用了 Adam 而未使用 SGD 优化器。这是由于 ResNet 所使用的 Adam 更易于收敛。我们也使用了一个对学习率 (lr) 进行调度的方法 lr_schedule( )，为能够在 80epoch、120epoch、160epoch 和 180epoch 通过该调度函数将 lr 从默认的 1e-3 逐渐缩小。lr_schedule( ) 函数将作为 callbacks 变量的一部分，在训练的每一 epoch 时被调用。

其他回调方法在每次验证正确率时保存 checkpoint。当训练深度网络时，保存模型或权值的 checkpoint 是一个好习惯。这是由于通常需要大量的时间来训练网络。当需要使用自建的网络时，通过简单地重载 checkpoint，所训练的模型便会恢复。该操作可通过调用 Keras 中的 load_model( ) 函数进行。此外，通过引入 lr_reducer( ) 函数，可以防止指标值在调度函数执行减少操作之前达到稳态，如果验证损失在 patience=5 代之后没有任何改进，该回调函数将会通过特定因子减少学习率。

当调用 model.fit( ) 方法时，需提供 callbacks 变量。与原论文类似，在 Keras 的实现中使用数据增强 ImageDataGenerator( ) 方法，以提供额外的训练数据作为正则化方案。当训练数据增加，泛化性能将会有所改善。

例如，如图 2.2.6 所示（horizontal_flip=True），简单的数据增强可将狗的图像进行反转。如果这是一条狗的图像，那么其反转后的图像标签也为狗。用户也可以执行其他变换，例如缩放、旋转、白化等，但标签仍保持不变。

原始图片　　　　　　　　　　反转图片

图 2.2.6　一种较简单的数据增强技术：反转原始图像

完整的代码可以在 GitHub 上找到（https://github.com/PacktPublishing/ Advanced-Deep-Learning-with-Keras ）。

通常很难完全复制原论文的实现，特别是在使用优化器和数据增强时，本书中的 Keras ResNet 实现和原论文中的模型实现在性能上存在细微差异。

2.3　ResNet v2

在有关 ResNet 第二篇论文发表后[4]，上一节所介绍的原始模型就被称为 ResNet v1。改进后的 ResNet 通常被称为 ResNet v2。相关改进主要集中在如图 2.3.1 所示的残差块的层排列上。

ResNet v2 的改进包括：
- 使用一个 $1 \times 1\text{-}3 \times 3\text{-}1 \times 1$ 的 BN-ReLU-Conv2D 栈；
- 在进行 2D 卷积之前进行批标准化和 ReLU 激励。

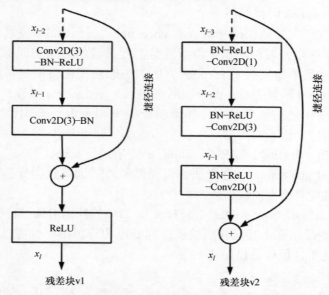

图 2.3.1　ResNet v1 和 ResNet v2 之间残差块比较

ResNet v2 也使用与 resnet-cifar10-2.2.1.py 相同的代码实现，即

```
def resnet_v2(input_shape, depth, num_classes=10):
    if (depth - 2) % 9 != 0:
        raise ValueError('depth should be 9n+2 (eg 56 or 110 in [b])')
    # 开始模型定义
    num_filters_in = 16
    num_res_blocks = int((depth - 2) / 9)

    inputs = Input(shape=input_shape)
    # 在分为2个路径之前
    # v2的模型对输入执行带有BN-ReLU Conv2D
    x = resnet_layer(inputs=inputs,
                    num_filters=num_filters_in,
                    conv_first=True)

    # 实例化残差单元栈
    for stage in range(3):
        for res_block in range(num_res_blocks):
            activation = 'relu'
            batch_normalization = True
            strides = 1
```

```python
        if stage == 0:
            num_filters_out = num_filters_in * 4
            if res_block == 0:  # first layer and first stage
                activation = None
                batch_normalization = False
        else:
            num_filters_out = num_filters_in * 2
            if res_block == 0:  # 1st layer but not 1st stage
                strides = 2    # downsample

        # 瓶颈残差单元
        y = resnet_layer(inputs=x,
                         num_filters=num_filters_in,
                         kernel_size=1,
                         strides=strides,
                         activation=activation,
                         batch_normalization=batch_normalization,
                         conv_first=False)
        y = resnet_layer(inputs=y,
                         num_filters=num_filters_in,
                         conv_first=False)
        y = resnet_layer(inputs=y,
                         num_filters=num_filters_out,
                         kernel_size=1,
                         conv_first=False)
        if res_block == 0:
            # 残差捷径连接的线性投影
            # 以匹配改变后的维度
            x = resnet_layer(inputs=x,
                             num_filters=num_filters_out,
                             kernel_size=1,
                             strides=strides,
                             activation=None,
                             batch_normalization=False)
        x = add([x, y])

    num_filters_in = num_filters_out

# 在顶层增加分类器
# v2 的模型在池化前有一个 BN-ReLU 操作
x = BatchNormalization()(x)
x = Activation('relu')(x)
x = AveragePooling2D(pool_size=8)(x)
y = Flatten()(x)
outputs = Dense(num_classes,
                activation='softmax',
                kernel_initializer='he_normal')(y)
```

ResNet v2 的模型构建器如以下代码所示。例如，如果需要建立一个 ResNet110 v2 模型，则需设置 *n*=12。

```
n = 12

# 模型版本设置
# 原始论文: version = 1 (ResNet v1), 改进后的 ResNet: version = 2
(ResNet v2)
version = 2

# 从所提供的模型参数n计算深度
if version == 1:
    depth = n * 6 + 2
elif version == 2:
    depth = n * 9 + 2
…
if version == 2:
    model = resnet_v2(input_shape=input_shape, depth=depth)
else:
    model = resnet_v1(input_shape=input_shape, depth=depth)
```

ResNet v2 的准确率如表 2.3.1 所示。

表 2.3.1 在 CIFAR10 数据集上验证的 ResNet v2 架构

分层	n	CIFAR10 上的正确率（原论文）(%)	CIFAR10 上的正确率（本书）(%)
ResNet56	9	NA	93.01
ResNet110	18	93.63	93.15

在 Keras 应用程序包中，ResNet50 已实现，还提供了相应的 checkpoint 以便重用，并且将它作为与 50 层 ResNet v1 相关的一种替代方法。

2.4 密集连接卷积网络 (DenseNet)

DenseNet 使用不同的方法解决梯度消失问题。与使用捷径连接不同，DenseNet 中所有的特征映射将会变成下一层的输入。在上述图像中，展示了一个密集块中进行密集内连接的例子。

简单起见，图中只显示了四层。请注意，层 l 的输入是先前所有特征映射的串联。如果指定 BN-ReLU-Conv2D 作为 $H(x)$ 的操作，则层的输出为

$$x_l = H(x_0, x_1, x_2, \cdots, x_{l-1}) \qquad (2.4.1)$$

Conv2D 使用大小为 3 的核。每一层所生成特征映射的数量称为增长率 k。通常，k=12，论文 Densely Connected Convolutional Networks 中使用 k=24。因此，如果特征映射的数量 x_0 为 k_0，那么图 2.4.1 中 4 层密集块最后的特征映射的总数量将是 $4 \times k + k_0$。

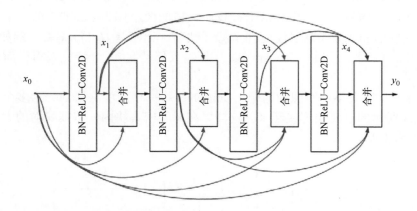

图 2.4.1 DenseNet 中的 4 层密集块。每个层的输入都由之前的所有特征映射组成

DenseNet 也推荐密集块先于 BN-ReLU-Conv2D,并将特征映射的数量设置为增长率的两倍,即 $k_0=2 \times k$。因此,在密集块的最后,特征映射的数量将会是 72。我们将使用相同大小的核,值为 3。在输出层中,DenseNet 建议在 Dense( ) 和 softmax 分类器前执行一个平均池化操作。如果没有使用数据增强,一个 Dropout 层必须紧跟密集块 Conv2D。

随着网络深度的增加,将出现两个新问题。首先,由于每个层贡献 k 个特征映射,层的输出数量为 $(l-1) \times k + k_0$。因此,特征映射在较深层当中增长很快,会延长计算过程。例如,对于一个 101 层网络,对于 $k=12$,将会有 1200+24=1224 个特征映射。

其次,类似于 ResNet,随着网络深度的增加,特征映射的大小将会减小以增加核的覆盖范围。如果 DenseNet 在合并操作时进行串联,其需要协调不同的大小。

为防止特征映射数量增长至难以计算的程度,DenseNet 引入了如图 2.4.2 所示的瓶颈层。其基本思想是,在每次串联后,应用一个滤波器大小为 $4k$ 的 1×1 卷积。该降维技术可在 Conv2D(3) 操作之前避免特征映射的数量迅速增长。

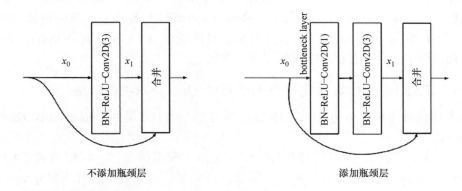

图 2.4.2 DenseNet 中 Dense 块的一个层,添加和不添加瓶颈层 BN-ReLU-Conv2D(1)之间的对比。为明确起见,将核的大小作为 Conv2D 的参数

瓶颈层将 DenseNet 层改为 BN-ReLU-Conv2D(1)-BN-ReLU-Conv2D(3)，而不是单纯使用 BN-ReLU-Conv2D(3)。为了更为清晰，我们将核的大小作为 Conv2D 的一个参数。使用瓶颈层，每一个 Conv2D(3) 对层仅处理个特征映射，而不是 $(l-1) \times k + k_0$。例如，对于 101 层的网络，当 $k=12$ 时，最后一个 Conv2D(3) 的输入仍然是 48 个特征映射，而不是先前计算的 1224 个。

为解决特征映射大小不匹配的问题，DenseNet 将一个深度网络划分为多个密集块，然后通过图 2.4.3 所示的过渡层连接起来。这样，在每个密集块内，特征映射的大小（即宽度和高度）将保持不变。

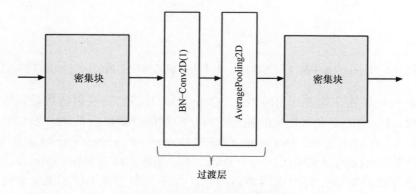

图 2.4.3　两个密集块之间的过渡层

过渡层的作用是从两个密集块之间将一个特征映射过渡到一个较小的特征映射。一般设置过渡大小为一半。其通常由平均池化层来完成。例如，一个 AveragePooling2D 使用默认参数 pool_size=2，将（64,64,256）减小至（32,32,256）。过渡层的输入是前一个密集块中最后一个串联层的输出。

然而，在特征映射被传递至平均池化之前，其数量将通过特定的压缩因子 $0 < \theta < 1$，使用 Conv2D(1) 进行缩减。DenseNet 在其实验中使用 $\theta = 0.5$。例如，如果前一个密集块所串联的最后一个层的输出是（64,64,512），在经过 Conv2D(1) 处理后，新的特征映射的维度将会是（64,64,256）。将压缩和降维合并起来，过渡层由 BN-Conv2D(1)-AveragePooling2D 层组成。在实际中，会在卷积层之前使用批标准化。

2.4.1　为 CIFAR10 数据集构建一个 100 层的 DenseNet-BC 网络

使用上述设计原则，可为 CIFAR10 数据集构建一个 100 层的 DenseNet-BC(Bottleneck-Compression)。

表 2.4.1 显示了模型的配置，同时图 2.4.4 显示了模型的架构。代码列表 2.4.1 展现了 100 层 DenseNet-BC 的部分 Keras 实现。需要注意的是，这里我们使用 RMSprop，因为在使用 DenseNet 时，其相对于 SGD 或 Adam 具有更好的收敛性。

表 2.4.1 100 层的 DenseNet-BC 用于 CIFAR10 分类

层	输出尺寸	DenseNet-BC
卷积	32 × 32	3 × 3 Conv2D
密集块（1）	32 × 32	$\begin{Bmatrix} 1\times1 & \text{Conv2D} \\ 3\times3 & \text{Conv2D} \end{Bmatrix} \times 16$
过渡层（1）	32 × 32	$\begin{Bmatrix} 1\times1 & \text{Conv2D} \\ 2\times2 & \text{AveragePooling2D} \end{Bmatrix}$
	16 × 16	
密集块（2）	16 × 16	$\begin{Bmatrix} 1\times1 & \text{Conv2D} \\ 3\times3 & \text{Conv2D} \end{Bmatrix} \times 16$
密集块（2）	16 × 16	$\begin{Bmatrix} 1\times1 & \text{Conv2D} \\ 2\times2 & \text{AveragePooling2D} \end{Bmatrix}$
	8 × 8	
密集块（3）	8 × 8	$\begin{Bmatrix} 1\times1 & \text{Conv2D} \\ 3\times3 & \text{Conv2D} \end{Bmatrix} \times 16$
平均池化	1 × 1	8 × 8 AveragePooling2D
分类层		Flatten-Dense(10)-softmax

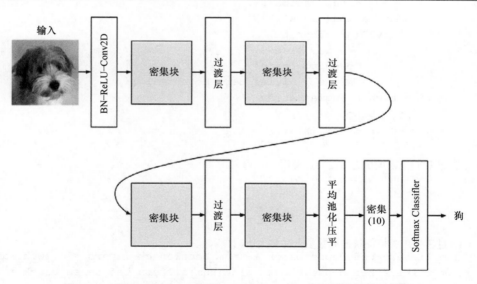

图 2.4.4 用于 CIFAR10 分类 100 层 DenseNet-BC 的模型体系结构

代码列表 2.4.1，densenet-cifar10-2.4.1.py 用于展现表 2.4.1 所示的 100 层 DenseNet-BC 的部分 Keras 实现。

```python
# 开始模型定义
# 密集网络CNN(组成函数)由BN-ReLU-Conv2D组成
inputs = Input(shape=input_shape)
x = BatchNormalization()(inputs)
x = Activation('relu')(x)
x = Conv2D(num_filters_bef_dense_block,
           kernel_size=3,
           padding='same',
           kernel_initializer='he_normal')(x)
x = concatenate([inputs, x])

# 密集块由过渡层进行桥接
for i in range(num_dense_blocks):
    # 一个密集块是一个瓶颈层所组成的栈
    for j in range(num_bottleneck_layers):
        y = BatchNormalization()(x)
        y = Activation('relu')(y)
        y = Conv2D(4 * growth_rate,
                   kernel_size=1,
                   padding='same',
                   kernel_initializer='he_normal')(y)
        if not data_augmentation:
            y = Dropout(0.2)(y)
        y = BatchNormalization()(y)
        y = Activation('relu')(y)
        y = Conv2D(growth_rate,
                   kernel_size=3,
                   padding='same',
                   kernel_initializer='he_normal')(y)
        if not data_augmentation:
            y = Dropout(0.2)(y)
        x = concatenate([x, y])

    # 最后一个密集块之后没有过渡层
    if i == num_dense_blocks - 1:
        continue

    # 过渡层压缩特征映射的数量,并将大小减少2
    num_filters_bef_dense_block += num_bottleneck_layers * growth_rate
    num_filters_bef_dense_block = int(num_filters_bef_dense_block * compression_factor)
    y = BatchNormalization()(x)
    y = Conv2D(num_filters_bef_dense_block,
               kernel_size=1,
               padding='same',
               kernel_initializer='he_normal')(y)
```

```python
    if not data_augmentation:
        y = Dropout(0.2)(y)
    x = AveragePooling2D()(y)


# 在顶层增加分类器
# 平均池化后，特征映射的大小为1 × 1
x = AveragePooling2D(pool_size=8)(x)
y = Flatten()(x)
outputs = Dense(num_classes,
                kernel_initializer='he_normal',
                activation='softmax')(y)

# 实例化并编译模型
# 原论文使用SGD，但是对于DenseNet，RMSprop效果更好
model = Model(inputs=inputs, outputs=outputs)
model.compile(loss='categorical_crossentropy',
              optimizer=RMSprop(1e-3),
              metrics=['accuracy'])
model.summary()
```

相对于论文中使用了数据增强达到 95.49% 的正确率，代码列表 2.4.1 中训练的 Keras 实现，经 200 代的训练可达到 93.74% 的正确率。我们对 DenseNet 使用了与 ResNet v1/v2 相同的回调函数。

对于更深的层，growth_rate 和 depth 变量必须使用 Python 代码进行修改。然而，这需要大量的时间用于训练论文中深度为 250 层或 190 层的网络。更直观地说，在 1060Ti GPU 上每一代的训练需要运行 1h。尽管在 Keras 应用模块中已经有了一个 DenseNet 的实现，但其还是在 ImageNet 上进行训练。

2.5 小结

本章中，我们将 Keras 中函数式 API 作为一个高级方法，来构建复杂深度神经网络模型。我们还展示了如何使用函数式 API 构建多输入单输出的 Y-Network。该网络相对于单分支的 CNN 网络，可以获得更高的正确率。本书剩余部分中，需要用函数式 API 构建更复杂和更高级的模型。例如，在下一章中，将使用函数式 API 构建一个模块化编码器、解码器和自编码器。

本章还花费了大量的时间探索了两个重要的深度网络——ResNet 和 DenseNet。两者不仅被用于分类问题，还被应用在了其他应用领域，例如分割、检测、跟踪、生成和视觉/语义理解。需要注意的是，理解 ResNet 和 DenseNet 中模型的设计原理，比仅追求其原始实现更为重要。通过该方式，可针对特定需求利用 ResNet 和 DenseNet 中的关键思想。

参考文献

1. Kaiming He and others. *Delving Deep into Rectifiers: Surpassing Human-Level Performance on ImageNet Classification*. Proceedings of the IEEE international conference on computer vision, 2015 (https://www.cv-foundation.org/openaccess/content_iccv_2015/papers/He_Delving_Deep_into_ICCV_2015_paper.pdf?spm=5176.100239.blogcont55892.28.pm8zm1&file=He_Delving_Deep_into_ICCV_2015_paper.pdf).

2. Kaiming He and others. *Deep Residual Learning for Image Recognition*. Proceedings of the IEEE conference on computer vision and pattern recognition, 2016a(http://openaccess.thecvf.com/content_cvpr_2016/papers/He_Deep_Residual_Learning_CVPR_2016_paper.pdf).

3. Karen Simonyan and Andrew Zisserman. *Very Deep Convolutional Networks for Large-Scale Image Recognition*. ICLR, 2015(https://arxiv.org/pdf/1409.1556/).

4. Kaiming He and others. *Identity Mappings in Deep Residual Networks*. European Conference on Computer Vision. Springer International Publishing, 2016b(https://arxiv.org/pdf/1603.05027.pdf).

5. Gao Huang and others. *Densely Connected Convolutional Networks*. Proceedings of the IEEE conference on computer vision and pattern recognition, 2017(http://openaccess.thecvf.com/content_cvpr_2017/papers/Huang_Densely_Connected_Convolutional_CVPR_2017_paper.pdf).

6. Saining Xie and others. *Aggregated Residual Transformations for Deep Neural Networks*. Computer Vision and Pattern Recognition (CVPR), 2017 IEEE Conference on. IEEE, 2017(http://openaccess.thecvf.com/content_cvpr_2017/papers/Xie_Aggregated_Residual_Transformations_CVPR_2017_paper.pdf).

7. Gustav Larsson, Michael Maire and Gregory Shakhnarovich. *Fractalnet: Ultra-Deep Neural Networks Without Residuals*. arXiv preprint arXiv:1605.07648, 2016 (https://arxiv.org/pdf/1605.07648.pdf).

第 3 章
自编码器

在第 2 章中我们介绍了深度神经网络的概念。本章将介绍自编码器，该模型也是一种神经网络，试图找到所给定输入数据的压缩表示。

与前面的内容类似，输入数据可为多种形式，包括语音、文本、图像或视频。自编码器将尝试寻找一种表示方法或编码，以便对输入数据进行转换。例如，在去噪自编码器中，神经网络试图找到能够将噪声数据转换为纯净数据的编码器。噪声数据可以是具有静态噪声的音频数据，随后被转换成清晰的声音。自编码器将自动从数据中学习编码而无须人工标记。因此，自编码器可被归类为非监督学习算法。

在本书后面的内容中，将研究生成对抗网络（GAN）和变分自编码器（VAE），它们也是非监督学习算法的代表。这与前面内容所讨论的需要人为进行标注的有监督学习算法不同。

自编码器可通过把输入复制到输出来学习表达或编码。然而，使用一个自编码器不是简单地将输入复制到输出。否则，神经网络将无法揭示输入分布中的隐藏结构。

自编码器通常采用向量的形式将输入分布编码为低维张量。对隐藏结构的近似通常被称为潜表示、潜码或潜向量。这个过程包含解码部分。解码器将会对稀疏向量进行解码以恢复原始输入。

由于潜向量是输入分布的低维压缩表示，因此，通过解码器恢复的输出应尽量近似于输入。输入和输出之间的差别可通过损失函数来衡量。

为什么要使用自编码器？简而言之，自编码器无论在原始形态下还是作为复杂神经网络的一部分，都具有实际应用价值。它们是理解深度学习高级主题的关键工具，因为它们给出了低维潜向量。此外，它可以有效地对输入数据执行结构化操作。常见的例子包含去噪、色彩迁移、特征级算法、检测、跟踪和分割。

本章主要内容如下：
- 自编码器的原理。
- 如何在 Keras 神经网络库中实现自编码器。
- 去噪和色彩迁移自编码器的主要特征。

3.1 自编码器原理

本节将使用 MNIST 数据集来研究自编码器，在前面的内容中已介绍了该数据集。

自编码器包括两种运算符：
- 编码器（Encoder）：将输入 x 转换为低维潜向量，$z = f(x)$。由于潜向量具有低维特征，因此编码器被迫仅对输入数据的重要特征进行学习。例如，对于 MNIST 数字集，主要学习的特征包括书写样式、倾斜角度、笔画圆度、厚度等。从本质上讲，这些是表示数字 0~9 所需的最重要信息。
- 解码器（Decoder）：从潜向量中尝试恢复输入 $g(z) = \tilde{x}$，虽然潜向量具有低维度特征，但它的大小足够解码器恢复输入数据时使用。

解码器的目标是让 $\tilde{x}$ 尽可能接近 x。通常，编码器和解码器都为非线性函数。潜向量 z 的维度用于度量显著特征的数量。维度通常远小于输入维度，并且为了约束潜码，通常仅学习输入分布的最显著属性[1]。当潜向量的维度明显大于 x 时，自编码器趋向对输入进行记忆。

损失函数 $\mathcal{L}(x,\tilde{x})$ 用来衡量输入 x 与恢复输入的输出之间的差异。下面公式中的均方差（MSE）可作为损失函数的一个例子：

$$\mathcal{L}(x,\tilde{x}) = \mathrm{MSE} = \frac{1}{m}\sum_{i=1}^{i=m}(x_i - \tilde{x}_i)^2 \qquad (3.1.1)$$

式中，m 表示输出维度（例如，在 MNIST 中，m = 宽度 × 高度 × 通道 = 28 × 28 × 1 = 784）；x_i 和 $\tilde{x}_i$ 分别为 x 和 $\tilde{x}$ 的元素。由于损失函数是输入和输出之间差异性的度量，因此可使用其他函数建立损失函数，例如二元交叉熵或结构相似性指数（Structural Similarity Index, SSIM）。

与其他神经网络类似，自编码器也会在训练期间，最小化误差或损失函数。图 3.1.1 展示了一个自编码器。其中，编码器是将输入压缩成低维潜向量的函数。该潜向量表示了输入分布的重要特性。之后，解码器将尝试从潜向量恢复原始输入。

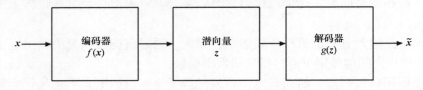

图 3.1.1　一个自编码器的框图

对于该自编码器，x 可以是一个 MNIST 数字，其维数为 28 × 28 × 1 = 784。编码器将输入变换为低维 z，作为一个 16 维的潜向量。解码器将尝试从 z 中将输入恢复成为 $\tilde{x}$。视觉上，每个 MNIST 数字 x 的展现与 $\tilde{x}$ 相类似。图 3.1.2 演示了该自动编码的过程。由图中可知，虽与原图不完全一致，但解码器仍能解码出数字 7。

由于编码器和解码器都是非线性函数，因此都可以利用神经网络实现。例如，在 MNIST 数据集中，自编码器可以由 MLP 或 CNN 实现。可通过使用反向传播来最小化损失函数训练出一个自编码器。类似于其他神经网络，唯一的要求是损失函数必须可微分。

如果将输入作为概率分布，我们可以将编码器解释为一个概率分布的编码器 $p(z|x)$，同

时解码器也可以解释为概率分布的解码器 $p(x|z)$。自编码器的损失函数表示如下：

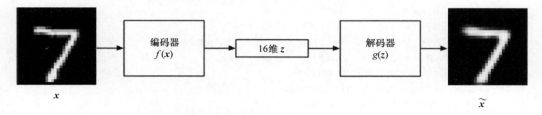

图 3.1.2　针对 MNIST 数字集，自编码器的输入和输出，潜向量为 16 维

$$\mathcal{L} = -\log p(x|z) \qquad (3.1.2)$$

在给定潜向量分布的情况下，损失函数的意义表示为最大化恢复输入分布的概率。假设解码器的输出为高斯分布，则损失函数可归结为 MSE，因为

$$\mathcal{L} = -\log p(x|z) = -\log \prod_{i=1}^{m} \mathcal{N}(x_i; \tilde{x}_i, \sigma^2) = -\sum_{i=1}^{m} \log \mathcal{N}(x_i; \tilde{x}_i, \sigma^2) \alpha \sum_{i=1}^{m} (x_i - \tilde{x}_i)^2 \qquad (3.1.3)$$

式中，$\mathcal{N}(x_i; \tilde{x}_i, \sigma^2)$ 表示均值为 $\tilde{x}_i$，方差为 σ^2 的高斯分布。假设方差为常数，则解码器的输出 $\tilde{x}_i$ 是独立的。其中，m 是输出的维度。

3.2　使用 Keras 构建自编码器

本节将使用 Keras 库构建自编码器。并使用 MNIST 数据集作为第一组示例。随后，自编码器将从输入数据生成潜向量，并使用解码器恢复输入。第一个例子中的潜向量为 16 维。

首先，通过建立编码器来实现一个自编码器。代码列表 3.2.1 展示了将 MNIST 数字压缩成 16 维潜向量的编码器。编码器为两个 Conv2D 的堆积。最后通过 16 个单元的 Dense 层建立潜向量。图 3.2.1 显示了通过 plot_model( ) 生成的模型图，它与 encoder.summary( ) 所生成的文字版本相同。最后一个 Conv2D 输出的形状被保存下来，用于计算解码器输出层的维度，以便重建 MNIST 图像。

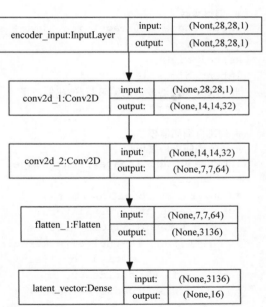

图 3.2.1　由 Conv2D(32)-Conv2D(64)-Dense(16) 组成的编码器模型，用于生成低维潜向量

代码列表 3.2.1，autoencoder-mnist-3.2.1.py 展现了通过 Keras 的自编码器实现，潜向量

为 16 维。

```python
from keras.layers import Dense, Input
from keras.layers import Conv2D, Flatten
from keras.layers import Reshape, Conv2DTranspose
from keras.models import Model
from keras.datasets import mnist
from keras.utils import plot_model
from keras import backend as K

import numpy as np
import matplotlib.pyplot as plt

# 加载MNIST数据集
(x_train, _), (x_test, _) = mnist.load_data()

# 尺寸形状调整为(28, 28, 1)，并对输入图像进行标准化
image_size = x_train.shape[1]
x_train = np.reshape(x_train, [-1, image_size, image_size, 1])
x_test = np.reshape(x_test, [-1, image_size, image_size, 1])
x_train = x_train.astype('float32') / 255
x_test = x_test.astype('float32') / 255

# 网络参数
input_shape = (image_size, image_size, 1)
batch_size = 32
kernel_size = 3
latent_dim = 16
# 每个CNN层滤波器的编码器/解码器数量
layer_filters = [32, 64]

# 构建自编码器模型
# 首先构建编码器模型
inputs = Input(shape=input_shape, name='encoder_input')
x = inputs
# Conv2D(32)-Conv2D(64)堆栈
for filters in layer_filters:
    x = Conv2D(filters=filters,
               kernel_size=kernel_size,
               activation='relu',
               strides=2,
               padding='same')(x)

# 数据形状信息用于构建解码器模型
# 所以无需手工计算解码器第一个Conv2DTranspose的输入，该输入拥有该数据形状
# 数据形状为(7, 7, 64)，其通过解码器从(28, 28, 1)处理得到
shape = K.int_shape(x)
```

```python
# 生成潜向量
x = Flatten()(x)
latent = Dense(latent_dim, name='latent_vector')(x)

# 实例化编码器模型
encoder = Model(inputs, latent, name='encoder')
encoder.summary()
plot_model(encoder, to_file='encoder.png', show_shapes=True)

# 构建解码器模型
latent_inputs = Input(shape=(latent_dim,), name='decoder_input')
# 使用先前所记录的数据形状(7, 7, 64)
x = Dense(shape[1] * shape[2] * shape[3])(latent_inputs)
# 从向量进行转换，转换至适合解卷积的数据形状
x = Reshape((shape[1], shape[2], shape[3]))(x)

# Conv2DTranspose(64)-Conv2DTranspose(32)的堆
for filters in layer_filters[::-1]:
    x = Conv2DTranspose(filters=filters,
                        kernel_size=kernel_size,
                        activation='relu',
                        strides=2,
                        padding='same')(x)

# 重构输入
outputs = Conv2DTranspose(filters=1,
                          kernel_size=kernel_size,
                          activation='sigmoid',
                          padding='same',
                          name='decoder_output')(x)

# 实例化解码器模型
decoder = Model(latent_inputs, outputs, name='decoder')
decoder.summary()
plot_model(decoder, to_file='decoder.png', show_shapes=True)

# 自编码器=编码器+解码器
# 实例化自编码器模型
    autoencoder = Model(inputs,
                        decoder(encoder(inputs)),
                        name='autoencoder')
    autoencoder.summary()
    plot_model(autoencoder,
               to_file='autoencoder.png',
           show_shapes=True)

# 均方差(MSE)损失函数，Adam优化器
```

```
autoencoder.compile(loss='mse', optimizer='adam')

# 训练自编码器
autoencoder.fit(x_train,
                x_train,
                validation_data=(x_test, x_test),
                epochs=1,
                batch_size=batch_size)

# 从测试数据中预测自编码器的输出
x_decoded = autoencoder.predict(x_test)

# 显示前8个测试输入和解码后的图像
imgs = np.concatenate([x_test[:8], x_decoded[:8]])
imgs = imgs.reshape((4, 4, image_size, image_size))
imgs = np.vstack([np.hstack(i) for i in imgs])
plt.figure()
plt.axis('off')
plt.title('Input: 1st 2 rows, Decoded: last 2 rows')
plt.imshow(imgs, interpolation='none', cmap='gray')
plt.savefig('input_and_decoded.png')
plt.show()
```

代码列表 3.2.1 中的解码器对潜向量进行了解压缩以恢复 MNIST 数字。解码器输入为一个 Dense 层，该层用于接收潜向量。单元的数量等于编码器所保存的 Conv2D 输出维度的乘积。通过该方式，可轻易调整 Conv2DTranspose 的 Dense 层的输出，最终恢复原始的 MNIST 图像。

解码器由三个 Conv2DTranspose 堆积而成。该例中，使用了解码器中常用的转置 CNN（Transposed CNN，有时也称为解卷积）。可将转置 CNN（Conv2DTranspose）想象为 CNN 的逆过程。例如，如果 CNN 将图像转换为特征图，则转置的 CNN 将通过给定特征图产生一个原始图像。图 3.2.2 显示了解码器模型。

将编码器和解码器进行连接以构建自编码器。图 3.2.3 展现了自编码器的模型。编码器的输出也作为解码器的输入，该解码器是产生自编码器的最终输出。在该例中，使用 MSE 损失函数和 Adam 优化器。训练期间，输入与输出（x_train）相同。需要注意的是，在该例中，仅有少量的层足够在一代中驱动验证损失达到 0.01。对于更复杂的数据集则需要更深层次的编码器、解码器以及更多的训练代数。

在一 epoch 的周期内，通过将验证损失 validation loss 设定为 0.01，对自编码器进行训练后，可验证它是否能对之前未出现过的 MNIST 数据进行编码和解码。图 3.2.4 显示了测试数据中的 8 个样本以及相应的解码图像。除了有轻微的模糊之外，自编码器能够高质量地恢复输入。随着训练 epoch 的增加，结果将有所改善。

如何对潜向量进行可视化？一种简单的方法是强制自编码器使用 2 维潜向量来学习 MNIST 数字特征。通过该方式，能够在二维空间上投影潜向量，以便了解 MNIST 的编码是如何分布的。通过在 autoencoder-mnist-3.2.1.py 代码中设置 latent_dim = 2，可以用 2 维潜向量的函数 plot_results( ) 来绘制 MNIST 数字，图 3.2.5 和图 3.2.6 展现了潜向量函数所绘制的 MNIST 数字的分布。这些结果在 20 代之后产生。为方便起见，程序保存为 autoencoder-2dim-mnist-3.2.2.py，部分代码见代码列表 3.2.2。

代码列表 3.2.2，autoencoder-2dim-mnist-3.2.2.py 用于展示通过 2 维潜向量对 MNIST 数字分布进行的可视化结果。其余代码实际上与代码列表 3.2.1 类似，此处不再展示。

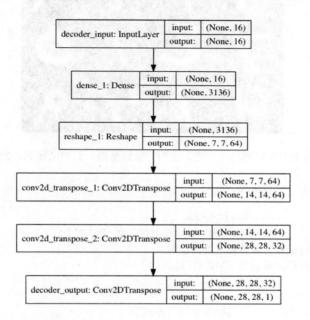

图 3.2.2 解码器模型由 Dense(16)-Conv2DTranspose(64)-Conv2DTranspose(32) - Conv2DTranspose(1) 组成。输入为解码用于恢复原始输入的潜向量

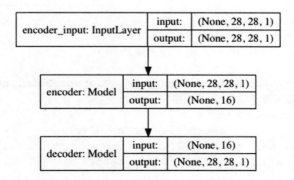

图 3.2.3 将编码器模型和解码器模型进行连接以构建自编码器模型。该自编码器有 178k 个参数

输入：1、2行，解码输出：3、4行

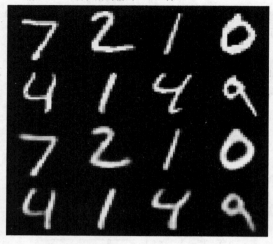

图 3.2.4 在测试数据中自编码器的预测。前两行是原始输入的测试数据，最后两行是预测数据

```python
def plot_results(models,
                 data,
                 batch_size=32,
                 model_name="autoencoder_2dim"):
    """将2维潜向量作为彩色梯度进行绘制
    使用2维潜向量函数绘制MNIST数字

    参数:
        models (list): 编码器和解码器模型
        data (list): 测试数据和标签
        batch_size (int): 预测批次大小
        model_name (string): 该函数所使用的模型
    """

    encoder, decoder = models
    x_test, y_test = data
    os.makedirs(model_name, exist_ok=True)

    filename = os.path.join(model_name, "latent_2dim.png")
    # 在潜空间中显示数字类别的 2D 图
    z = encoder.predict(x_test,
                        batch_size=batch_size)
    plt.figure(figsize=(12, 10))
    plt.scatter(z[:, 0], z[:, 1], c=y_test)
    plt.colorbar()
    plt.xlabel("z[0]")
    plt.ylabel("z[1]")
    plt.savefig(filename)
```

```
        plt.show()

        filename = os.path.join(model_name, "digits_over_latent.png")
        # 显示一个30×30的2维数字流形
        n = 30
        digit_size = 28
        figure = np.zeros((digit_size * n, digit_size * n))
        # 潜空间中数字类别的2维图所对应的线性空间坐标
        grid_x = np.linspace(-4, 4, n)
        grid_y = np.linspace(-4, 4, n)[::-1]

        for i, yi in enumerate(grid_y):
            for j, xi in enumerate(grid_x):
                z = np.array([[xi, yi]])
                x_decoded = decoder.predict(z)
                digit = x_decoded[0].reshape(digit_size, digit_size)
                figure[i * digit_size: (i + 1) * digit_size,
                    j * digit_size: (j + 1) * digit_size] = digit

plt.figure(figsize=(10, 10))
start_range = digit_size // 2
end_range = n * digit_size + start_range + 1
pixel_range = np.arange(start_range, end_range, digit_size)
sample_range_x = np.round(grid_x, 1)
sample_range_y = np.round(grid_y, 1)
plt.xticks(pixel_range, sample_range_x)
plt.yticks(pixel_range, sample_range_y)
plt.xlabel("z[0]")
plt.ylabel("z[1]")
plt.imshow(figure, cmap='Greys_r')
plt.savefig(filename)
plt.show()
```

从图 3.2.5 中可观察到，特定数字的潜向量在空间中聚类在一起。例如，数字 0 位于左下象限，而数字 1 位于右上象限。这种聚类现象同样出现在图 3.2.6 中。实际上，图 3.2.6 显示了从图 3.2.5 潜空间中进行移动后对应的结果，即所产生的新数字图像。

例如，从中心开始将 2 维潜向量的值向左下象限移动，数字将会从 2 变换到 0。实际上该现象是可预见的，因为从图 3.2.5 中可看出，对于数字 2 编码的聚类靠近中心，而数字 0 编码的聚类靠近左下象限。对于图 3.2.6，我们仅探索了每个潜维度 −4.0~+4.0 之间的区域。

如图 3.2.5 所示，潜向量分布不连续，且范围超过 ±4.0。在理想情况下，其应该显现为一个圆圈，且有效值分布均匀。由于不连续性的存在，对于某些区域的潜向量进行解码，会得到难以识别的数字。

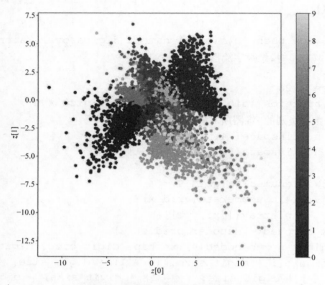

图 3.2.5 依照潜向量维度函数绘制的 MNIST 数字分布
（$z[0]$ 和 $z[1]$）（原始彩色图片可从 GitHub 代码库中获得）

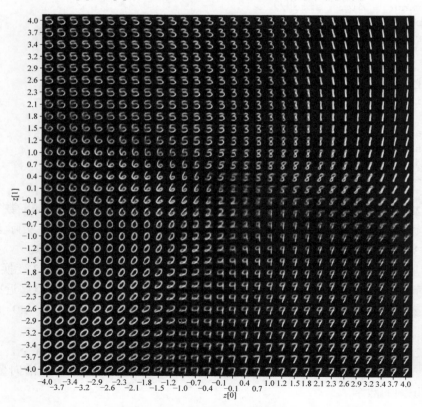

图 3.2.6 在 2 维潜向量空间中生成的数字

3.3 去噪自编码器 (DAE)

本节中将构建一个可实际应用的自编码器。首先,假设所构造的 MNIST 数字图像被噪声所侵蚀,造成阅读上的困难。我们将构建一个去噪自编码器(Denoising Autoencoder, DAE)以消除这些图像中的噪声。图 3.3.1 显示了三组 MNIST 数字。每组的顶行(例如,MNIST 数字 7,2,1,9,0,6,3,4,9)为原始图像。中间行显示 DAE 的输入(噪声侵蚀的原始图像),最后一行显示 DAE 的输出。

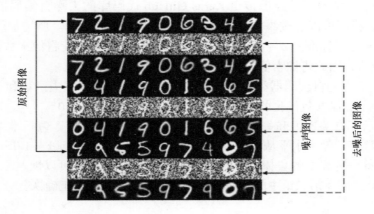

图 3.3.1 原始 MNIST 数字(顶行),侵蚀的原始图像(中间行)和去噪后的图像(最后一行)

如图 3.3.2 所示,去噪自编码器的结构与我们在前一节中介绍的 MNIST 自编码器几乎相同。其输入定义为

$$x = x_{\text{orig}} + 噪声 \quad (3.3.1)$$

式中,x_{orig} 表示被噪声侵蚀的原始 MNIST 图像,编码器的目的是产生潜向量,使解码器能够通过最小化不同的损失函数来恢复 x_{orig},如下式所示:

$$\mathcal{L}(x_{\text{orig}}, \tilde{x}) = \text{MSE} = \frac{1}{m}\sum_{i=1}^{i=m}(x_{\text{orig}_i} - \tilde{x}_i)^2 \quad (3.3.2)$$

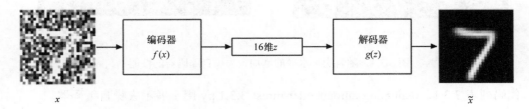

图 3.3.2 去噪自编码器的输入是侵蚀的图像,输出为去噪后的图像,假设潜向量为 16 维

在式(3.3.2)中,m 为输出维度(例如在 MNIST 数据中 m = 宽度 × 高度 × 通道 = $28 \times 28 \times 1 = 784$),$x_{\text{orig}_i}$ 和 $\tilde{x}_i$ 分别为 x_{orig} 和 $\tilde{x}$ 的元素。

为实现 DAE，需对上一节中介绍的自编码器进行少量调整。首先，训练输入数据应该是侵蚀的 MNIST 数字。训练输出数据与原始无噪声 MNIST 数字相同。这如同告诉自编码器所校正的图像应该是什么，或者要求它了解如何去除所给定图像的噪声。最后，必须在侵蚀的 MNIST 测试数据上验证自编码器。

图 3.3.2 左侧所示的 MNIST 数字 7，为实际侵蚀的图像输入，右侧是训练后的去噪自编码器所输出的清晰图像。

代码列表 3.3.1 显示了已经上传至 Keras GitHub 代码库的去噪自编码器。使用相同的 MNIST 数据集，我们可以通过添加随机噪声来模拟被侵蚀的图像。所增加的噪声服从高斯分布，期望值 μ=0.5，标准差 σ = 0.5。由于所添加的随机噪声可能将像素数据变换为小于 0 或大于 1 的无效值，因此将像素值约减在 [0.1,1.0] 的范围内。

其他与上一节中的自编码器类似。我们将使用相同的 MSE 损失函数和 Adam 优化器的自编码器。但为了确保参数优化的有效性，训练的 epoch 增加至 10。

图 3.3.1 展示了有关侵蚀和去噪测试 MNIST 数字的实际数据，包括难以正常阅读的已损坏的 MNIST 数字。噪声水平从 σ = 0.5 增加至 σ = 0.75 并最终到 σ = 1.0，图 3.3.3 显示了所得的 DAE 具备一定程度的鲁棒性。当 σ = 0.75 时，DAE 仍然可以恢复原始图像。然而，当 σ =1.0 时，第二组和第三组中的一些数字（如 4 和 5）则无法正确恢复。

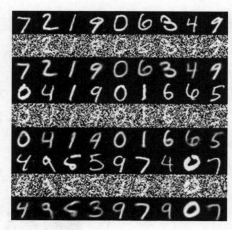 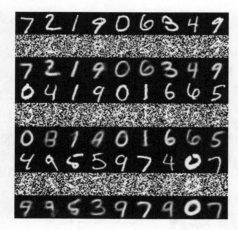

σ=0.75　　　　　　　　　　　　σ=1.0

图 3.3.3　随着噪声水平的增加，去噪自编码器的性能

代码列表 3.3.1，denoising-autoencoder-mnist-3.3.1.py 用于展示去噪自编码器。

```
from keras.layers import Dense, Input
from keras.layers import Conv2D, Flatten
from keras.layers import Reshape, Conv2DTranspose
from keras.models import Model
from keras import backend as K
from keras.datasets import mnist
```

```python
import numpy as np
import matplotlib.pyplot as plt
from PIL import Image

np.random.seed(1337)

# 加载MNIST数据集
(x_train, _), (x_test, _) = mnist.load_data()

# 调整数据形状为(28,28,1)并对输入图像进行标准化
image_size = x_train.shape[1]
x_train = np.reshape(x_train, [-1, image_size, image_size, 1])
x_test = np.reshape(x_test, [-1, image_size, image_size, 1])
x_train = x_train.astype('float32') / 255
x_test = x_test.astype('float32') / 255

# 通过对普通数字图像添加噪声的方法生成被侵蚀的图像
# 以0.5为中心,std=0.5
noise = np.random.normal(loc=0.5, scale=0.5, size=x_train.shape)
x_train_noisy = x_train + noise
noise = np.random.normal(loc=0.5, scale=0.5, size=x_test.shape)
x_test_noisy = x_test + noise

# 添加噪声会导致像素超过规范化像素值大于1.0或小于0.0
# 约减像素值至0~1之间
x_train_noisy = np.clip(x_train_noisy, 0., 1.)
x_test_noisy = np.clip(x_test_noisy, 0., 1.)

# 网络参数
input_shape = (image_size, image_size, 1)
batch_size = 32
kernel_size = 3
latent_dim = 16
# 每层中CNN层和滤波器内编码器和解码器的数量
layer_filters = [32, 64]

# 构建自编码器模型
# 首先构建编码器模型
inputs = Input(shape=input_shape, name='encoder_input')
x = inputs

# Conv2D(32)-Conv2D(64)堆栈
for filters in layer_filters:
    x = Conv2D(filters=filters,
               kernel_size=kernel_size,
               strides=2,
```

```python
                  activation='relu',
                  padding='same')(x)

# 数据形状的信息用于构建解码器模型
# 所以无须手工计算解码器第一个Conv2DTranspose的输入，该输入拥有该数据形状
# 数据形状为(7, 7, 64)，
# 其通过解码器从(28, 28, 1)处理得到
shape = K.int_shape(x)

x = Flatten()(x)
latent = Dense(latent_dim, name='latent_vector')(x)

# 实例化编码器模型
encoder = Model(inputs, latent, name='encoder')
encoder.summary()

# 构建解码器模型
latent_inputs = Input(shape=(latent_dim,), name='decoder_input')
# 使用先前所保存的数据形状(7, 7, 64)
x = Dense(shape[1] * shape[2] * shape[3])(latent_inputs)
# 从向量进行转换，转换至适合解卷积的数据形状
x = Reshape((shape[1], shape[2], shape[3]))(x)

# Conv2DTranspose(64)-Conv2DTranspose(32)堆栈
for filters in layer_filters[::-1]:
    x = Conv2DTranspose(filters=filters,
                        kernel_size=kernel_size,
                        strides=2,
                        activation='relu',
                        padding='same')(x)

# 重建去噪后的输入
outputs = Conv2DTranspose(filters=1,
                          kernel_size=kernel_size,
                          padding='same',
                          activation='sigmoid',
                          name='decoder_output')(x)

# 实例化解码器模型
decoder = Model(latent_inputs, outputs, name='decoder')
decoder.summary()

# 自编码器=编码器+解码器
# 实例化自编码器模型
autoencoder = Model(inputs, decoder(encoder(inputs)),
name='autoencoder')
autoencoder.summary()
```

```python
# 使用均方差(MSE)损失函数，Adam优化器
autoencoder.compile(loss='mse', optimizer='adam')

# 训练自编码器
autoencoder.fit(x_train_noisy,
                x_train,
                validation_data=(x_test_noisy, x_test),
                epochs=10,
                batch_size=batch_size)

# 以侵蚀后的测试图像来预测自编码器的输出
x_decoded = autoencoder.predict(x_test_noisy)

# 3组共9个MNIST数字图像
# 第1行——原始图像
# 第2行——被噪声侵蚀的图像
# 第3行——去噪后的图像
rows, cols = 3, 9
num = rows * cols
imgs = np.concatenate([x_test[:num], x_test_noisy[:num], x_decoded[:num]])
imgs = imgs.reshape((rows * 3, cols, image_size, image_size))
imgs = np.vstack(np.split(imgs, rows, axis=1))
imgs = imgs.reshape((rows * 3, -1, image_size, image_size))
imgs = np.vstack([np.hstack(i) for i in imgs])
imgs = (imgs * 255).astype(np.uint8)
plt.figure()
plt.axis('off')
plt.title('Original images: top rows, '
          'Corrupted Input: middle rows, '
          'Denoised Input:  third rows')
plt.imshow(imgs, interpolation='none', cmap='gray')
Image.fromarray(imgs).save('corrupted_and_denoised.png')
plt.show()
```

3.4 自动色彩迁移自编码器

本节将研究自编码器的另一个实际应用。假设当前有一张灰度图片，需构建一个可以自动为其添加颜色的工具。我们希望该工具可以像人类一样确定海洋和天空为蓝色，草地和树木为绿色，云为白色等。

如图3.4.1所示，给出前景中的稻田、背景中的火山和顶部天空的灰度照片，我们可为其添加适当的颜色。

图 3.4.1　向 Mayon Volcano 的灰度照片添加颜色，色彩迁移网络应复制人类为灰度图像添加颜色的能力，左图是灰度图像，右图为彩色图像。（原始彩色照片可从 GitHub 代码库中获得）

　　自编码器非常适用于实现简单的自动色彩迁移算法。如果有足够数量的灰度照片作为输入，并将相应的彩色照片作为输出来训练自编码器，那么很可能会探索出正确应用色彩的隐结构。粗略地说，这是去噪的逆过程。问题是自编码器是否可以为原始的灰度图像添加色彩（有益的噪声）。

　　代码列表 3.4.1 展示了色彩迁移自编码器网络。色彩迁移自编码器网络来源于 MNIST 数据集去噪自编码器的修改版本。首先，需要一个从灰度到彩色图像的数据集。这里使用之前的 CIFAR10 数据库，该数据库有 50000 个用于训练和 10000 个用于测试的可以转换为灰度的 32×32 RGB 图片。如代码列表 3.4.1 所示，可使用 rgb2gray( ) 函数对 R、G 和 B 通道进行加权，将彩色图像转换为灰度图像。

　　代码列表 3.4.1，colorization-autoencoder-cifar10-3.4.1.py 用于展示使用 CIFAR10 数据集的色彩迁移自编码器。

```
from keras.layers import Dense, Input
from keras.layers import Conv2D, Flatten
from keras.layers import Reshape, Conv2DTranspose
from keras.models import Model
from keras.callbacks import ReduceLROnPlateau, ModelCheckpoint
from keras.datasets import cifar10
from keras.utils import plot_model
from keras import backend as K

import numpy as np
import matplotlib.pyplot as plt
```

```python
import os

# 将彩色图像(RGB)转换为灰度图像
# 来源:opencv.org
# grayscale = 0.299*red + 0.587*green + 0.114*blue
def rgb2gray(rgb):
    return np.dot(rgb[...,:3], [0.299, 0.587, 0.114])

# 加载CIFAR10数据
(x_train, _), (x_test, _) = cifar10.load_data()

# 输入图像的维度
# 假设数据格式为channels_last
img_rows = x_train.shape[1]
img_cols = x_train.shape[2]
channels = x_train.shape[3]

# 创建saved_images文件夹
imgs_dir = 'saved_images'
save_dir = os.path.join(os.getcwd(), imgs_dir)
if not os.path.isdir(save_dir):
        os.makedirs(save_dir)

# 显示前100个输入图像(彩色和灰度)
imgs = x_test[:100]
imgs = imgs.reshape((10, 10, img_rows, img_cols, channels))
imgs = np.vstack([np.hstack(i) for i in imgs])
plt.figure()
plt.axis('off')
plt.title('Test color images (Ground Truth)')
plt.imshow(imgs, interpolation='none')
plt.savefig('%s/test_color.png' % imgs_dir)
plt.show()

# 将彩色训练和测试图像转换为灰度图像
x_train_gray = rgb2gray(x_train)
x_test_gray = rgb2gray(x_test)

# 显示测试图像的灰度图像
imgs = x_test_gray[:100]
imgs = imgs.reshape((10, 10, img_rows, img_cols))
imgs = np.vstack([np.hstack(i) for i in imgs])
plt.figure()
plt.axis('off')
plt.title('Test gray images (Input)')
plt.imshow(imgs, interpolation='none', cmap='gray')
plt.savefig('%s/test_gray.png' % imgs_dir)
```

```
plt.show()

# 标准化输出的训练和测试彩色图像
x_train = x_train.astype('float32') / 255
x_test = x_test.astype('float32') / 255

# 标准化输入的训练和测试的灰度图像
x_train_gray = x_train_gray.astype('float32') / 255
x_test_gray = x_test_gray.astype('float32') / 255

# 为CNN的输出或验证调整图像形状为行×列×通道数
x_train = x_train.reshape(x_train.shape[0], img_rows, img_cols, channels)
x_test = x_test.reshape(x_test.shape[0], img_rows, img_cols, channels)

# 为CNN输入调整图像形状为行×列×通道数
x_train_gray = x_train_gray.reshape(x_train_gray.shape[0], img_rows, img_cols, 1)
x_test_gray = x_test_gray.reshape(x_test_gray.shape[0], img_rows, img_cols, 1)

# 网络参数
input_shape = (img_rows, img_cols, 1)
batch_size = 32
kernel_size = 3
latent_dim = 256
# 每个CNN层和滤波器内编码器和解码器的数量
layer_filters = [64, 128, 256]

# 构建自编码器模型
# 首先构建编码器模型
inputs = Input(shape=input_shape, name='encoder_input')
x = inputs
# Conv2D(64)-Conv2D(128)-Conv2D(256)堆栈
for filters in layer_filters:
    x = Conv2D(filters=filters,
               kernel_size=kernel_size,
               strides=2,
               activation='relu',
               padding='same')(x)

# 数据形状的信息用于构建解码器模型
# 所以无需手工计算解码器第一个Conv2DTranspose的输入，该输入拥有数据形状
# 数据形状为(4, 4, 256)，其通过解码器从(32, 32, 3)处理得到
shape = K.int_shape(x)

# 生成潜向量
```

```python
x = Flatten()(x)
latent = Dense(latent_dim, name='latent_vector')(x)

# 实例化编码器模型
encoder = Model(inputs, latent, name='encoder')
encoder.summary()

# 构建解码器模型
latent_inputs = Input(shape=(latent_dim,), name='decoder_input')
x = Dense(shape[1]*shape[2]*shape[3])(latent_inputs)
x = Reshape((shape[1], shape[2], shape[3]))(x)

# Conv2DTranspose(256)-Conv2DTranspose(128)-Conv2DTranspose(64)堆
for filters in layer_filters[::-1]:
    x = Conv2DTranspose(filters=filters,
                        kernel_size=kernel_size,
                        strides=2,activation='relu',
                        padding='same')(x)

outputs = Conv2DTranspose(filters=channels,
                          kernel_size=kernel_size,
                          activation='sigmoid',
                          padding='same',
                          name='decoder_output')(x)

# 实例化解码器模型
decoder = Model(latent_inputs, outputs, name='decoder')
decoder.summary()

# 自编码器=编码器+解码器
# 实例化自编码器模型
autoencoder = Model(inputs, decoder(encoder(inputs)),
name='autoencoder')
autoencoder.summary()

# 事先建立模型保存的目录
save_dir = os.path.join(os.getcwd(), 'saved_models')
model_name = 'colorized_ae_model.{epoch:03d}.h5'
if not os.path.isdir(save_dir):
        os.makedirs(save_dir)
filepath = os.path.join(save_dir, model_name)

# 如果损失在5epoch内未改善,则将学习率降低0.1

lr_reducer = ReduceLROnPlateau(factor=np.sqrt(0.1),
                               cooldown=0,
```

```
                              patience=5,
                              verbose=1,
                              min_lr=0.5e-6)

# 保存weights以备将来使用
# (例如:重新加载参数w/o进行训练)
checkpoint = ModelCheckpoint(filepath=filepath,
                             monitor='val_loss',
                             verbose=1,
                             save_best_only=True)

# 使用均方差(MSE)损失函数,Adam优化器
autoencoder.compile(loss='mse', optimizer='adam')

# 每代调用
callbacks = clr_reducer, checkpoint]

# 训练自编码器
autoencoder.fit(x_train_gray,
                x_train,
                validation_data=(x_test_gray, x_test),
                epochs=30,
                batch_size=batch_size,
                callbacks=callbacks)

# 利用测试数据预测自编码器的输出
x_decoded = autoencoder.predict(x_test_gray)

# 显示前100个色彩迁移后的图像
imgs = x_decoded[:100]
imgs = imgs.reshape((10, 10, img_rows, img_cols, channels))
imgs = np.vstack([np.hstack(i) for i in imgs])
plt.figure()
plt.axis('off')
plt.title('Colorized test images (Predicted)')
plt.imshow(imgs, interpolation='none')
plt.savefig('%s/colorized.png' % imgs_dir)
plt.show()
```

这里增加了一个额外的卷积和转置卷积块来增加自编码器的容量。并将每个 CNN 块的滤波器数量增加一倍。为了增加其显著性属性的数量,当前潜向量为 256 维,使其可以表示为前一节中的自编码器。最后,输出滤波器的大小增加到三个,或等同于所期望输出彩色图像 RGB 的通道数。

此时,使用灰度图作为输入,并使用原始 RGB 图像作为输出来训练色彩迁移自编码器。训练将花费更多的 epoch,并当验证损失无改善时可使用学习率缩减器来减小学习率。该过程可通过设置 Keras 库中 fit( ) 函数的回调参数,调用 lr_reducer( ) 函数完成。

图 3.4.2 展示了对 CIFAR10 测试数据集中灰度图像的色彩迁移结果，图 3.4.3 将真实数据与色彩迁移自编码器的预测结果进行了比较。自编码器获得效果尚可的色彩迁移效果，将海和天空预测为蓝色，动物有着不同的棕色阴影，云被着色为白色等。

图 3.4.2　使用自编码器自动完成灰度到彩色图像的迁移。CIFAR10 测试灰度输入图像（左）和预测彩色图像（右）（原始彩色照片可从 GitHub 代码库中获得）

图 3.4.3　真实彩色图像和预测彩色图像的比较（原始彩色照片可从 GitHub 代码库中获得）

其中有一些明显的错误，例如红色的车辆被判别为蓝色，而蓝色的车辆却变成了红色，此外，绿色的区域被偶尔错判为蓝色的天空，黑暗或金色的天空却被转换成蓝色的天空。

3.5　小结

本章介绍了自编码器，它是将输入数据压缩为低维编码的神经网络，以便有效地进行结构变换，例如去噪和色彩迁移。本章为学习更高级的 GAN 和 VAE 奠定了基础，这些内容将在后面的内容中进行介绍。此外，本章还展示了如何利用 Keras 实现自编码器，如何从两个构建模块模型（编码器和解码器）实现自编码器。此外，还学习了 AI 中常见的一个任务，即如何提取输入分布的隐藏结构。

一旦潜向量被发掘，就可对原始输入分布执行许多结构性操作。为了更好地理解输入分布，以潜向量所表示的隐藏结构可使用本章所介绍的低级嵌入方法进行可视化，或使用类似 t-SNE 或 PCA 的更高级的降维技术进行可视化。

除了去噪和色彩迁移之外，自编码器还可用于将输入分布转换为低维潜向量，以便进一步完成其他任务，如分割、检测、跟踪、重建、视觉理解等。在第 8 章的变分自编码器（VAE）中，将会讨论 VAE 在结构上与自编码器的相似之处。但 VAE 与自编码器的不同之处在于，它具有可解释的潜向量，可产生连续的潜向量投影。在下一章中，将介绍 GAN，该方法是最近人工智能最重要的突破之一，从中我们将了解到 GAN 的核心优势及其合成真实数据或信号的能力。

参考文献

1. Ian Goodfellow and others. *Deep learning*. Vol. 1. Cambridge: MIT press, 2016 (http://www.deeplearningbook.org/).

第 4 章
生成对抗网络

本章将介绍三大人工智能算法之首的生成对抗网络（Generative Adversarial Network，GAN）[1]。该网络属于生成模型家族。然而，与自编码器（Autoencoder）不同，生成模型能够在任意编码的情况下产生新的且有意义的输出。

本章将讨论 GAN 的工作原理，还将展示 Keras 中几个早期 GAN 的实现。下一章将展示实现稳定训练所需的技术。本章将覆盖两个流行的 GAN：深度卷积 GAN（Deep Convolutional GAN，DCGAN）[2] 和条件 GAN（Conditional GAN，CGAN）[3]。

本章的主要内容：
- 介绍 GAN 的原理。
- 如何在 Keras 中实现 GAN，如 DCGAN 和 CGAN。

4.1 GAN 概要

在深入研究 GAN 概念之前，首先介绍 GAN 的基本概念。GAN 具有较强的性能，例如该网络可以通过使用潜空间插值的方法生成不属于某个真人的新名人面孔。

通过 YouTube 视频可以看到 GAN[4] 的一些高级特性。该视频展示了如何使用 GAN 生成逼真的面孔，凸显出其强大的功能。上述高级应用是本书之前所介绍的任何方法都无法企及的。例如，使用第 3 章中介绍的自编码器是无法完成上述视频中所展示的功能。

GAN 可以学习如何对一个输入分布进行建模，该学习过程通过训练两个竞争（和协同）网络来达成，这两个网络分别为生成器和判别器（也被称作评价器）。生成器的作用是不断探寻如何生成伪数据或信号（包含音频和图像）以欺骗判别器。同时，判别器被训练以区分伪造和真实信号。训练时，当判别器不再能区分合成的数据和真实的数据时，该判别器可被丢弃。此时的生成器可被用来生成新的信号，该信号之前可能从未被观测过。

GAN 的基本概念很简单，然而，关键的挑战是如何获得一个能稳定训练的生成-判别器网络。生成器和判别器之间应良性竞争，以便两个网络能够同时学习。由于损失函数是通过判别器的输出进行计算的，所以其参数的更新较快。当判别器收敛过快时，生成器将不会接收对其参数的梯度更新，造成收敛失败。除了难以训练之外，GAN 也会遭遇部分或整体模型崩塌，以及生成器会对不同潜编码产生无差别输出的情况。

4.2 GAN 原理

如图 4.1.1 所示，一个 GAN 类似于伪造者［生成器（generator）］与警察［判别器（discriminator）］对立的情景。警察在学校被教导如何鉴别美元的真假，来自银行的真钞票和来自伪造者的伪钞样本用于训练警察。然而，伪造者将会试图极力伪装所造伪钞，使其看起来如同真的一般。起初，警察不会被欺骗，并会告知伪造者钱为假的原因。通过这种反馈，伪造者会再次磨炼其造假技能，试图制造出新的伪钞，并期望警察能够将这些钞票鉴定为伪钞，同时给出判伪的原因。

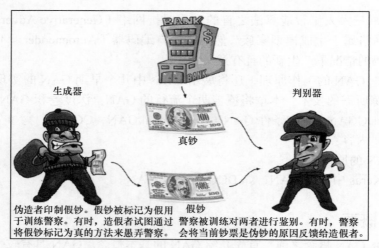

图 4.1.1　GAN 的生成器（generator）和判别器（discriminator）类似于伪造者和警察。
伪造者的目标是欺骗警察相信美元钞票是真实的

这种情形会一直持续，最终一旦时机成熟，伪造者便会掌握以假乱真的造假技能。至此，伪造者可以无限制地印刷伪钞票而不会被警察抓住，因为其已经难以被定义成为伪造者。

如图 4.1.2 所示，一个 GAN 是由生成器和判别器两个网络组成。生成器的输入是噪声，输出是合成伪信号。同时，判别器的输入将是真实信号和合成信号。真实信号来自真实的采样数据，而合成伪信号来自于生成器。所有验证通过的信号都标记为 1.0（即 100% 的真实概率），而所有合成伪信号都标记为 0.0（即 0% 的真实概率）。由于标记过程是自动化的，因此 GAN 仍被认为属于深度学习中无监督学习方法。

判别器的目的是从所提供的数据集中学习如何区分真实信号和伪信号。在 GAN 训练该部分期间，仅更新判别器参数。判别器如同一个典型的二元分类器被训练，通过在置信值 0.0~1.0 范围内，预测给定输入信号与真实信号的接近程度。至此，才完成一半过程。

生成器每隔一段时间伪造出真实信号，并要求 GAN 将其标记为 1.0，当伪信号随后被呈现给判别器时，其自然会被归类为接近于 0.0 的伪数据。优化器根据所显示的标签（标识为 1.0）计算生成器更新的参数，在对这些新数据进行训练时，判别器还会考虑自己的预测值。换句话说，判别器也会对自己的预测有所怀疑。GAN 考虑到了这一点，允许梯度从判别器的最后一层反向传播到生成器的第一层。然而，实际在这个训练阶段，判别器的参数会被暂时冻结，生成器将使用梯度下降法来更新其参数，并改善其合成伪信号的能力。

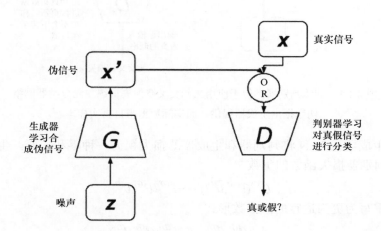

图 4.1.2　GAN 由两个网络，由一个生成器和一个判别器组成。训练判别器以区分真实信号和伪信号或数据。生成器的工作是生成伪造的信号或数据，最终可以欺骗判别器

总之，整个过程类同于两个网络相互竞争，同时又在互相合作。当 GAN 训练收敛时，最终得到一个能够合成信号的生成器。当判别器认为这些合成信号是真的或给出接近于 1.0 的标签时，意味着该判别器可被丢弃。此时，生成器将被用于从任意噪声输入产生有意义的输出。

如图 4.1.3 所示，可通过以下等式中的最小化损失函数来训练判别器：

$$\mathcal{L}^{(D)}(\theta^{(G)},\theta^{(D)})=-\mathbb{E}_{x\sim p_{data}}\log\mathcal{D}(x)-\mathbb{E}_z\log(1-\mathcal{D}(\mathcal{G}(z))) \qquad (4.1.1)$$

该等式只是标准的二元交叉熵代价函数。损失函数是正确识别真实数据的期望 $\mathcal{D}(x)$ 和 1.0 减去正确识别合成数据的期望 $1-\mathcal{D}(\mathcal{G}(z))$ 的负累加，这里取 log 并不会改变局部极小值的位置。训练期间，提供给判别器两个小批量数据：

1. x：标签为 1.0 的真实采样数据（表示为 $x\sim p_{data}$）。
2. $x' = \mathcal{G}(z)$，通过生成器产生标记为 0.0 伪数据。

为了最小化损失函数，通过正确识别出真实数据 $\mathcal{D}(x)$ 和合成数据 $1-\mathcal{D}(\mathcal{G}(z))$，判别器参数 $\theta^{(D)}$ 将会经反向传播进行更新。正确识别出真实和合成数据可表示为 $\mathcal{D}(x) \to 1.0$，同时正确分类出伪数据等同于 $\mathcal{D}(\mathcal{G}(z)) \to 0.0$ 或 $(1-\mathcal{D}(\mathcal{G}(z))) \to 1.0$。在该式中，$z$ 为生成器，用于合成新信号的任意编码或噪声向量。两者都有助于最小化损失函数。

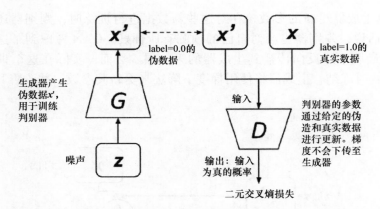

图 4.1.3　训练判别器类似于使用二元交叉熵损失训练二元分类器网络。
伪数据由生成器提供，而实际数据来自真实样本

为了训练生成器，GAN 将判别器和生成器的损失视为一种零和博弈。生成器的损失被简单设置成为判别器损失函数的负数。

$$\mathcal{L}^{(G)}(\theta^{(G)},\theta^{(D)}) = -L^{(D)}(\theta^{(G)},\theta^{(D)}) \quad (4.1.2)$$

该式可被重写为更为适宜的值函数形式

$$v^{(G)}(\theta^{(G)},\theta^{(D)}) = -L^{(D)}(\theta^{(G)},\theta^{(D)}) \quad (4.1.3)$$

对于生成器，式（4.1.3）应被最小化。然而，对于判别器，该式的值应被最大化。因此，生成器的训练标准可被重写为一个极大极小值问题。

$$\theta^{(G)*} = \arg\min_{\theta^{(G)}}\min_{\theta^{(D)}} v^{(D)}(\theta^{(G)},\theta^{(D)}) \quad (4.1.4)$$

有时，我们可假意将合成数据的标签设定为 1.0 来欺骗判别器。通过最大化相应的 $\theta^{(D)}$，优化器将梯度更新发送给判别器参数，将所合成的数据作为真值。同时，通过最小化相应的 $\theta^{(G)}$，优化器将会以如何欺骗判别器为目的来训练生成器的参数。然而，在实际应用中，判别器对其分辨伪数据的置信度很高，不会修改其参数。此外，梯度的更新也很小，并且随其传播到生成器层而显著消失。最终导致生成器无法收敛。

其解决方案是重构生成器的损失函数，即

$$\mathcal{L}^{(G)}(\theta^{(G)},\theta^{(D)}) = -\mathbb{E}_z\log\mathcal{D}(\mathcal{G}(z)) \quad (4.1.5)$$

该损失函数简单地通过在训练生成器时，最大化判别器相信合成数据为真的概率。新的公式不再是零和的，而变为纯粹启发式的驱动方法。图 4.1.4 展现了训练过程中的生成器。在该图中，生成器的参数仅在整个对抗网络被训练的时候才进行更新。这是由于梯度是从判别器向下传递至生成器。然而，在实际应用中，判别器的权值仅在对抗训练时被暂时冻结。

在深度学习中，判别器和生成器都可以找到合适的神经网络架构来实现。如果数据或信号是一个图像，则判别器和生成器网络都可以使用 CNN。对于单一维度序列的训练，例如 NLP，判别器和生成器都经常使用周期网络（RNN、LSTM 或 GRU）。

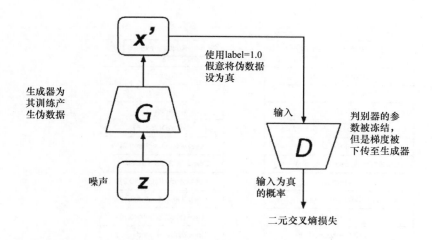

图 4.1.4 训练生成器如同使用二元交叉熵损失函数来训练一个网络。生成器生成的伪数据被视为真实数据

4.3 Keras 中的 GAN 实现

上一节中，我们了解到 GAN 背后的原理，也了解到 GAN 可以使用类似于 CNN 和 RNN 的网络层进行实现。众所周知，GAN 与其他网络的差异在于其难以训练。某些层上的一些细微改变就会导致整个网络训练的不稳定。

本节，我们将检验一个早期使用深度 CNN 所成功实现的 GAN，即 DCGAN[3]。

图 4.2.1 展示了用于生成伪 MNIST 图像的 DCGAN。DCGAN 推荐使用以下设计原则：

• 使用 strides>1 的卷积，以替代 MaxPooling2D 或 UpSampling2D。对于 strides>1，CNN 会学习如何调整特征映射的大小。

• 避免使用 Dense 层。在所有层当中使用 CNN。Dense 层仅在生成器的第一层中被使用，用于接收向量。Dense 层的输出大小也要被调整，因为其需要作为随后 CNN 层的输入。

• 使用 Batch Normalization(BN)，通过将每一层中的输入标准化为零均值、单位方差的方法以稳定学习。

• 整流线性单元（Rectified Linear Unit，ReLU）被用在生成器除输出层以外的所有层当中，输出层则使用 tanh 激活。在随后展示的实例中，tanh 被 sigmoid 激活所替代，因为对于 MNIST 数据集来说，其可促成更为稳定的训练。

• 在判别器的所有层当中使用渗漏整流线性单元（Leaky ReLU）。与整流线性单元在所有输入小于零时将所有输出归零所不同，渗漏整流线性单元将生成一个较小的梯度。在以下的例子中，alpha=0.2。

生成器从 100 维的输入向量中学习如何建立伪图像（输入向量为 [-1.0 1.0] 范围内 100 维均匀分布的随机噪声）。判别器会从伪图像中甄别出真样本，但在对抗网络训练时会不经意地指导生成器如何生成真实样本。为增加卷积的覆盖范围和表达能力，所实现的 DCGAN

核大小被设置为 5。

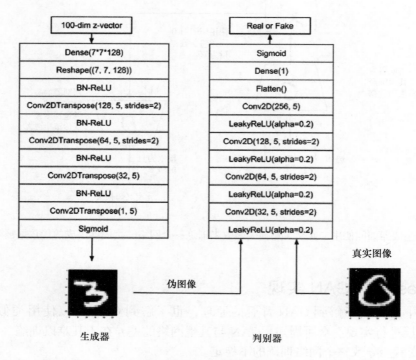

图 4.2.1　DCGAN 模型

生成器接收 100 维范围在 -1.0 和 1.0 之间均匀分布的向量。生成器的第一层是一个 $7\times 7\times 128=6272$ 的 unit Dense 层。单元的数量依据输出图像预期的最终维度计算得出（$28\times 28\times 1$ 为 7 的倍数），并且第一个 Conv2DTranspose 滤波器的数量等于 128。可将转置 CNN（Conv2DTranspose）理解为 CNN 的逆过程。以一个简单的问题为例，如果一个 CNN 可以将一个图像转换成为特征图，则一个转置 CNN 可通过特征图产生图像。因此，转置 CNN 被用于前一章的编码器中，并在本章生成器当中使用。

在经历两个 strides=2 的 Conv2DTranspose 后，特征映射的大小为 $28\times 28\times$ 滤波器数量。每个 Conv2DTrasnpose 都事先被批标准化和整流线性单元处理。最终层有一个 sigmoid 激活可产生大小为 $28\times 28\times 1$ 的 MNIST 图像。每一个像素都根据相应灰度范围 [0，255] 标准化至 [0.0，1.0]。代码列表 4.2.1 展示了在 Keras 中一个生成器的实现。通过定义一个函数来建立生成器模型。受限于代码长度，这里仅探讨特定代码行的功能。

 完整的代码可在以下的 GitHub 链接中找到：https://github.com/ PacktPublishing/ Advanced-Deep-Learning-with-Keras。

代码列表 4.2.1，dcgan-mnist-4.2.1.py 用于展示 DCGAN 生成器网络的构建函数。

```python
def build_generator(inputs, image_size):
    """建立一个生成器模型
    
    BN-ReLU-Conv2DTranpose栈生成伪图像
    输出激活是Sigmoid，而不是参考文献[1]中tanh
    使用Sigmoid容易收敛。
    
    # 参数
        inputs (Layer)：生成器的输入层(z向量)
        image_size：单边目标的大小(假设为方形图像)
    
    # 返回值
        Model：生成器模型
    """
    image_resize = image_size // 4
    # 网络参数
    kernel_size = 5
    layer_filters = [128, 64, 32, 1]
    
    x = Dense(image_resize * image_resize * layer_filters[0])(inputs)
    x = Reshape((image_resize, image_resize, layer_filters[0]))(x)
    
    for filters in layer_filters:
        # 前两个卷积层使用strides = 2
        # 最后两个使用strides = 1
        if filters > layer_filters[-2]:
            strides = 2
        else:
            strides = 1
        x = BatchNormalization()(x)
        x = Activation('relu')(x)
        x = Conv2DTranspose(filters=filters,
                            kernel_size=kernel_size,
                            strides=strides,
                            padding='same')(x)
    
    x = Activation('sigmoid')(x)
    generator = Model(inputs, x, name='generator')
    return generator
```

判别器与很多基于CNN的分类器类似。其输入是一个 $28 \times 28 \times 1$ 大小的MNIST图像，该图像既可以被分类为真（1.0），也可以被分类为假（0.0）。这里有4个CNN层。除了最后一个卷积层，每一个Conv2D都设置strides=2来对特征映射进行下采样。每个Conv2D之前为渗透整流线性单元层。最终滤波器的大小为256，与此同时，初始滤波器的大小为32，并且每一个卷积层都加倍。实际上，最终滤波器的大小设置为128也可行。然而，我们发现所生成的图像在大小 256 时效果更好。最终的输出层是扁平的，并且在使用 sigmoid 激活层对数据进行缩放之后，一个单独的单元 Dense 层产生 0.0~1.0 范围之间的预测值。输出被建模成为一个伯努利分布。因此，选择使用二元交叉熵损失函数。

在构建生成器与判别器模型之后，可通过连接生成器和判别器网络来建立对抗模型。判别器和对抗网络都使用 RMSprop 优化器。判别器的学习率设置为 2e-4，同时将对抗网络的学习率设置为 1e-4。判别器的 RMSprop 衰减率设置为 6e-8，并且对抗网络的衰减率为 3e-8。将对抗网络的学习率设置为判别器的一半可使训练更加稳定。从图 4.1.3 和图 4.1.4 中可知，GAN 训练由两部分组成，即判别器训练和生成器训练，两者为对抗训练，其中判别器的权值被冻结。

代码列表 4.2.2 展示了如何在 Keras 中实现一个判别器。通过定义函数以构建判别器模型。代码列表 4.2.3 将说明如何构建 GAN 模型。首先，实例化生成器模型后，构建判别器模型。对抗模型仅是两者的集成。在许多 GAN 中，将批处理的大小设置为 64 最为常见。网络参数如代码列表 4.2.3 所示。

如代码列表 4.2.1 和 4.2.2 所示，DCGAN 模型很简单，其构建的难点在于网络设计的微小变化可轻易破坏训练的收敛。例如，如果在判别器中使用批标准化，或设置 strides=2 生成器迁移至后面 CNN 层，DCGAN 将无法收敛。

代码列表 4.2.2，dcgan-mnist-4.2.1.py 用于展示 DCGAN 对抗网络构建器函数。

```python
def build_discriminator(inputs):
    """构建判别器模型

    LeakyReLU-Conv2D栈用于从伪数据中判别出真数据
    使用带BN的网络不收敛，因此与原论文[1]不同，此处不使用BN

    # 参数
        inputs (Layer): 判别器的输入层(图像)

    # 返回值
        Model: 判别器模型
    """
    kernel_size = 5
    layer_filters = [32, 64, 128, 256]

    x = inputs
    for filters in layer_filters:
        # 前3个卷积层使用strides = 2
        # 最后一个使用strides = 1
        if filters == layer_filters[-1]:
            strides = 1
        else:
            strides = 2
        x = LeakyReLU(alpha=0.2)(x)
        x = Conv2D(filters=filters,
```

```
                            kernel_size=kernel_size,
                            strides=strides,
                            padding='same')(x)

    x = Flatten()(x)
    x = Dense(1)(x)
    x = Activation('sigmoid')(x)
    discriminator = Model(inputs, x, name='discriminator')
    return discriminator
```

代码列表 4.2.3，dcgan-mnist-4.2.1.py 用于展现构建 DCGAN 模型，并调用训练过程的函数。

```
def build_and_train_models():
    # 加载MNIST数据集
    (x_train, _), (_, _) = mnist.load_data()

    # 将CNN的数据形状调整为(28, 28, 1)，并完成标准化
    image_size = x_train.shape[1]
    x_train = np.reshape(x_train, [-1, image_size, image_size, 1])
    x_train = x_train.astype('float32') / 255

    model_name = "dcgan_mnist"
    # 网络参数
    # 潜向量z为100维
    latent_size = 100
    batch_size = 64
    train_steps = 40000
    lr = 2e-4
    decay = 6e-8
    input_shape = (image_size, image_size, 1)

    # 构建判别器模型
    inputs = Input(shape=input_shape, name='discriminator_input')
    discriminator = build_discriminator(inputs)
    # 原论文[1]中使用Adam优化器
    # 但使用RMSprop的判别器更容易收敛
    optimizer = RMSprop(lr=lr, decay=decay)
    discriminator.compile(loss='binary_crossentropy',
                          optimizer=optimizer,
                          metrics=['accuracy'])
    discriminator.summary()

    # 构建生成器模型
    input_shape = (latent_size, )
    inputs = Input(shape=input_shape, name='z_input')
    generator = build_generator(inputs, image_size)
    generator.summary()
```

```
    discriminator.trainable = False
    # 对抗=生成器+判别器
    adversarial = Model(inputs,
                        discriminator(generator(inputs)),
                        name=model_name)
    adversarial.compile(loss='binary_crossentropy',
                        optimizer=optimizer,
                        metrics=['accuracy'])
    adversarial.summary()

    # 训练判别器和对抗网络
    models = (generator, discriminator, adversarial)
    params = (batch_size, latent_size, train_steps, model_name)
    train(models, x_train, params)
```

代码列表 4.2.4 显示了用于训练判别器和对抗网络的函数。由于是自定义训练，不会使用常见的 fit( ) 函数。取而代之的是，对给定的批量数据，调用 train_on_batch( ) 运行单梯度更新。生成器随后通过对抗网络进行训练。训练首先从数据集中随机采样出一批真实图像。将其标记为真（1.0）。此时，由生成器建立一批伪数据，并标记为假（0.0）。合并两批数据用于训练判别器。

完成此操作后，生成器将产生一批新的伪图像，并将其标记为真（1.0）。这批数据将用于训练对抗网络。两个网络交替训练约 40000 步。基于特定噪声向量所建立的 MNIST 数字图像将被定期存放在文件系统内。网络在最后一个训练步收敛。生成器模型也可以以文件形式存储，以便于重用训练好的模型来生成 MNIST 数字。然而，这里仅对生成器模型进行存储，生成器是 GAN 用于生成 MNIST 数字的有用部分。例如，可通过执行以下代码生成一个新的 MNIST 随机数字：

python3 dcgan-mnist-4.2.1.py --generator=dcgan_mnist.h5

代码列表 4.2.4，dcgan-mnist-4.2.1.py 用于展示训练判别器和对抗网络的函数。

```
def train(models, x_train, params):
    """训练判别器和对抗网络
    分批训练判别器和对抗网络
    首先用正确的真伪图像训练判别器
    下一步，通过每一个save_interval 所生成的假意为真的图像来训练对抗性

    # 参数
        models (list): 生成器、判别器、对抗性模型
        x_train (tensor): 训练图像
        params (list) : 网络参数

    """
    # GAN模型
    generator, discriminator, adversarial = models
    # 网络参数
    batch_size, latent_size, train_steps, model_name = params
```

```python
# 生成器的图像每500步保存一次
save_interval = 500
# 噪声向量,用于观察训练期间生成器输出的变化
noise_input = np.random.uniform(-1.0, 1.0, size=[16, latent_size])
# 训练数据集中元素的个数
train_size = x_train.shape[0]
for i in range(train_steps):
    # 使用一个批次的数据训练判别器
    # 一个批次的真实图像(label=1.0)和伪图像(label=0.0)
    # 从数据集中随机选取真实图像
    rand_indexes = np.random.randint(0, train_size, size=batch_size)
    real_images = x_train[rand_indexes]
    # 使用生成器从噪声中生成伪图像
    # 使用均匀分布产生噪声
    noise = np.random.uniform(-1.0, 1.0, size=[batch_size, latent_size])
    # 生成伪图像
    fake_images = generator.predict(noise)
    # 真实+伪图像= 一个批次的训练数据
    x = np.concatenate((real_images, fake_images))
    # 标记真实和伪图像
    # 真实图像标签为1.0
    y = np.ones([2 * batch_size, 1])
    # 伪图像标签是0.0
    y[batch_size:, :] = 0.0
    # 训练判别器网络,记录损失和正确率
    loss, acc = discriminator.train_on_batch(x, y)
    log = "%d: [discriminator loss: %f, acc: %f]" % (i, loss, acc)

    # 使用一个批次数据训练对抗网络
    # 一个批次的伪图像标签为1.0
    # 由于判别器权重在对抗性网络中被冻结,因此只训练生成器。
    # 使用均匀分布产生噪声
    noise = np.random.uniform(-1.0, 1.0, size=[batch_size, latent_size])
    # 将伪图像标注为真或1.0
    y = np.ones([batch_size, 1])
    # 训练对抗网络
    # 注意,与判别器训练不同,不将伪图像存为一个变量
    # 伪图像直接移至对抗网络判别器的输入用于分类,并记录损失和正确率
    loss, acc = adversarial.train_on_batch(noise, y)
    log = "%s [adversarial loss: %f, acc: %f]" % (log, loss, acc)
    print(log)
    if (i + 1) % save_interval == 0:
        if (i + 1) == train_steps:
            show = True
        else:
            show = False
```

```
          # 定期绘制所生成的图像
          plot_images(generator,
                      noise_input=noise_input,
                      show=show,
                      step=(i + 1),
                      model_name=model_name)

  # 保存训练后的生成器模型
  # 未来可重载训练后的生成器来生成MNIST数字
  generator.save(model_name + ".h5")
```

图 4.2.2 展示了生成器伴随一个训练步函数所生成伪图像的演变过程。在 5000 步以内，生成器已可以产生可识别的图像，犹如一个懂得绘制数字的智能体。值得注意的是，一些数字从一种可识别的形式（例如在最后 1 行第 2 列中的数字 8）转变为另一种形式（例如 0）。当训练收敛，判别器的损失接近 0.5 时，对抗损失接近如下所显示的 1.0。

```
39997: [discriminator loss: 0.423329, acc: 0.796875] [adversarial loss:
0.819355, acc: 0.484375]
39998: [discriminator loss: 0.471747, acc: 0.773438] [adversarial loss:
1.570030, acc: 0.203125]
39999: [discriminator loss: 0.532917, acc: 0.742188] [adversarial loss:
0.824350, acc: 0.453125]
```

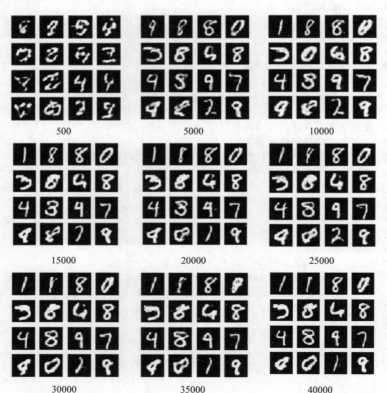

图 4.2.2 DCGAN 生成器（generator）在不同训练步中生成的伪图像

4.4 条件 GAN

上一节中，DCGAN 生成的伪图像是随机生成的，没有对生成器所产生的特定数字进行控制。当前不存在请求生成器产生一个特定数字的机制。该问题可通过一个 GAN 的变种算法，条件 GAN（Conditional GAN，CGAN）来解决。

使用相同的 GAN，生成器和判别器的输入中都引入一个条件。该条件以一个 one-hot 向量的形式存在。该向量与图像相关联，用于产生（生成器）或被分类为真或假（判别器）。CGAN 模型如图 4.3.1 所示。

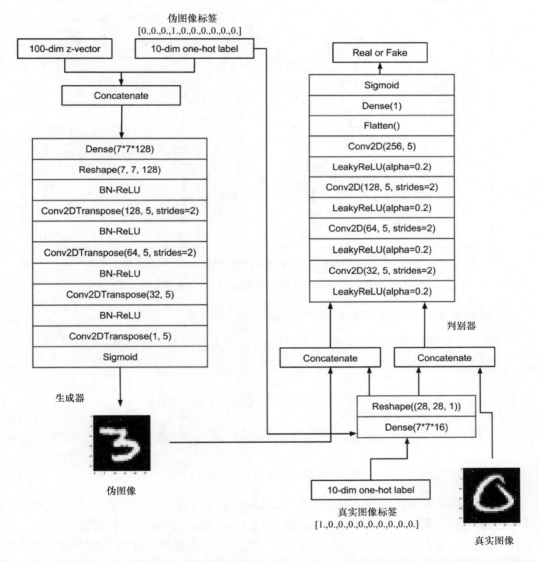

图 4.3.1　除了使用 one-hot 向量，CGAN 模型类似于 DCGAN。该向量用于限定生成器和判别器的输出

CGAN 与 DCGAN 类似，除了使用额外的 one-hot 向量输入。对于生成器，one-hot 标签在 Dense 层之前与一个潜向量相连接。对于判别器，则添加一个新的 Dense 层。该层用于处理 one-hot 向量，并调整其形状以便连接后续 CNN 层的输入。

生成器通过一个 100 维的输入向量和一个特定的数字学习建立伪图像。判别器根据真实和伪图像相应的标签从伪图像中分类出真实图像。

CGAN 的基础仍与原始的 GAN 相同，除了其判别器和生成器的输入以 one-hot 标签 y 为条件。在式（4.1.1）和式（4.1.5）中并入该条件，判别器和生成器的损失函数分别如式（4.3.1）和式（4.3.2）所示。

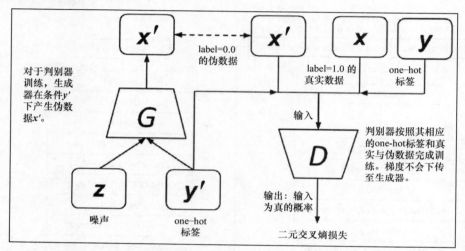

图 4.3.2　训练 CGAN 判别器类似于训练 GAN 判别器。唯一的区别是所产生的伪图像和数据集的真图像都以其相应的 one-hot 标签为条件

对于给定图 4.3.2，损失函数更适宜于写成如下形式：

$$\mathcal{L}^{(D)}(\theta^{(G)},\theta^{(D)}) = -\mathbb{E}_{x \sim p_{data}} \log \mathcal{D}(x|y) - \mathbb{E}_z \log(1 - \mathcal{D}(\mathcal{G}(z|y')|y'))$$

以及

$$\mathcal{L}^{(G)}(\theta^{(G)},\theta^{(D)}) = -\mathbb{E}_z \log \mathcal{D}(\mathcal{G}(z|y')|y')$$

$$\mathcal{L}^{(D)}(\theta^{(G)},\theta^{(D)}) = -\mathbb{E}_{x \sim p_{data}} \log \mathcal{D}(x|y) - \mathbb{E}_z \log(1 - \mathcal{D}(\mathcal{G}(z|y'))) \quad (4.3.1)$$

$$\mathcal{L}^{(G)}(\theta^{(G)},\theta^{(D)}) = -\mathbb{E}_z \log \mathcal{D}(\mathcal{G}(z|y')) \quad (4.3.2)$$

判别器的新损失函数旨在通过给定其 one-hot 标签的情况下，最小化从数据集和产生于生成器的伪图像中预测真实图像的误差。图 4.3.2 展示了如何训练一个判别器。

针对以特定 one-hot 标签为条件的伪图像，生成器的新损失函数用于最小化判别器的正确预测。生成器学习如何通过所给定的 one-hot 向量生成特定的 MNIST 数字来欺骗判别器。图 4.3.3 展示了如何训练生成器的过程。

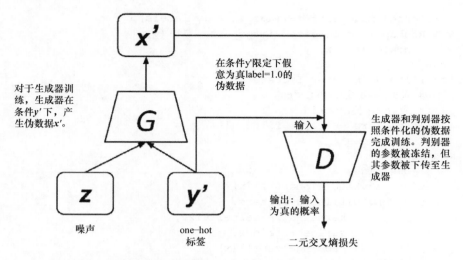

图 4.3.3　通过对抗网络训练 CGAN 生成器与训练 GAN 生成器类似。
唯一的区别就是所生成的伪图像是以 one-hot 标签为条件

代码列表 4.3.1 中加粗部分显示了判别器模型中的一些细小改变。该代码使用一个 Dense 层处理 one-hot 向量，并将其与图像的输入进行连接。为应对图像和 one-hot 向量输入的需要，Model 实例被修改。

代码列表 4.3.1，cgan-mnist-4.3.1.py 用于展示 CGAN 判别器。加粗部分展现了 DCGAN 中的变化。

```
def build_discriminator(inputs, y_labels, image_size):
    """建立判别器模型

    输入在Dense层后被串联
    LeakyReLU-Conv2D的栈用于从伪数据中判别真值
    因为使用BN不收敛，这里与DCGAN原论文不同，不使用BN

    # 参数
        inputs (Layer): 判别器的输入层（图像）
        y_labels (Layer):one-hot向量的输入层，用于条件化输入
            the inputs
        image_size:单边目标的大小(假设为方形图像)

    # 返回
        Model: 判别器模型
    """
    kernel_size = 5
    layer_filters = [32, 64, 128, 256]

    x = inputs
```

```python
        y = Dense(image_size * image_size)(y_labels)
        y = Reshape((image_size, image_size, 1))(y)
        x = concatenate([x, y])

        for filters in layer_filters:
            # 前3个卷积层使用strides= 2
            # 最后一个使用strides = 1
            if filters == layer_filters[-1]:
                strides = 1
            else:
                strides = 2
            x = LeakyReLU(alpha=0.2)(x)
            x = Conv2D(filters=filters,
                       kernel_size=kernel_size,
                       strides=strides,
                       padding='same')(x)

        x = Flatten()(x)
        x = Dense(1)(x)
        x = Activation('sigmoid')(x)
        # 输入受限于y_labels
        discriminator = Model([inputs, y_labels],
                              x,
                              name='discriminator')
        return discriminator
```

代码列表 4.3.2 中加粗部分代码显示更改 one-hot 标签为条件生成器的构造函数。为适应 z 向量和 one-hot 向量输入的需要，Model 实例被修改。

代码列表 4.3.2，cgan-mnist-4.3.1.py 用于展示 CGAN 生成器。加粗部分显示了 DCGAN 中所做的更改。

```python
def build_generator(inputs, y_labels, image_size):
    """构建一个生成器模型
    输入在Dense层后进行连接
    BN-ReLU-Conv2DTranpose栈来生成伪图像
    输出激活采用sigmoid而不是原始DCGAN中的tanh, Sigmoid更易收敛
    # 参数

        生成器的输入层(z向量)
        y_labels (Layer): 条件化输入one-hot向量的输入层
        image_size: 单边目标的大小(假设为方形图像)

    # 返回值
        Model: 生成器模型
    """
    image_resize = image_size // 4
    # 网络参数
    kernel_size = 5
    layer_filters = [128, 64, 32, 1]
```

```
    x = concatenate([inputs, y_labels], axis=1)
    x = Dense(image_resize * image_resize * layer_filters[0])(x)
    x = Reshape((image_resize, image_resize, layer_filters[0]))(x)

    for filters in layer_filters:
        # 前两个卷积层使用strides = 2
        # 最后两个使用strides = 1
        if filters > layer_filters[-2]:
            strides = 2
        else:
            strides = 1
        x = BatchNormalization()(x)
        x = Activation('relu')(x)
        x = Conv2DTranspose(filters=filters,
                            kernel_size=kernel_size,
                            strides=strides,
                            padding='same')(x)

    x = Activation('sigmoid')(x)
    # 输入由y_labels限定
    generator = Model([inputs, y_labels], x, name='generator')
    return generator
```

代码列表4.3.3中加粗部分显示train( )函数的变化。该函数为判别器和生成器引入one-hot向量。CGAN判别器首先使用一个批次的真实和伪数据以及相应one-hot标签进行训练。然后，生成器的参数被更新，通过给定one-hot标签条件化的假意为真的伪数据，训练对抗网络来完成。与DCGAN类似，在对抗训练的过程中，判别器的权值被冻结。

代码列表4.3.3，cgan-mnist-4.3.1.py用于展示GAN的训练。加粗部分的代码显示了在DCGAN中所做的更改。

```
def train(models, data, params):
    """训练判别器和对抗网络

    分批次训练判别器和对抗网络
    首先，使用正确标签的真实和伪图像训练判别器
    然后使用假意为真的伪图像训练对抗网络判别器的输入中，真实图像使用
    标签作为条件限制，伪图像使用随机标签作为条件限制随机标签作为对抗
    输入的条件限制
    每个save_interval间隔生成样本图像

    # 参数
        models (list): 生成器，判别器，对抗性模型
        data (list): x_train, y_train数据
        params (list): 网络参数

    """
    # GAN 模型
    generator, discriminator, adversarial = models
```

```python
        # 图像及标签
    x_train, y_train = data
        # 网络参数
    batch_size, latent_size, train_steps, num_labels, model_name = 
params
        # 生成器图像每500步保存一次
        # 使用噪声向量用于查看训练过程中生成器输出的演化过程
    noise_input = np.random.uniform(-1.0, 1.0, size=[16, latent_size])
        # one-hot标签作为噪声的条件限制
    noise_class = np.eye(num_labels)[np.arange(0, 16) % num_labels]
        # 训练数据集中元素的个数
    train_size = x_train.shape[0]

    print(model_name,
          "Labels for generated images: ",
          np.argmax(noise_class, axis=1))

    for i in range(train_steps):
        # 以一个批次的数据训练判别器
        # 一个批次的真实图像(label=1.0)以及伪图像(label=0.0)
        # 从数据集中随机选取真实图像
        rand_indexes = np.random.randint(0, train_size,
size=batch_size)
        real_images = x_train[rand_indexes]
        # 真实图像相应的one-hot标签
        real_labels = y_train[rand_indexes]
        # 使用生成器从噪声中生成伪图像
        # 使用均匀分布产生噪声
        noise = np.random.uniform(-1.0, 1.0, size=[batch_size,
latent_size])
        # 随机分配one-hot标签
        fake_labels = np.eye(num_labels)[np.random.choice(num_labels,
                                                         batch_size)]

        # 以伪标签为条件生成伪图像
        fake_images = generator.predict([noise, fake_labels])
        # 真实+伪图像=一个批次的训练数据
        x = np.concatenate((real_images, fake_images))
        # 真实+伪one-hot标签=一个批次的训练one-hot标签
        y_labels = np.concatenate((real_labels, fake_labels))

        # 标记真实和伪图像
        # 真实图像标签是1.0
        y = np.ones([2 * batch_size, 1])
        # 伪图像标签为0.0
        y[batch_size:, :] = 0.0
        # 训练判别器网络，记录损失和正确率
        loss, acc = discriminator.train_on_batch([x, y_labels], y)
        log = "%d: [discriminator loss: %f, acc: %f]" % (i, loss, acc)
```

```
# 以一个批次数据训练对抗网络
# 一个批次伪图像以伪one-hot标签w/label=1.0为条件
# 由于判别器权值在对抗性网络中被冻结，因此只训练生成器
# 利用均匀分布产生噪声
noise = np.random.uniform(-1.0, 1.0, size=[batch_size, latent_size])
# 随机分配one-hot标签
fake_labels = np.eye(num_labels)[np.random.choice(num_labels,batch_size)]
# 将伪图像标记为真实或1.0
y = np.ones([batch_size, 1])
# 训练对抗网络
# 注意，与判别器训练不同，此处不将伪图像存为一个变量
# 伪图像跳至对抗网络中判别器的输入，将用于分类
# 记录损失和正确率
loss, acc = adversarial.train_on_batch([noise, fake_labels], y)
log = "%s [adversarial loss: %f, acc: %f]" % (log, loss, acc)
print(log)
if (i + 1) % save_interval == 0:
    if (i + 1) == train_steps:
        show = True
    else:
        show = False

        # 定期绘制所生成器图像
        plot_images(generator,
                    noise_input=noise_input,
                    noise_class=noise_class,
                    show=show,
                    step=(i + 1),
                    model_name=model_name)

# 生成器训练后保存模型
# 未来可重载训练后的生成器来生成MNIST数字
generator.save(model_name + ".h5")
```

图 4.3.4 显示了生成器按照以下标签为条件所产生的 MNIST 数字的演化过程。
[0 1 2 3
4 5 6 7
8 9 0 1
2 3 4 5]

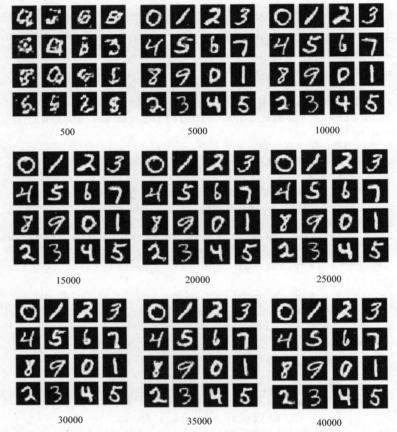

图 4.3.4 CGAN 以标签 [0 1 2 3 4 5 6 7 8 9 0 1 2 3 4 5] 为条件在不同训练步下所生成的伪图像

推荐读者运行以下训练好的生成器模型以查看新生成的 MNIST 数字图像：

`python3 cgan-mnist-4.3.1.py --generator=cgan_mnist.h5`

或者也可请求生成特定数字（例如，8）：

`cgan-mnist-4.3.1.py --generator=cgan_mnist.h5 --digit=8`

使用 CGAN 宛如拥有一个智能体，可以要求其按照人类书写数字的方式来绘制一个数字。CGAN 优于 DCGAN 的地方在于可以向智能体指定我们所希望绘制的数字。

4.5 小结

本章讨论了 GAN 背后的一些基本原理，并以此为基础进一步介绍了一些更为高级的主题，包括改进的 GAN、解表征 GAN(Disentangled Representations GAN) 和交叉域 GAN。本章还介绍了 GAN 如何建立生成器和判别器两个网络。判别器的作用是用于区分真实和伪信号，生成器旨在欺骗判别器。生成器通常与判别器一起构建一个对抗网络。通过训练对抗网络，生成器学习如何产生可欺骗判别器的伪信号。

本章还介绍了 GAN 易于构建却难以训练的特点，并给出了使用 Keras 实现的两个示例。DCGAN 使得使用深度 CNN 训练 GAN 产生伪图像成为可能。所产生的伪图像为 MNIST 数字。CGAN 解决了生成器以相关条件来产生特定数字的问题。该条件是以 one-hot 标签的形式所构建。CGAN 有助于构建一个能通过特定类别生成数据的智能体。

在下一章中，将介绍 DCGAN 和 CGAN 的一些改进方法。具体而言，侧重于如何稳定 DCGAN 的训练和如何提高 CGAN 的感知质量。这些改进将通过引入新的损失函数和不同的模型来完成。

参考文献

1. Ian Goodfellow. *NIPS 2016 Tutorial: Generative Adversarial Networks*. arXiv preprint arXiv:1701.00160, 2016 (https://arxiv.org/pdf/1701.00160.pdf).

2. Alec Radford, Luke Metz, and Soumith Chintala. *Unsupervised Representation Learning with Deep Convolutional Generative Adversarial Networks*. arXiv preprint arXiv:1511.06434, 2015 (https://arxiv.org/pdf/1511.06434.pdf).

3. Mehdi Mirza and Simon Osindero. *Conditional Generative Adversarial Nets*. arXiv preprint arXiv:1411.1784, 2014 (https://arxiv.org/pdf/1411.1784.pdf).

4. Tero Karras and others. *Progressive Growing of GANs for Improved Quality, Stability, and Variation*. ICLR, 2018 (https://arxiv.org/pdf/1710.10196.pdf).

第 5 章
改进的 GAN 方法

自从 2014 年提出生成对抗网络（GAN）后[1]，其流行度不断升高。GAN 已被证明可有效合成一些非常真实的新数据。此后，大量的学术工作开始跟进，提出了很多方案用于解决原始 GAN 的问题。

从上一章的描述中可知，GAN 训练较难且容易导致模型崩溃。模型崩溃是指虽然损失函数已被优化，但生成器的输出却完全一样。在 MNIST 数字集合文本实例中，一旦模型崩溃，生成器仅能产生数字 4 和 9，因为这两个数字外观类似。Wasserstein GAN（WGAN）[2]可解决该问题，其利用 Wasserstein 1 或推土机距离（Earth-Mover distance）简单替换 GAN 的损失函数，既可稳定训练也可避免模型崩溃。

然而，稳定性不仅仅是 GAN 唯一存在的问题，其还存在不断攀升的对提升所生成图像观测质量的需求。最小二乘 GAN（Least Squares GAN，LSGAN）[3]可同时解决上述问题。其基本假设为，在训练时，sigmoid 交叉熵损失会造成梯度消失，从而导致较差的图像质量。最小二乘损失不会造成梯度消失的现象。因此，相对于 vanilla GAN 所产生的图像，其生成的图像观测质量更高。

前一章中，CGAN 提出了一种条件化生成器输出的方法。例如，如果我们想获得数字 8，可在生成器的输入中加入条件标签。受 CGAN 的启发，辅助分类器 GAN(Auxiliary Classifier GAN，ACGAN)[4]则提出一个改进的条件化算法，可得到更好地观测质量和更多样化的输出。

总之，本章将介绍改进的 GAN 方法，将展现以下内容：
- WGAN 的相关理论与公式。
- 对 LSGAN 原理的理解。
- 对 ACGAN 原理的理解。
- 如何使用 Keras 实现改进的 GAN - WGAN，LSGAN 和 ACGAN。

5.1 Wasserstein GAN

如前所述，GAN 的训练难度较大。彼此目标相反的两个网络（判别器和生成器），容易导致训练不稳定。判别器试图从真实数据中分辨出伪数据，同时生成器尽力去欺骗判别器。如果判别器的学习快于生成器，生成器参数将会优化失败。另一方面，如果判别器学习过慢，此时梯度将在到达生成器之前消失。最差的情况，如果判别器无法收敛，生成器将无法获得任何有用的反馈。

5.1.1 距离函数

可通过检验 GAN 的损失函数来理解其训练不稳定的现象。为了更好地理解 GAN 的损失函数，回顾一下两个概率分布之间的常见距离和散度函数。这主要涉及真实数据分布 p_{data} 和生成数据分布 p_g 之间的距离。GAN 的目标即为 $p_g \to p_{\text{data}}$。表 5.1.1 展现了相关散度函数。

在极大似然估计中，我们在损失函数中使用 Kullback-Leibler（KL）散度或 D_{KL}，作为神经网络预测结果与真实分布函数之间远近的度量。如式（5.1.1）所示，D_{KL} 非对称，因为 $D_{\text{KL}}(p_{\text{data}} \| p_g) \neq D_{\text{KL}}(p_g \| p_{\text{data}})$。

表 5.1.1 两个概率分布函数 p_{data} 和 p_g 之间的散度函数

差异	表述
Kullback-Leibler（KL） （5.1.1）	$D_{\text{KL}}(p_{\text{data}} \| p_g) = \mathbb{E}_{x \sim p_{\text{data}}} \log \frac{p_{\text{data}}(x)}{p_g(x)}$ $\neq D_{\text{KL}}(p_g \| p_{\text{data}}) = \mathbb{E}_{x \sim p_g} \log \frac{p_{\text{data}}(x)}{p_g(x)}$
Jensen-Shannon（JS） （5.1.2）	$D_{\text{JS}}(p_{\text{data}} \| p_g) = \frac{1}{2} \mathbb{E}_{x \sim p_{\text{data}}} \log \frac{p_{\text{data}}(x)}{\frac{p_{\text{data}}(x)+p_g(x)}{2}} + \frac{1}{2} \mathbb{E}_{x \sim p_g} \log \frac{p_g(x)}{\frac{p_{\text{data}}(x)+p_g(x)}{2}} = D_{\text{SJ}}(p_g \| p_{\text{data}})$
Earth-Mover Distance（EMD）或 Wasserstein 1 （5.1.3）	$W(p_{\text{data}}, p_g) = \inf_{\lambda \in \Pi(p_{\text{data}}, p_g)} \mathbb{E}_{(x,y) \sim \gamma} [\|x - y\|]$ 其中 $\Pi(p_{\text{data}}, p_g)$ 是所有联合分布 $\gamma(x,y)$ 的集合，其边缘为 p_{data} 和 p_g

Jensen-Shannon(JS) 或 D_{KL} 是一个基于差异的 D_{KL} 散度。然而，有所不同的是，它是对称且有限的。本节中，我们会展示优化 GAN 损失函数的过程等同于优化 D_{JS}。

EMD 可直观理解成：为匹配概率分布 p_g，概率分布 p_{data} 权衡应有多少质量 $\gamma(x,y)$ 通过 $d = \|x-y\|$ 被传输。$\gamma(x,y)$ 是所有可能联合分布 $\Pi(p_{\text{data}}, p_g)$ 空间中的一个联合分布。$\gamma(x,y)$ 可作为传输规划，用于反映为匹配两个概率分布的传输质量的策略。对于两个概率分布可以有多种可能的传输规划。粗略来讲，inf 表示最小损失的传输规划。

例如，图 5.1.1 展现了两个简单的离散分布 x 和 y。具有质量 m_i，$i=1$，2，3，4 对应于 x_i 位置的 $i=1$，2，3，4。同时，y 具有质量 m_i，$i=1$，2 对应于 y_i 位置的 $i=1$，2。为匹配分布 y，图中箭头显示了通过 d_i 移动每一个质量 x_i 的最小传输规划。EMD 可通过下式计算：

$$\text{EMD} = \sum_{i=1}^{4} x_i d_i = 0.2 \times 0.4 + 0.3 \times 0.5 + 0.1 \times 0.3 + 0.4 \times 0.7 = 0.54 \quad (5.1.4)$$

在图 5.1.1 中，EMD 可解释为移动一系列点，用于填充洞所需的最小工作量。虽然在本例中也可从图中被推断，但大多数情况尤其是在连续分布下，很难穷举出所有可能的传输规划。本章后面部分会重新讨论该问题。同时，还会展示一个 GAN 损失函数实际上等同于最小化 Jensen-Shannon（JS）散度。

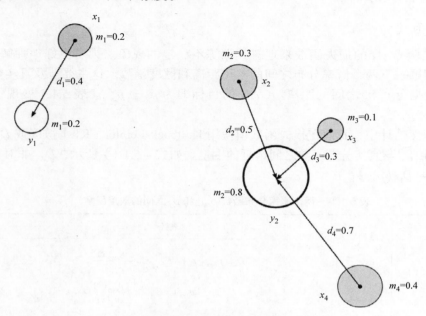

图 5.1.1　为了匹配目标分布，EMD 作为被传输数据的加权质量

5.1.2　GAN 中的距离函数

从前一节介绍的判别函数可知，我们能对任意给定的生成器计算最优判别器。回顾以下公式：

$$\mathcal{L}^{(D)} = -\mathbb{E}_{x \sim p_{\text{data}}} \log \mathcal{D}(x) - \mathbb{E}_z \log(1 - \mathcal{D}(\mathcal{G}(z))) \quad (4.1.1)$$

除了从噪声分布采样之外，上述公式也可以表示为从生成器分布中进行采样。

$$\mathcal{L}^{(D)} = -\mathbb{E}_{x \sim p_{\text{data}}} \log \mathcal{D}(x) - \mathbb{E}_{z \sim p_g} \log(1 - \mathcal{D}(x)) \quad (5.1.5)$$

为找到最小的 $\mathcal{L}^{(D)}$：

$$\mathcal{L}^{(D)} = -\int_x p_{\text{data}}(x) \log \mathcal{D}(x) \mathrm{d}x - \int_x p_g(x) \log(1 - \mathcal{D}(x)) \mathrm{d}x \quad (5.1.6)$$

$$\mathcal{L}^{(D)} = -\int_x (p_{\text{data}}(x) \log \mathcal{D}(x) x + p_g(x) \log(1 - \mathcal{D}(x))) \mathrm{d}x \quad (5.1.7)$$

积分内项 $y \to a\log y + b\log(1-y)$，对于不包括 $\{0, 0\}$ 的任意 $a, b \in \mathbb{R}^2$，其在 $\frac{a}{a+b}$ 有已知的最大值，其中 $y \in [0, 1]$。由于积分不会改变该表达式最大值（或 $\mathcal{L}^{(D)}$ 的最小值）的位置，因此最佳判别器为

$$\mathcal{D}^*(x) = \frac{p_{\text{data}}}{p_{\text{data}} + p_g} \quad (5.1.8)$$

最终，最优判别器利用损失函数可表示为

$$\mathcal{L}^{(D^*)} = -\mathbb{E}_{x \sim p_{\text{data}}} \log \frac{p_{\text{data}}}{p_{\text{data}} + p_{\text{g}}} - \mathbb{E}_{x \sim p_{\text{g}}} \log \left(1 - \frac{p_{\text{data}}}{p_{\text{data}} + p_{\text{g}}}\right) \tag{5.1.9}$$

$$\mathcal{L}^{(D^*)} = -\mathbb{E}_{x \sim p_{\text{data}}} \log \frac{p_{\text{data}}}{p_{\text{data}} + p_{\text{g}}} - \mathbb{E}_{x \sim p_{\text{g}}} \log \left(\frac{p_{\text{data}}}{p_{\text{data}} + p_{\text{g}}}\right) \tag{5.1.10}$$

$$\mathcal{L}^{(D^*)} = 2\log 2 - D_{\text{KL}}\left(p_{\text{data}} \left\| \frac{p_{\text{data}} + p_{\text{g}}}{2}\right.\right) - D_{\text{KL}}\left(p_{\text{g}} \left\| \frac{p_{\text{data}} + p_{\text{g}}}{2}\right.\right) \tag{5.1.11}$$

$$\mathcal{L}^{(D^*)} = 2\log 2 - 2D_{\text{JS}}\left(p_{\text{data}} \| p_{\text{g}}\right) \tag{5.1.12}$$

由式（5.1.12）可知，最优判别器的损失函数通过将一个常量减去两倍大小的真实分布 p_{data} 与任意生成器分布 p_{g} 之间 Jensen-Shannon 散度计算得到。最小化 $\mathcal{L}^{(D^*)}$ 意味着最大化 $D_{\text{JS}}\left(p_{\text{data}} \| p_{\text{g}}\right)$，即从伪数据中正确分类出真实数据的概率。

此时，当该生成器的分布等同于真实数据分布时，可正式声明最优生成器：

$$\mathcal{G}^*(x) \rightarrow p_{\text{g}} = p_{\text{data}} \tag{5.1.13}$$

该声明具备合理性，因为生成器的目标就是通过学习真实分布来欺骗判别器。实际上，可通过最小化 D_{JS}, 或 $p_{\text{g}} \rightarrow p_{\text{data}}$ 以获得最优的生成器。给定一个最优生成器，判别器为 $D^*(x) = \frac{1}{2}$，其 $\mathcal{L}^{(D^*)} = 2\log 2 = 0.60$。

当前的问题是，当两个分布无重叠时，则没有平滑的函数可缩小两者之间的差距。训练 GAN 将不会因梯度下降而收敛。例如，假设：

$$p_{\text{data}} = (x, y) \text{ 其中 } x = 0, y \sim U(0, 1) \tag{5.1.14}$$

$$p_{\text{g}} = (x, y) \text{ 其中 } x = \theta, y \sim U(0, 1) \tag{5.1.15}$$

如图 5.1.2 所示。$U(0, 1)$ 为均匀分布。每个距离函数的散度可表示如下：

- $D_{\text{KL}}\left(p_{\text{g}} \| p_{\text{data}}\right) = \mathbb{E}_{x=\theta, y \sim U(0,1)} \log \frac{p_{\text{g}}(x,y)}{p_{\text{data}}(x,y)} = \sum 1 \log \frac{1}{0} = +\infty$

- $D_{\text{KL}}\left(p_{\text{g}} \| p_{\text{data}}\right) = \mathbb{E}_{x=\theta, y \sim U(0,1)} \log \frac{p_{\text{g}}(x,y)}{p_{\text{data}}(x,y)} = \sum 1 \log \frac{1}{0} = +\infty$

- $D_{\text{JS}}\left(p_{\text{data}} \| p_{\text{g}}\right) = \frac{1}{2}\mathbb{E}_{x=\theta, y \sim U(0,1)} \log \frac{p_{\text{data}}(x,y)}{\frac{p_{\text{data}}(x,y) + p_{\text{g}}(x,y)}{2}} + \frac{1}{2}\mathbb{E}_{x=\theta, y \sim U(0,1)} \log \frac{p_{\text{g}}}{\frac{p_{\text{data}}(x,y) + p_{\text{g}}(x,y)}{2}} = \frac{1}{2}\sum 1 \log \frac{1}{\frac{1}{2}} + \frac{1}{2}\sum 1 \log \frac{1}{\frac{1}{2}} = \log 2$

- $W\left(p_{\text{data}}, p_{\text{g}}\right) = |\theta|$

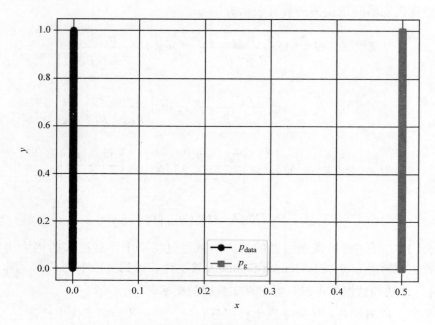

图 5.1.2　两个没有重叠的分布示例（p_g 中 $\theta=0.5$）

由于 D_{JS} 为常数，因此 GAN 将没有足够的梯度来驱动 $p_g \rightarrow p_{data}$，并且使用 D_{KL} 或 D_{KL} 的逆也无效。然而，使用 $W(p_{data}, p_g)$ 可拥有一个平滑函数，以保证利用梯度下降达到 $p_g \rightarrow p_{data}$。EMD 或 Wasserstein 1 是一种更符合逻辑的损失函数，因为两个分布在无极小值重叠时会无效。

为进一步加强理解，可参阅关于距离函数的相关介绍。

5.1.3　Wasserstein 损失函数的使用

在使用 EMD 或 Wasserstein 1 之前，需解决一个问题，即很难穷举空间 $\prod(p_{data}, p_g)$ 以找到 $\gamma \in \prod \begin{pmatrix} \inf \\ p_{data}, p_g \end{pmatrix}$。解决方案是使用 Kantorovich-Rubinstein 对偶：

$$W(p_{data} \| p_g) = \frac{1}{K} \sup_{\|f\|_L \leq K} \mathbb{E}_{x \sim p_{data}}[f(x)] - \mathbb{E}_{x \sim p_g}[f(x)] \quad (5.1.16)$$

同理，EMD 中，$\sup_{\|f\|_L \leq 1}$ 是覆盖所有的 K-Lipschitz 函数 $f:x \rightarrow \mathbb{R}$ 的上界（略言之，最大值）。K-Lipschitz 函数满足以下约束：

$$|f(x_1) - f(x_2)| \leq K|x_1 - x_2| \quad (5.1.17)$$

对于所有 $x_1, x_2 \in \mathbb{R}$，K-Lipschitz 函数拥有有界的导数，且几乎总连续可微（例如，$f(x)=|x|$ 拥有有界倒数且连续，但在 $x=0$ 处不可微）。

式（5.1.16）通过寻找一组 K-Lipschitz 函数 $\{f_w\}_{w \in W}$ 来求解：

$$W(p_{\text{data}}, p_g) = \max_{w \in W} \mathbb{E}_{x \sim p_{\text{data}}}[f_w(x)] - \mathbb{E}_{x \sim p_g}[f_w(x)] \quad (5.1.18)$$

对于 GAN，式（5.1.18）可通过对噪声分布进行采样，并将替换为判别器函数来进行重新构造：

$$W(p_{\text{data}}, p_g) = \max_{w \in W} \mathbb{E}_{x \sim p_{\text{data}}}[\mathcal{D}_w(x)] - \mathbb{E}_z[\mathcal{D}_w(\mathcal{G}(z))] \quad (5.1.19)$$

公式中使用粗体来高亮多维采样的泛化性。所面临的最后一个问题是如何找到一个函数群 $w \in W$。我们需要审视的方案是在每一次梯度更新时，判别器的权值在特定上下界当中被截断（例如，在范围 -0.01 和 0.01 内）

$$w \leftarrow \text{clip}(w, -0.01, 0.01) \quad (5.1.20)$$

较小值 w 将判别器约束在一个紧凑的参数空间内，从而确保 Lipschitz 连续性。

可将式（5.1.19）作为 GAN 新损失函数的基础。EMD 或 Wasserstein 1 是生成器需要最小化的损失函数，并且是判别器尝试去最大化的代价函数（或最小化 $-W(p_{\text{data}'}, p_g)$）：

$$\mathcal{L}^{(D)} = -\mathbb{E}_{x \sim p_{\text{data}}} \mathcal{D}_w(x) + \mathbb{E}_z \mathcal{D}_w(\mathcal{G}(z)) \quad (5.1.21)$$

$$\mathcal{L}^{(G)} = -\mathbb{E}_z \mathcal{D}_w(\mathcal{G}(z)) \quad (5.1.22)$$

在生成器损失函数中，将第一项去除，因为其没有直接针对实际数据进行优化。

表 5.1.2 展示了 GAN 和 WGAN 损失函数方面的差异。简明起见，这里简化了 $\mathcal{L}^{(D)}$ 和 $\mathcal{L}^{(G)}$ 的表示。用这些损失函数训练 WGAN，如算法 5.1.1 所示。图 5.1.3 展现了除了损失函数和数据的真伪标签，WGAN 模型实质上等同于 DCGAN 模型。

表 5.1.2 GAN 和 WGAN 在损失函数方面的比较

网络	损失函数	公式
GAN	$\mathcal{L}^{(D)} = -\mathbb{E}_{x \sim p_{\text{data}}} \log \mathcal{D}(x) - \mathbb{E}_z \log(1 - \mathcal{D}(\mathcal{G}(z)))$	4.1.1
	$\mathcal{L}^{(D)} = -\mathbb{E}_{x \sim p_{\text{data}}} \log \mathcal{D}(\mathcal{G}(z))$	4.1.5
WGAN	$\mathcal{L}^{(G)} = -\mathbb{E}_z \log \mathcal{D}(\mathcal{G}(z)) + \mathbb{E}_z \mathcal{D}_w(\mathcal{G}(z))$	5.1.21
	$\mathcal{L}^{(G)} = -\mathbb{E}_z \mathcal{D}_w(\mathcal{G}(z))$	5.1.22
	$w \leftarrow \text{clip}(w, -0.01, 0.01)$	5.1.20

算法 5.1.1 WGAN

参数值 $\alpha = 0.00005$，$c = 0.001$，$m = 64$，且 $n_{\text{critic}} = 5$。

输入：学习率 α。截断参数 c。批次的大小 m。一次生成器迭代评判（判别器）迭代的数量 $n_{\text{critic}'}$。

输入：初始化评判（判别器）参数 w_0。初始生成器参数 θ_0。

1. while θ 没有收敛 do
2.   for $t = 1, \cdots, n_{\text{critic}}$ do

3. 从真实数据中采样出一批数据 $\{x^{(i)}\}_{i=1}^{m} \sim p_{\text{data}}$
4. 从均匀分布的噪声分布中采样一批数据 $\{z^{(i)}\}_{i=1}^{m} \sim p(z)$
5. $g_w \leftarrow \nabla_w \left[-\frac{1}{m}\sum_{i=1}^{m} \mathcal{D}_w(x^{(i)}) + \frac{1}{m}\sum_{i=1}^{m} \mathcal{D}_w(\mathcal{G}_\theta(z^{(i)})) \right]$，计算判别器梯度
6. $w \leftarrow w - \alpha \times \text{RMSProp}(w, g_w)$，更新判别器参数
7. $w \leftarrow \text{clip}(w, -c, c)$，截断判别器的权值
8. end for
9. 从均匀分布的噪声数据中采样一批数据 $\{z^{(i)}\}_{i=1}^{m} \sim p(z)$
10. $g_\theta \leftarrow -\nabla_\theta \frac{1}{m}\sum_{i=1}^{m} \mathcal{D}_w(\mathcal{G}_\theta(z^{(i)}))$，计算生成器梯度
11. $\theta \leftarrow \theta - \alpha \times \text{RMSProp}(\theta, \mathcal{G}_\theta)$，更新生成器参数
12. end while

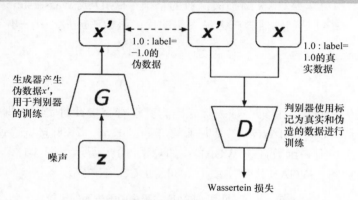

判别器的训练执行了 n_{critic} 次

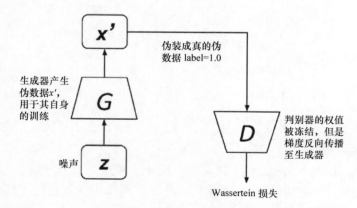

在判别器完成 n_{critic} 次训练后，生成器完成1次训练

图 5.1.3　上半部分：训练 WGAN 判别器需要来自生成器所产生的伪数据和来自真实分布的真实数据。下半部分：训练 WGAN 生成。其需要生成器所产生的伪装成真的数据

与 GAN 类似，WGAN 交替训练判别器和生成器（通过对抗网络）。然而在 WGAN 中，生成器在一次训练迭代之前（第 9 行至第 11 行），判别器（也称评判）的训练迭代了 n_{critic} 次（第 2 行至第 8 行）。这与 GAN 具有相同数量的生成器和判别器训练的迭代次数有所不同。训练判别器意味着学习判别器的参数（权重和偏置），需要从真实数据中采样一批数据（第 3 行），并从伪数据中采样一批数据（第 4 行），在将所采样的数据输入判别器网络之前，需要计算判别器的梯度（第 5 行）。判别器的参数使用 RMSProp 进行优化（第 6 行）。第 5 和第 6 行都是对式（5.1.21）的优化。在 WGAN 中使用 Adam 优化器将会产生不稳定的结果。

最后，使用 EM 距离中的 Lipschitz 约束，来截断判别器里参数（第 7 行）。第 7 行是式（5.1.20）的一个实现。在判别器的训练经过 n_{critic} 次后，判别器参数被冻结。生成器的训练开始采样一批伪数据（第 9 行）。所采样的数据被标注为真（1.0），试图欺骗判别器网络。在第 10 行计算生成器梯度，在第 11 行使用 RMSProp 进行优化。第 10 和第 11 行优化式（5.1.22），执行梯度的更新。

训练生成器之后，判别器参数被解冻，并且判别器另一轮次训练开始。需要注意的是，在判别器训练期间无需冻结生成器参数，因为生成器仅涉及伪造数据。与 GAN 类似，可将判别器作为独立的网络进行训练。然而，训练生成器仍需要判别器通过对抗网络进行参与，因为相应损失是通过生成器网络的输出而计算得到的。

与 GAN 所不同的是，在 WGAN 中，真实数据被标注为 1.0，伪数据被标注为 -1.0，作为第 5 行计算梯度的一种变通方法。在第 5~6 行和 10~11 行，分别通过优化式（5.1.21）和式（5.1.22）来执行梯度的更新。第 5 和第 10 行的条件可建模为

$$L = -y_{label} \frac{1}{m} \sum_{i=1}^{m} y_{prediction} \quad (5.1.23)$$

式中，y_{label} 表示真实数据；$y_{label}=-1.0$ 表示伪数据。为简化表示，我们移除了下标（i）。对于判别器，WGAN 在使用真实数据训练时，增加 $y_{prediction}=\mathcal{D}_w(x)$ 来最小化损失函数。对于生成器，当训练过程中伪数据被标注为真时，WGAN 在训练过程中减少 $y_{prediction}=\mathcal{D}_w(x)$ 来最小化损失函数。注意，对损失函数没有直接的贡献。在 Keras 中，式（5.1.23）采用如下方式进行实现：

```
def wasserstein_loss(y_label, y_pred):
    return -K.mean(y_label * y_pred)
```

5.1.4 使用 Keras 实现 WGAN

为了在 Keras 中实现 WGAN，可重用 GAN 的 DCGAN 实现，其实现过程在本书前一章中做过介绍。DCGAN 构建器和公用函数作为一个模块，在 lib 文件夹下的 gan.py 中被实现。这些函数包括：

- generator( )：生成器模型的构造器。
- discriminator( )：判别器模型构造器。
- train( )：DCGAN 训练器。
- plot_images( )：生成器输出值的一般绘制方法。
- test_generator( )：生成器测试的一般公用方法。

如代码列表 5.1.1 所示，可通过简单调用以下代码以构建一个判别器：

discriminator = gan.discriminator(inputs, activation='linear')

WGAN 使用线性输出激活。对于生成器，可执行以下语句：

generator = gan.generator(inputs, image_size)

Keras 中的整体网络模型类似于图 4.2.1 中所展示的 DCGAN 模型。

代码列表 5.1.1 加粗部分显示了所使用的 RMSprop 优化器和 Wasserstein 损失函数。训练期间使用了算法 5.1.1 中的超参数。代码列表 5.1.2 是与算法密切相关的训练函数。然而，判别器在训练时有些细微的调整。在此并没有使用单一合成真实数据和伪数据的方法进行训练，而是先采用一个批次的真实数据，再使用一批伪造数据进行训练。这种改变可避免梯度消失，因为真实数据和伪数据标签中的符号相反，并且由于截断操作导致权值幅值变小。

图 5.1.4 显示了 MNIST 数据集上 WGAN 输出的演变过程。

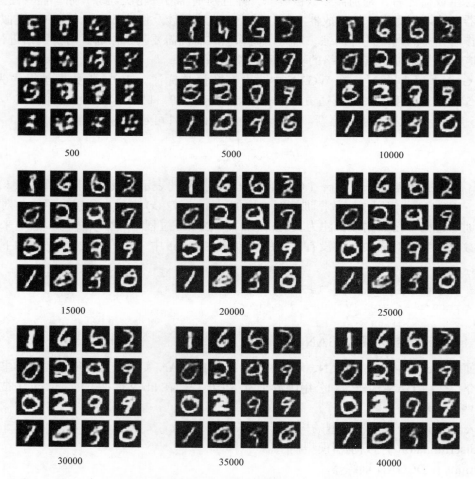

图 5.1.4　随训练步数增加所得到的 WGAN 输出样本。
WGAN 在训练和测试阶段的所有输出都不会出现模型崩溃现象

代码列表 5.1.1，wgan-mnist-5.1.2.py 用于展现 WGAN 模型的实例化和训练过程。判别器和生成器都使用了 Wassertein 1 损失：wasserstein_loss( )。

```python
def build_and_train_models():
    # 加载MNIST数据集
    (x_train, _), (_, _) = mnist.load_data()

    # 为CNN调整数据形状为(28, 28, 1)，并进行标准化
    image_size = x_train.shape[1]
    x_train = np.reshape(x_train, [-1, image_size, image_size, 1])
    x_train = x_train.astype('float32') / 255

    model_name = "wgan_mnist"
    # 网络参数
    # 潜向量z的大小为100维
    latent_size = 100
    # 参考文献[2]关于WGAN的论文中的超参数
    n_critic = 5
    clip_value = 0.01
    batch_size = 64
    lr = 5e-5
    train_steps = 40000
    input_shape = (image_size, image_size, 1)

    # 构建判别器模型
    inputs = Input(shape=input_shape, name='discriminator_input')
    # WGAN 使用参考文献[2]中的线性激活
    discriminator = gan.discriminator(inputs, activation='linear')
    optimizer = RMSprop(lr=lr)
    # WGAN 判别器使用wasserstein损失
    discriminator.compile(loss=wasserstein_loss,
                          optimizer=optimizer,
                          metrics=['accuracy'])
    discriminator.summary()

    # 构建生成器模型
    input_shape = (latent_size, )
    inputs = Input(shape=input_shape, name='z_input')
    generator = gan.generator(inputs, image_size)
    generator.summary()

    # 构建对抗模型 = 生成器 + 判别器
    # 在对抗网络训练时，冻结判别器的权值
    discriminator.trainable = False
    adversarial = Model(inputs,
                        discriminator(generator(inputs)),
                        name=model_name)
```

```python
adversarial.compile(loss=wasserstein_loss,
                    optimizer=optimizer,
                    metrics=['accuracy'])
adversarial.summary()

# 训练判别器和对抗网络
models = (generator, discriminator, adversarial)
params = (batch_size,
          latent_size,
          n_critic,
          clip_value,
          train_steps,
          model_name)
train(models, x_train, params)
```

代码列表 5.1.2，wgan-mnist-5.1.2py 用于展现算法 5.1.1 之后的训练流程。生成器训练每迭代一次，判别器训练迭代 n_{critic} 次。

```python
def train(models, x_train, params):
    """训练判别器和对抗网络

    通过批数据数据轮流训练判别器和对抗网络，
    判别器首先通过正确标注为真实和伪样本的数据训练n_critic次。
    判别器的权值被裁剪至Lipschitz约束所需要的大小，
    之后，生成器（通过对抗的形式）使用伪装成真的数据进行训练。
    每个save_interval间隔产生样本图像

    # 参数
        models (list)：生成器，判别器，对抗模型
        x_train (tensor)：训练图像
        params (list) ：网络参数

    """
    # GAN模型
    generator, discriminator, adversarial = models
    # 网络参数
    (batch_size, latent_size, n_critic,
            clip_value, train_steps, model_name) = params
    # 每隔500步保存生成器的图像： saved every = 500
    # 噪声向量用于观测训练期间生成器的演化
    noise_input = np.random.uniform(-1.0, 1.0, size=[16,
                                        latent_size])
    # 训练集中元素的个数
    train_size = x_train.shape[0]
```

```python
# 真实数据的标签
real_labels = np.ones((batch_size, 1))
for i in range(train_steps):
    # 训练判别器n_critic 次
    loss = 0
    acc = 0
    for _ in range(n_critic):
        # 使用1个批次数据训练判别器
        # 1个批次的真实数据(label=1.0)和伪数据(label=-1.0)
        # 从数据集中随机选取真实数据
        rand_indexes = np.random.randint(0,
                                        train_size,
                                        size=batch_size)
        real_images = x_train[rand_indexes]
        # 使用生成器从噪声中产生伪图像
        # 使用均匀分布产生噪声
        noise = np.random.uniform(-1.0,
                                 1.0,
                                 size=[batch_size,
                                 latent_size])
        fake_images = generator.predict(noise)

        # 训练判别器网络
        # 真实数据 label=1, 伪数据 label=-1
        # 首先使用1个批次的真实数据进行训练, 再使用1个批次的伪数据进行训练
        # 而不是使用1个批次的真实和伪数据的组合进行训练
        # 使用该技巧可避免梯度消失
        # 由于真实和伪数据之间符号相反(即+1和-1)
        # 并且由于裁剪权值的幅度较小
        real_loss, real_acc = \
                discriminator.train_on_batch(real_images,
                                            real_labels)
        fake_loss, fake_acc = \
                discriminator.train_on_batch(fake_images,
                                            real_labels)
        # 累加平均损失和正确率
        loss += 0.5 * (real_loss + fake_loss)
        acc += 0.5 * (real_acc + fake_acc)

        # 裁剪判别器的权值使其符合Lipschitz约束

        for layer in discriminator.layers:
            weights = layer.get_weights()
            weights = [np.clip(weight,
                              -clip_value,
                              clip_value) for weight in weights]
            layer.set_weights(weights)
```

```
# 每一个n_critic训练迭代中平均损失和正确率
loss /= n_critic
acc /= n_critic
log = "%d: [discriminator loss: %f, acc: %f]" % (i, loss, acc)

# 使用1个批次数据训练对抗网络
# 1个批次label=1.0的伪数据
# 由于判别器的权值在对抗网络中被冻结，因此只训练生成器
# 使用均匀分布产生噪声
noise = np.random.uniform(-1.0, 1.0,
                          size=[batch_size, latent_size])

# 训练对抗网络
# 注意与判别器训练不同，这里不将伪图像存储为变量
# 伪图像直接移至对抗网络中作为判别器的输入用于分类
# 伪图像被标记为真
# 记录损失和正确率
loss, acc = adversarial.train_on_batch(noise, real_labels)
log = "%s [adversarial loss: %f, acc: %f]" % (log, loss, acc)
print(log)
if (i + 1) % save_interval == 0:
    if (i + 1) == train_steps:
        show = True
    else:
        show = False

    # 周期性绘制生成器的图像
    gan.plot_images(generator,
                    noise_input=noise_input,
                    show=show,
                    step=(i + 1),
                    model_name=model_name)

# 生成器在训练完成后进行保存,
# 未来可通过重载训练好的生成器模型用于生成MNIST数字图像
generator.save(model_name + ".h5")
```

WGAN 甚至在网络配置发生变化的情况下仍能保持稳定。例如，在判别器网络中，批标准化被插入到 ReLU 之前时，会造成 DCGAN 的不稳定。然而，WGAN 中采用相同的配置不会出现不稳定现象。图 5.1.5 展现了 DCGAN 和 WGAN 在判别器网络中采用批标准化后的输出。

与前一章中 GAN 的训练类似，在 40000 次训练迭代后，训练好的模型存储在文件中。这里鼓励读者运行训练好的生成器模型，查看新合成的 MNIST 图像。

```
python3 wgan-mnist-5.1.2.py --generator=wgan_mnist.h5
```

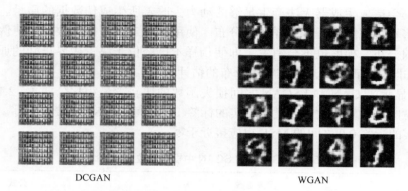

图 5.1.5　在判别器网络 ReLU 激活之前插入批标准化，其输出的对比
（左边为 DCGAN 的输出，右边为 WGAN 的输出）

5.2　最小二乘 GAN (LSGAN)

如前一节所述，原始 GAN 通常较难训练。该现象出现在 GAN 优化其损失函数时；其实际上是优化 Jensen-Shannon 散度。当两个分布函数之间存在很小或不存在重叠时，很难优化。

WGAN 可使用 EMD 或 Wasserstein 1 损失函数解决上述问题，这两种损失函数在两个分布之间存在很小甚至没有重叠时，也存在平滑的可微函数。然而，WGAN 却不关注所生成图像的质量。除去稳定性问题，在原始 GAN 所生成图像的观测质量方面，仍存在可改进的空间。LSGAN 在理论上可同时解决上述两类问题。

LSGAN 提出最小二乘损失。图 5.2.1 展示了为什么在 GAN 中使用一个 Sigmoid 交叉熵损失会生成质量较差的数据。在理想情况下，伪样本的分布应尽可能地接近于真实的样本分布。然而，对于 GAN，一旦伪样本已经位于决策边界正确的那一边，梯度就会消失。

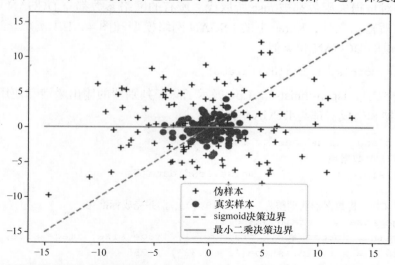

图 5.2.1　真实样本和伪样本的分布被相应决策边界所分开（分别使用 Sigmoid 和最小二乘的情况）

梯度消失会造成生成器无法产生足够的动力去改善所生成伪数据的质量。远离决策边界的伪样本将不再试图靠近真实样本的分布。使用最小二乘损失函数，即使伪样本分布远离真实样本的分布，梯度也不会消失；即使伪样本已经位于决策边界正确的那一边，生成器也将会一如既往地改进其对真实密度分布的估计。

表 5.2.1 显示了 GAN 和 LSGAN 之间损失函数的比较。最小化公式（5.2.1）或其判别器损失函数意味着，真实数据分类和真实的标签 1.0 之间的 MSE 应接近于零。此外，伪数据分类和真实的标签 0.0 之间的 MSE 也应接近于零。

表 5.2.1　GAN 和 LSGAN 中损失函数之间的比较

网络	损失函数	公式
GAN	$\mathcal{L}^{(D)}=-\mathbb{E}_{x \sim p_{data}}\log\mathcal{D}(x)-\mathbb{E}_z\log(1-\mathcal{D}(\mathcal{G}(z)))$	4.1.1
	$\mathcal{L}^{(G)}=-\mathbb{E}_z\log\mathcal{D}(\mathcal{G}(z))$	4.1.5
WGAN	$\mathcal{L}^{(D)}=\mathbb{E}_{x \sim p_{data}}(\mathcal{D}(x)-1)^2+\mathbb{E}_z\mathcal{D}(\mathcal{G}(z))^2$	5.2.1
	$\mathcal{L}^{(G)}=\mathbb{E}_z(\mathcal{D}(\mathcal{G}(z))-1)^2$	5.2.2

与 GAN 类似，LSGAN 的判别器被训练用于将真值从伪数据中分类出来。最小化公式（5.2.2）意味着欺骗判别器，让其认为所生成标注为 1.0 的伪样本为真。

仅需少量修改，便可使用前一章中 DCGAN 代码来实现 LSGAN。如代码列表 5.2.1 所示，判别器的 sigmoid 激活被移除。新的判别器通过调用以下代码实现：

```
discriminator = gan.discriminator(inputs, activation=None)
```

生成器则类似于原始 DCGAN：

```
generator = gan.generator(inputs, image_size)
```

判别器和对抗损失函数都被 mse 所取代。所有的网络参数都与 DCGAN 中相同。除了没有线性或激活输出之外，Keras 中的 LSGAN 网络模型和图 4.2.1 中类似。训练过程与公共函数中所提供的 DCGAN 相类似：

```
gan.train(models, x_train, params)
```

代码列表 5.2.1，lsgan-mnist-5.2.1.py 展示了除了判别器的输出激活和使用 MSE 损失函数之外，判别器和生成器都与 DCGAN 相同。

```
def build_and_train_models():
    # MNIST 数据集
    (x_train, _), (_, _) = mnist.load_data()

    # 为 CNN 将数据形状调整为 (28, 28, 1)，并完成标准化
    image_size = x_train.shape[1]
    x_train = np.reshape(x_train, [-1, image_size, image_size, 1])
    x_train = x_train.astype('float32') / 255
```

```python
model_name = "lsgan_mnist"
# 网络参数
# 潜向量 z 为 100维
latent_size = 100
input_shape = (image_size, image_size, 1)
batch_size = 64
lr = 2e-4
decay = 6e-8
train_steps = 40000

# 构建判别器模型
inputs = Input(shape=input_shape, name='discriminator_input')
discriminator = gan.discriminator(inputs, activation=None)
# 参考文献[1] 使用Adam优化器,但是判别器使用RMSprop更易收敛

optimizer = RMSprop(lr=lr, decay=decay)
# LSGAN 按照参考文献[2]使用MSE损失
discriminator.compile(loss='mse',
            optimizer=optimizer,
            metrics=['accuracy'])
discriminator.summary()

# 构建生成器模型
input_shape = (latent_size, )
inputs = Input(shape=input_shape, name='z_input')
generator = gan.generator(inputs, image_size)
generator.summary()

# 构建对抗模型 = 生成器 + 判别器
optimizer = RMSprop(lr=lr*0.5, decay=decay*0.5)
# 在对抗训练期间冻结判别器的权值

discriminator.trainable = False
adversarial = Model(inputs,
            discriminator(generator(inputs)),
            name=model_name)
# LSGAN 按照参考文献[2]使用MSE损失
adversarial.compile(loss='mse',
            optimizer=optimizer,
            metrics=['accuracy'])
adversarial.summary()

# 训练判别器和对抗网络
models = (generator, discriminator, adversarial)
params = (batch_size, latent_size, train_steps, model_name)
gan.train(models, x_train, params)
```

图 5.2.2 显示了使用 MNIST 数据集对 LSGAN 完成 40000 次迭代训练后所生成的样本。相对于图 4.2.1DCGAN 的结果，输出的图像具有更好的观测质量。

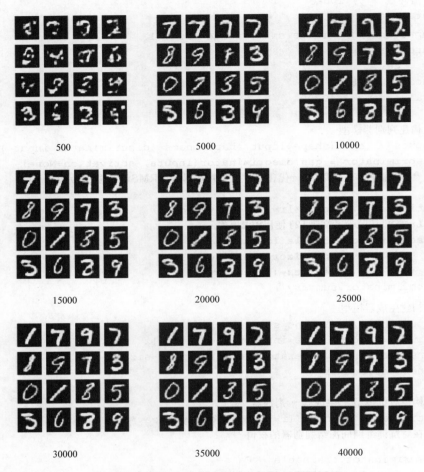

图 5.2.2　LSGAN 的样本输出与训练过程的对比

推荐读者运行训练好的生成器模型，观察新生成的合成 MNIST 数字图像：

python3 lsgan-mnist-5.2.1.py --generator=lsgan_mnist.h5

5.3　辅助分类器 GAN (ACGAN)

ACGAN 与前一章中的条件 GAN（CGAN）原理类似。此处将同时对比 CGAN 与 ACGAN。两者生成器的输入皆为噪声和其标签。输出的图像是在标签中存在的伪图像。对于 CGAN，判别器的输入是一个图像（真实或伪图像）和其标签，输出是该图像为真的概率。对于 ACGAN，判别器的输入是一个图像，输出却是图像为真以及其类别标签的概率。图 5.3.1 凸显了 CGAN 和 ACGAN 在生成器训练期间的区别。

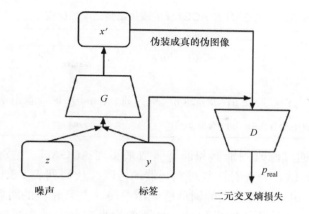

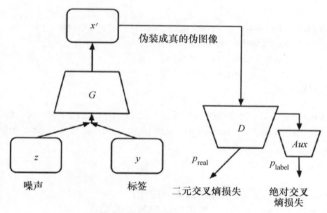

图 5.3.1 CGAN 与 ACGAN 生成器训练的对比。主要区别在于判别器的输入和输出

实质上，在 CGAN 中，我们向网络输入边缘信息（标签）。在 ACGAN 中，我们尝试使用一个辅助的类别解码网络重构该边缘信息。ACGAN 认为其迫使网络所做的这些额外工作会提升其原始任务的性能。在这种情况下，这个额外的工作就是图像分类，原始任务就是生成伪图像。

表 5.3.1 对比了 ACGAN 与 CGAN 的损失函数。除 ACGAN 使用了额外的分类损失函数外，ACGAN 的损失函数与 CGAN 基本相同。除从伪图像中识别出真实图像的源任务 $(-\mathbb{E}_{x \sim p_{data}} \log \mathcal{D}(x|y)) - \mathbb{E}_z \log(1 - \mathcal{D}(\mathcal{G}(z|y))))$，有关判别的公式（5.3.1）具有额外的正确分类真实和伪图像的任务 $(-\mathbb{E}_{x \sim p_{data}} \log \mathcal{P}(c|x)) - \mathbb{E}_z \log \mathcal{P}(c|\mathcal{G}(z|y)))$。有关生成器的公式（5.3.2）表明除了尝试使用伪图像欺骗判别器 $(-\mathbb{E}_z \log \mathcal{D}(\mathcal{G}(z|y)))$，还要求判别器能正确地分类出这些伪图像 $(-\mathbb{E}_z \log \mathcal{P}(c|\mathcal{G}(z|y)))$。

表 5.3.1　CGAN 和 ACGAN 的损失函数之间的比较

网络	损失函数	标号
CGAN	$\mathcal{L}^{(D)} = -\mathbb{E}_{x \sim p_{\text{data}}} \log \mathcal{D}(x\|y) - \mathbb{E}_z \log(1 - \mathcal{D}(\mathcal{G}(z\|y')))$	4.3.1
	$\mathcal{L}^{(G)} = -\mathbb{E}_z \log \mathcal{D}(\mathcal{G}(z\|y'))$	4.3.2
ACGAN	$\mathcal{L}^{(D)} = -\mathbb{E}_{x \sim p_{\text{data}}} \log \mathcal{D}(x) - \mathbb{E}_x \log(1 - \mathcal{D}(\mathcal{G}(z\|y))) - \mathbb{E}_{x \sim p_{\text{data}}} \log \mathcal{P}(c\|x) - \mathbb{E}_g \log \mathcal{P}(c\|\mathcal{G}(z\|y))$	5.3.1
	$\mathcal{L}^{(G)} = -\mathbb{E}_x \log \mathcal{D}(\mathcal{G}(x\|y)) - \mathbb{E}_z \log \mathcal{P}(c\|\mathcal{G}(z\|y))$	5.3.2

从 CGAN 开始，仅通过修改判别器和训练函数来实现 ACGAN。判别器和生成器的构建函数也会在 gan.py 中提供。为查看这些对判别器的修改，代码列表 5.3.1 展示了相关构建函数，这个构建函数用于执行图像分类的辅助解码器网络，并且相应的对偶输出加粗显示。

代码列表 5.3.1，gan.py 显示了如果预测一个图像为真，并表示为第一个输出，则判别器模型的构建函数和 DCGAN 是相同的。一个辅助解码器网络被添加用于执行图像分类并产生第二个输出。

```
def discriminator(inputs,
                  activation='sigmoid',
                  num_labels=None,
                  num_codes=None):
    """建立一个判别器模型

    Stack of LeakyReLU-Conv2D to discriminate real from fake
    The network does not converge with BN so it is not used here
    unlike in [1]

    # 参数
        inputs (Layer): 判别器的输入（图像）
        activation (string): 输出激活层的名称
        num_labels (int): Dimension 和 one-hot 向量的维度

        num_codes (int):如果采用 StackedGAN，则num_codes维的Q网络作为输出，采用InfoGAN，则使用2个Q网络作为输出


    # 返回
        Model: 判别器模型
    """
    kernel_size = 5
    layer_filters = [32, 64, 128, 256]

    x = inputs
    for filters in layer_filters:
        # 使用 strides = 2的前三个卷积层
        # 最后一层使用 strides = 1
        if filters == layer_filters[-1]:
            strides = 1
```

```python
        else:
            strides = 2
        x = LeakyReLU(alpha=0.2)(x)
        x = Conv2D(filters=filters,
                   kernel_size=kernel_size,
                   strides=strides,
                   padding='same')(x)

    x = Flatten()(x)
    # 默认的输出是图像为真的概率
    outputs = Dense(1)(x)
    if activation is not None:
        print(activation)
        outputs = Activation(activation)(outputs)

    if num_labels:
        # ACGAN和 InfoGAN有第二个输出
        # 第二个输出是 10维 one-hot向量的标签

        layer = Dense(layer_filters[-2])(x)
        labels = Dense(num_labels)(layer)
        labels = Activation('softmax', name='label')(labels)
        if num_codes is None:
            outputs = [outputs, labels]
        else:
            # InfoGAN 有第3和第4个输出
            # 第3个输出是对于给定x第一个c的1维连续Q值
            code1 = Dense(1)(layer)
            code1 = Activation('sigmoid', name='code1')(code1)

            # 第4个输出是对于给定x第二个c的1维连续Q值
            code2 = Dense(1)(layer)
            code2 = Activation('sigmoid', name='code2')(code2)

            outputs = [outputs, labels, code1, code2]

        # z0_recon 是z0标准分布的重构
        z0_recon =  Dense(num_codes)(x)
        z0_recon = Activation('tanh', name='z0')(z0_recon)
        outputs = [outputs, z0_recon]

    return Model(inputs, outputs, name='discriminator')
```

通过调用以下函数构建判别器：

```
discriminator = gan.discriminator(inputs, num_labels=num_labels)
```

生成器与ACGAN相同，回顾以下代码所展现的生成器构建函数。需要注意，代码列

表 5.3.1 和 5.3.2 使用了与上一节 WGAN 和 LSGAN 相同的构建函数。

代码列表 5.3.2，gan.py 显示了生成器模型的构造器与 CGAN 相同。

```python
def generator(inputs,
              image_size,
              activation='sigmoid',
              labels=None,
              codes=None):
    """构建一个生成器模型

    使用 BN-ReLU-Conv2DTranpose 栈生成伪图像
    输出激活使用 sigmoid 而不是参考文献[1]中的tanh
    Sigmoid 更易收敛

    # 参数
        inputs (Layer): 生成器的输入层（z向量）
        image_size (int): 单边目标的大小（假设为方形）

        activation (string): 输出激活层的名称
        labels (tensor): 输入标签
        codes (list): InfoGAN的2维区分编码

    # 返回
        Model: 生成器模型
    """
    image_resize = image_size // 4
    # 网络参数
    kernel_size = 5
    layer_filters = [128, 64, 32, 1]

    if labels is not None:
        if codes is None:
            # ACGAN 标签
            # 合并z噪声向量和 one-hot 标签
            inputs = [inputs, labels]
        else:
            # infoGAN 代码
            # 合并z噪声向量，one-hot标签与 codes1和codes2
            inputs = [inputs, labels] + codes
        x = concatenate(inputs, axis=1)
    elif codes is not None:
        # StackedGAN 0号生成器
        inputs = [inputs, codes]
        x = concatenate(inputs, axis=1)
    else:
        # 默认输入是100维噪声 (z-code)
        x = inputs
```

```python
    x = Dense(image_resize * image_resize * layer_filters[0])(x)
    x = Reshape((image_resize, image_resize, layer_filters[0]))(x)

    for filters in layer_filters:
        # 前两个卷积层使用 strides = 2
        # 后两个使用 strides = 1
        if filters > layer_filters[-2]:
            strides = 2
        else:
            strides = 1

        x = BatchNormalization()(x)
        x = Activation('relu')(x)
        x = Conv2DTranspose(filters=filters,
                            kernel_size=kernel_size,
                            strides=strides,
                            padding='same')(x)

    if activation is not None:
        x = Activation(activation)(x)

    # 生成器的输出是合成图像 x
    return Model(inputs, x, name='generator')
```

在 ACGAN 中，生成器被实例化为

```
generator = gan.generator(inputs, image_size, labels=labels)
```

图 5.3.2 显示了 Keras 的 ACGAN 网络模型。

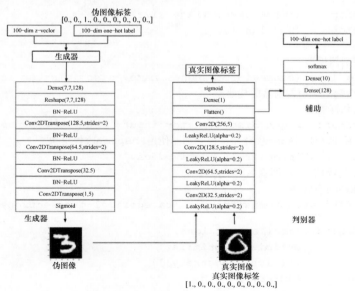

图 5.3.2 ACGAN 的 Keras 模型

如代码列表 5.3.3 所示，判别器和对抗模型被修改，以适应判别器网络的变化。当前有两个损失函数：第一个损失函数用于输入图像为真，以估计概率的方式使用原始的二元交叉熵去训练判别器；第二个用于预测类别标签的图像分类器，其输出是一个 10 维 one-hot 向量。

代码列表 5.3.3，acgan-mnist-5.3.1.py 加粗部分显示了实现判别器和对抗模型的变化，以适应判别器网络的图像分类器。两个损失函数对应于两个判别器的输出。

```
def build_and_train_models():
    # 载入 MNIST 数据集
    (x_train, y_train), (_, _) = mnist.load_data()

    # 为CNN调整数据形状为 (28, 28, 1)，并完成标准化
    image_size = x_train.shape[1]
    x_train = np.reshape(x_train, [-1, image_size, image_size, 1])
    x_train = x_train.astype('float32') / 255

    # 训练标签
    num_labels = len(np.unique(y_train))
    y_train = to_categorical(y_train)

    model_name = "acgan_mnist"
    # 网络参数
    latent_size = 100
    batch_size = 64
    train_steps = 40000
    lr = 2e-4
    decay = 6e-8
    input_shape = (image_size, image_size, 1)
    label_shape = (num_labels, )

    # 构建判别器模型
    inputs = Input(shape=input_shape, name='discriminator_input')
    # 使用2个输出调用判别器的构建器
    # 源输入和标签
    discriminator = gan.discriminator(inputs, num_labels=num_labels)
    # 参考文献[1]使用Adam优化器，但判别器使用RMSprop收敛更快
    optimizer = RMSprop(lr=lr, decay=decay)
    # 2 个损失函数: 1) 图像为真的概率
    # 2) 图像的列表标签
    loss = ['binary_crossentropy', 'categorical_crossentropy']

    discriminator.compile(loss=loss,
                          optimizer=optimizer,
                          metrics=['accuracy'])
    discriminator.summary()
```

```python
# 构建生成器模型
input_shape = (latent_size, )
inputs = Input(shape=input_shape, name='z_input')
labels = Input(shape=label_shape, name='labels')
# 调用生成器的构建器并传入输入标签
generator = gan.generator(inputs, image_size, labels=labels)
generator.summary()

# 构建对抗模型 = 生成器+判别器
optimizer = RMSprop(lr=lr*0.5, decay=decay*0.5)
# 对抗训练的过程中冻结判别器的权值

discriminator.trainable = False
adversarial = Model([inputs, labels],
          discriminator(generator([inputs, labels])),
          name=model_name)
# 相同的2个损失函数：  1) 图像为真的概率
# 2) 图像的类别标签
adversarial.compile(loss=loss,
          optimizer=optimizer,
          metrics=['accuracy'])
adversarial.summary()

# 训练判别器和对抗网络
models = (generator, discriminator, adversarial)
data = (x_train, y_train)
params = (batch_size, latent_size, train_steps, num_labels, model_name)
train(models, data, params)
```

在代码列表 5.3.4 中，加粗部分显示了训练过程中的变化。相对于 CGAN 编码的主要区别在于，判别器和对抗训练时必须提供输出标签。

代码列表 5.3.4，acgan-mnist-5.3.4.py 在训练函数实现过程中的变化被加粗显示。

```python
def train(models, data, params):
  """训练判别器和对抗网络

  分批次训练生成器和判别器网络

    首先使用真实、伪图像和其相应的one-hot标签训练判别器，
  然后，使用伪装成真的伪图像训练和其相应的one-hot标签训练网络，
  每一个save_interval生成样本图像

  # 参数
    models (list): 生成器，判别器，对抗模型
    data (list): x_train, y_train
    params (list): 网络参数
```

```python
"""
# GAN 模型
generator, discriminator, adversarial = models
# 图像和其相应one-hot标签
x_train, y_train = data
# 网络参数
batch_size, latent_size, train_steps, num_labels, model_name = params
# 生成器图像每500步保存一次
save_interval = 500
# 使用噪声向量用于在训练过程中观测
noise_input = np.random.uniform(-1.0,
                                1.0,
                                size=[16, latent_size])
# 列表标签为 0, 1, 2, 3, 4, 5, 6, 7, 8, 9, 0, 1, 2, 3, 4, 5
# 生成器需产生这些 MNIST 数字
noise_label = np.eye(num_labels)[np.arange(0, 16) % num_labels]
# 训练集中元素的数量
train_size = x_train.shape[0]
print(model_name,
      "Labels for generated images: ",
      np.argmax(noise_label, axis=1))

for i in range(train_steps):
    # 使用 1 个批次数据训练判别器
    # 1 个批次的真实 (label=1.0) 和伪图像 (label=0.0)
    # 从数据集中随机抽取真实图像和相应的标签
    rand_indexes = np.random.randint(0,
                                     train_size,
                                     size=batch_size)
    real_images = x_train[rand_indexes]
    real_labels = y_train[rand_indexes]
    # 使用生成器从噪声中生成伪图像
    # 使用均匀分布产生噪声
    noise = np.random.uniform(-1.0,
                              1.0,
                              size=[batch_size, latent_size])
    # 随机选取one-hot标签
    fake_labels = np.eye(num_labels)[np.random.choice(num_labels,
                                                      batch_size)]
    # 产生伪图像
    fake_images = generator.predict([noise, fake_labels])
    # 真实 + 伪图像 = 1 个批次的训练数据
    x = np.concatenate((real_images, fake_images))
    # real + fake labels = 1 batch of train data labels
    labels = np.concatenate((real_labels, fake_labels))
```

```python
# 标识真实和伪图像
# 真实图像的标签为 1.0
y = np.ones([2 * batch_size, 1])
# 伪图像的标签为 0.0
y[batch_size:, :] = 0
# 训练判别器网络,记录损失和正确率
# ['loss', 'activation_1_loss', 'label_loss',
# 'activation_1_acc', 'label_acc']
metrics = discriminator.train_on_batch(x, [y, labels])
fmt = "%d: [disc loss: %f, srcloss: %f, lblloss: %f, srcacc: %f, lblacc: %f]"
log = fmt % (i, metrics[0], metrics[1], metrics[2], metrics[3], metrics[4])

# 使用 1 个批次数据训练对抗网络
# 1 个批次的数据由label=1的伪图像和相应one-hot标签或类别组成
# 由于在对抗网络中判别器的权值被冻结,因此仅训练生成器
# 使用均匀分别产生噪声
noise = np.random.uniform(-1.0,
                          1.0,
                          size=[batch_size, latent_size])

# 随机选取 one-hot 标签
fake_labels = np.eye(num_labels)[np.random.choice(num_labels,
                                                   batch_size)]
# 标注伪图像为真
y = np.ones([batch_size, 1])
# 训练对抗网络
# 注意与对抗训练不同,不直接将伪图像存储为一个变量
# 伪图像移至对抗网络判别器的输入用于分类
# 记录损失和正确率
metrics = adversarial.train_on_batch([noise, fake_labels],
                                     [y, fake_labels])
fmt = "%s [advr loss: %f, srcloss: %f, lblloss: %f, srcacc: %f, lblacc: %f]"
log = fmt % (log, metrics[0], metrics[1], metrics[2], metrics[3], metrics[4])
print(log)
if (i + 1) % save_interval == 0:
    if (i + 1) == train_steps:
        show = True
    else:
        show = False

    # 周期性绘制所生成的图像
    gan.plot_images(generator,
                    noise_input=noise_input,
```

```
                    noise_label=noise_label,
                    show=show,
                    step=(i + 1),
                    model_name=model_name)

# 生成器训练完成后进行保存，
# 未来可通过重载训练好的生成器模型用于生成MNIST数字图像
generator.save(model_name + ".h5")
```

结果证明，相对于之前所讨论过的所有 GAN 模型，通过完成附加任务的 ACGAN 在性能上有了显著提升。ACGAN 的训练是稳定的，并如图 5.3.3 所示 ACGAN 的输出样本为如下的标签：

[0 1 2 3
 4 5 6 7
 8 9 0 1
 2 3 4 5]

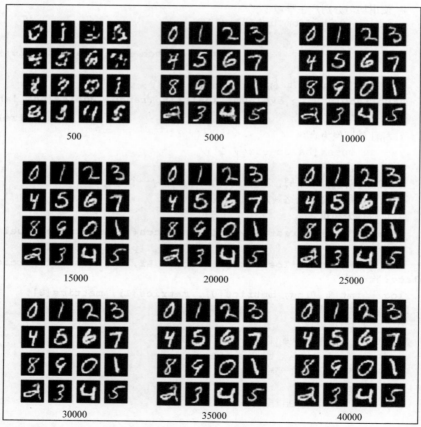

图 5.3.3 对于标签 [0 1 2 3 4 5 6 7 8 9 0 1 2 3 4 5]，ACGAN 伴随一个训练步骤所产生的样本输出

与 CGAN 不同，训练期间样本输出的外观变化不大。MNIST 数字图像的观测质量也

更好。图 5.3.4 采用边对边的形式比较了 CGAN 和 ACGAN 所产生每一个 MNIST 数字。ACGAN 所产生数字 2~6 优于 CGAN。

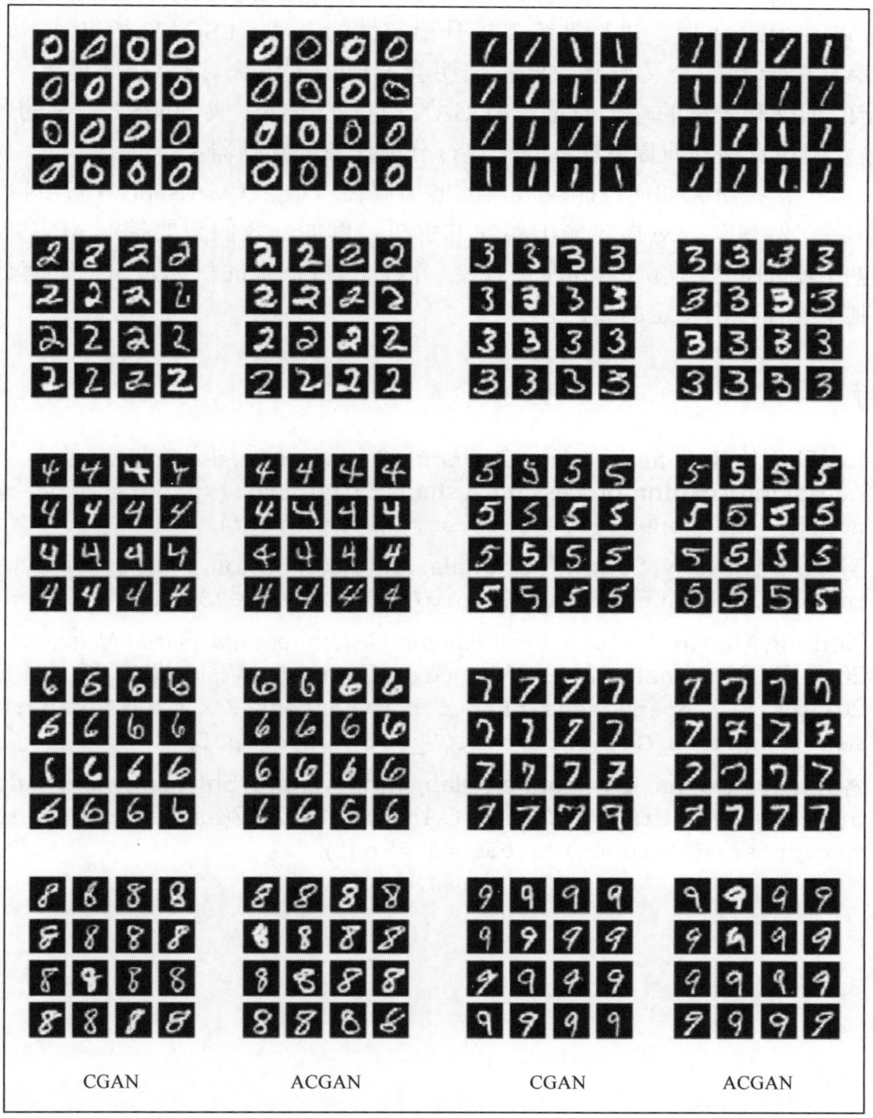

| CGAN | ACGAN | CGAN | ACGAN |

图 5.3.4 以数字 0~9 为条件，以边对边对形式对比 CGAN 和 ACGAN 的输出

建议运行训练好的生成器模型观察新合成的 MNIST 数字图像：

python3 acgan-mnist-5.3.1.py --generator=acgan_mnist.h5

或者也可以要求其产生特定数字（例如，3）：

python3 acgan-mnist-5.3.1.py --generator=acgan_mnist.h5 --digit=3

5.4 小结

本章展现了前一章所介绍的原始 GAN 算法上的一些改进方法。WGAN 提出了一种使用 EMD 或 Wasserstein 1 损失进行训练以提升稳定性的方法。LSGAN 指出，不同于最小二乘损失，GAN 中原始的交叉熵函数已被证明会造成梯度消失。LSGAN 提出了一种算法，可获得稳定的训练和较优的输出质量。ACGAN 改进了条件生成 MNIST 数字的质量，其通过在确定输入图像真伪的前提下加入一个执行分类任务的判别器。

在下一章中，将研究如何控制生成器的输出属性。虽然 CGAN 和 ACGAN 已能够产生所需要的数字，但却缺乏对指定输出属性的解析。例如，我们想要控制 MNIST 数字的书写风格，包括圆润程度、倾斜角和厚重程度。因此，接下来的目标是引入具有分离表示的 GAN 来控制生成器输出特定的属性。

参考文献

1. Ian Goodfellow and others. *Generative Adversarial Nets*. Advances in neural information processing systems, 2014(http://papers.nips.cc/paper/5423-generative-adversarial-nets.pdf).

2. Martin Arjovsky, Soumith Chintala, and Léon Bottou, *Wasserstein GAN*. arXiv preprint, 2017(https://arxiv.org/pdf/1701.07875.pdf).

3. Xudong Mao and others. *Least Squares Generative Adversarial Networks*. 2017 IEEE International Conference on Computer Vision (ICCV). IEEE 2017(http://openaccess.thecvf.com/content_ICCV_2017/papers/Mao_Least_Squares_Generative_ICCV_2017_paper.pdf).

4. Augustus Odena, Christopher Olah, and Jonathon Shlens. *Conditional Image Synthesis with Auxiliary Classifier GANs*. ICML, 2017(http://proceedings.mlr.press/v70/odena17a/odena17a.pdf).

第 6 章
分离表示 GAN

GAN 可通过学习数据分布产生有意义的输出。然而，GAN 却无法控制其所生成的输出属性。从前一章所述可知，一些 GAN 的变体算法例如条件 GAN（CGAN）和辅助分类器 GAN（ACGAN），可训练一个生成器并以合成特定输出为条件。例如，CGAN 和 ACGAN 都可以指定生成器产生特定的 MNIST 数字。通过输入 100 维的噪声码和相应的 one-hot 标签来实现。然而，除 one-hot 标签以外，却没有其他方法来控制输出的属性。

有关 CGAN 和 ACGAN 的介绍，请参阅第 4 章和第 5 章。

本章中所介绍的内容，涉及可修改生成器输出的 GAN 变体。在 MNIST 数据的应用范畴下，除所需要生成特定的数字之外，可能还需要控制其书写的风格。这就需要引入数字的斜度或字体宽度。换句话说，GAN 也能学习分离潜向量或表示，我们可以使用这些表示变换生成器的输出属性。一个分离编码或表示为一个张量，可以用于改变输出数据的特定特性或属性，但不影响其他属性。

在本章第一小节，将介绍 GAN 的一个扩展：通过信息最大化生成对抗网络的可解释表示学习 InfoGAN[1]。InfoGAN 通过一种最大化输入编码与输出观测之间互信息的非监督方式，学习分离表示。对于 MNIST 数据集，InfoGAN 可从数字中分离其书写风格。

后面的章节，介绍另一个 GAN 的扩展方法：栈生成对抗网络（Stacked Generative Adversarial Network，StackedGAN[2]）。StackedGAN 使用预先训练好的解码器或分类器，旨在辅助对潜向量的分离。StackedGAN 可被看作是多种模型的堆栈，这些模型由若干个编码器和 GAN 组成。每一个 GAN 都使用相应编码器的输入和输出数据，以对抗的形式进行训练。

综上，本章主要内容如下：
- 分离表示的概念。
- InfoGAN 和 StackedGAN 的原理。
- 使用 Keras 对 InfoGAN 和 StackedGAN 进行实现。

6.1 分离表示

原始的 GAN 可产生有意义的输出，然而其不足之处在于其输出无法控制。例如，如果我们训练一个 GAN 来学习名人面孔的分布,那么生成器可能产生一个看起来像名人的面孔。但是,却无法影响生成器合成我们想要的特定面部特征。例如,我们无法要求生成器生成一个女性名人面孔,拥有黑色头发、皮肤白皙、棕色眼睛并面带微笑。其根本原因在于我们使用 100 维噪声编码扰乱了生成器所有的显著属性。回想一下在 Keras 中,100 维的编码是对均匀噪声分布进行随机采样而生成。

```
# 从64×100维均匀噪声中产生64个伪图像
noise = np.random.uniform(-1.0, 1.0, size=[64, 100])
fake_images = generator.predict(noise)
```

如果能够更改原始的 GAN,可将编码或表示从混乱和能分离的可解释潜向量中分离出来,就能告知生成器需要合成什么。

图 6.1.1 展示了 GAN 的混乱编码和其混乱与分离编码混合表示的变体。在假想名人面部生成的范畴下,使用分离编码可指定性别、发型、面部表情、肤色和眼睛颜色。然而,我们仍需要 n 维混乱编码用于表示其他我们不希望分离的面部属性,例如面部形状、面部毛发、眼镜。混乱和分离编码被合并作为生成器新的输入。最终合并编码的总维度并不限定设置为 100。

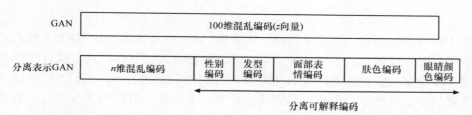

图 6.1.1 混乱编码的 GAN 和其同时具有混乱与分离编码的变体(该例子是在名人面部生成的范畴下)

从上图可知,分离表示的 GAN 似乎也可以使用与 vanilla GAN 相同的方式进行优化。因为其生成器的输出可表示为

$$\mathcal{G}(z,c) = \mathcal{G}(z) \quad (6.1.1)$$

编码 $z = (z,c)$ 由两种元素组成:

1)类似于 GAN 中的 z,或噪声向量不可压缩的混乱噪声编码。

2)用于表示数据分布的可解释分离编码,即潜向量 $c_1, c_2, \cdots, c_L$。所有潜向量的集合表示为 c。

简明起见,假设所有的潜向量都是独立的

$$p(c_1, c_2, \cdots, c_L) = \prod_{i=1}^{L} p(c_i) \quad (6.1.2)$$

用不可压缩的噪声编码和潜向量引入生成器函数 $x = \mathcal{G}(z,c) = \mathcal{G}(z)$。从生成器的角度来看,优化 $z = (z,c)$ 等同于优化 z。生成器网络遇到一个解时,会简单地忽略掉分离编码所引入的约束。生成器学习的分布为 $p_g(x|c) = p_g(x)$。该过程实际上不会与分离表示的目标相冲突。

6.2 InfoGAN

为了对编码进行分离，InfoGAN 对原始损失函数提出了一种正则化项，用于最大化潜向量 c 和 $\mathcal{G}(z,c)$ 之间的互信息。

$$I(c;\mathcal{G}(z,c)) = I(c;\mathcal{G}(z)) \tag{6.1.3}$$

正则化项迫使生成器构建合成伪图像功能时，也将潜向量考虑在内。在信息论领域，潜向量 c 和 $gI(\ )(z,c)$ 之间的互信息可表示如下：

$$I(c;\mathcal{G}(z,c)) = H(c) - H(c|\mathcal{G}(z,c)) \tag{6.1.4}$$

其中，在观测完生成器的输出 $\mathcal{G}(z,c)$ 后，$H(z)$ 成为潜向量的熵，$H(c|\mathcal{G}(z,c))$ 是 c 的条件熵。熵用来度量一个随机变量或一个事件的不确定性。举例而言，"太阳从东边升起"这条信息熵值较低，然而"买乐透彩票中头奖"具有较高的熵值。

在式（6.1.4）中，最大化互信息意味着最小化 $H(c|\mathcal{G}(z,c))$，或依照观察所生成的输出来降低潜向量内的不确定度。该方法原理上可行，举例来说，在 MNIST 数据集中，生成器如果在此之前观测过数字 8，那么在合成数字 8 时就会有较高的置信度。

然而，由于需要无法企及的后验知识 $P(c|\mathcal{G}(z,c))=P(c|x)$，因此很难估计出 $H(c|\mathcal{G}(z,c))$。对该问题的变通解法是使用一个辅助的分布 $Q(c|x)$，以估计后验的方式，估计出互信息的下界。InfoGAN 对互信息下界的估计如下所示：

$$I(c;\mathcal{G}(z,c)) \geqslant L_1(\mathcal{G},Q) = E_{c\sim P(c),x\sim g(z,c)}[\log Q(c|x)]+H(c) \tag{6.1.5}$$

在 InfoGAN 中，假设 $H(c)$ 为常数。因此，最大互信息即为最大化期望。生成器应确信其生成了特定属性的一个输出。应注意到该期望的最大值是零。因此，互信息的最大下界应是 $H(c)$。在 InfoGAN 中，离散潜向量 $Q(c|x)$ 的可表示为 softmax 非线性。在 Keras 中，期望是 categroical_crossentropy 损失取负。

对于单一维度的连续编码，期望是对 c 和 x 的二重积分。这是由于该期望是从混乱编码分布和生成器分布中共同采样的。期望估计的一种方法是，通过假设样本是对一个连续数据良好的估量而达成的。因此，损失可被估计为 $c \log Q(c|x)$。

为完成 InfoGAN 网络，需实现 $Q(c|x)$。简单起见，Q 网络作为一个辅助网络，附加在判别器的第二到最后一层上。因此，这种附加对训练原始的 GAN 影响最小。图 6.1.2 给出了用于展现 InfoGAN 网络的流程图。

表 6.1.1 显示了 InfoGAN 相对于原始 GAN 的损失函数。InfoGAN 的损失函数与原始 GAN 的不同之处在于附加项 $-\lambda I(c;\mathcal{G}(z,c))$，其中 λ 是一个为正的较小常数。最小化 InfoGAN 的损失函数转变为最小化原始 GAN 的损失函数和最大化互信息 $I(c;\mathcal{G}(z,c))$。

如果使用 MNIST 数据集，InfoGAN 可学习分离的离散和连续编码，用于修改生成器的输出属性。例如，与 CGAN 和 ACGAN 类似，可使用 10 维 one-hot 标签的离散形式编码，用于指定所要生成的数字。然而，也可增加两个连续编码：一个用于控制书写样式的角度，另外一个用于调整笔画的宽度。图 6.1.3 展示了在 InfoGAN 中，对 MNIST 数字设计的编码。我们将使用少量维度来保留混乱编码，以便用于表示其他属性。

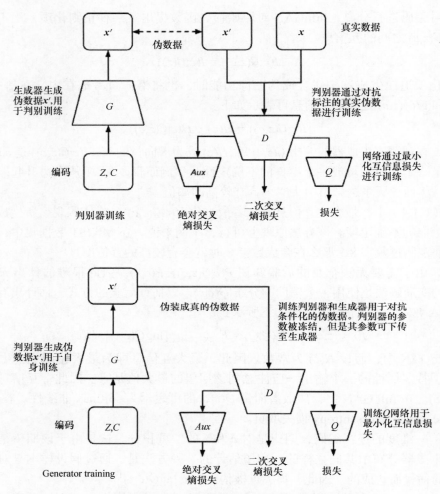

图 6.1.2 在 InfoGAN 中训练判别器和生成器的网络流程图

表 6.1.1 GAN 和 InfoGAN 的损失函数之间的比较

网络	损失函数	公式
GAN	$\mathcal{L}^{(D)} = -\mathbb{E}_{x \sim p_{data}} \log \mathcal{D}(x) - \mathbb{E}_z \log(1 - \mathcal{D}(\mathcal{G}(z)))$	4.1.1
	$\mathcal{L}^{(G)} = -\mathbb{E}_z \log \mathcal{D}(\mathcal{G}(z))$	4.1.5
InfoGAN	$\mathcal{L}^{(D)} = -\mathbb{E}_{x \sim p_{data}} \log \mathcal{D}(x) - \mathbb{E}_z \log(1 - \mathcal{D}(\mathcal{G}(z))) - \lambda I(c; \mathcal{G}(z, c))$	6.1.1
	$\mathcal{L}^{(G)} = -\mathbb{E}_{z,c} \log \mathcal{D}(\mathcal{G}(z, c)) - \lambda I(c; \mathcal{G}(z, c))$	6.1.2
	对于连续编码,InfoGAN 推荐值 $\lambda < 1$。在当前实例中,设置 $\lambda = 0.5$;对离散编码,InfoGAN 推荐 $\lambda = 1$	

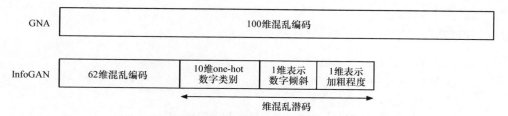

图 6.1.3　MNIST 数据集下 GAN 和 InfoGAN 的编码

6.3　在 Keras 中实现 InfoGAN

为了在 MNIST 数据集上实现 InfoGAN，需在 ACGAN 的基础代码上做一些修改。代码列表 6.1.1 加粗部分所示，生成器将混乱码（噪声编码）和分离码（one-hot 标签和连续编码）连接起来作为输入。对于生成器和判别器的构建函数也在 lib 文件夹下的 gan.py 中得以实现。

　　完整的代码可在 GitHub 上找到：https://github.com/PacktPublishing/Advanced-Deep-Learning-with-Keras。

代码列表 6.1.1，infogan-mnist-6.1.1.py 用于展示 InfoGAN 生成器如何将混乱和分离码连接起来作为输入。

```
def generator(inputs,
              image_size,
              activation='sigmoid',
              labels=None,
              codes=None):
    """构建一个生成器模型

    2DTranpose用于生成伪图像
    输出激励是Sigmoid而不是参考文献[1]中的tanh
    Sigmoid更容易收敛

    # 参数
        inputs (Layer): 生成器的输入层（z向量）
        image_size (int): 单边目标的大小（假设为方形图像）
        activation (string): 输出激励层的名称
        labels (tensor): 输入标签
        codes (list): InfoGANInfoGAN的2维分离码

    # 返回值
        Model: 生成器模型
    """
    image_resize = image_size // 4
    # 网络参数
```

```python
        kernel_size = 5
        layer_filters = [128, 64, 32, 1]

        if labels is not None:
            if codes is None:
                # ACGAN 编码
                # 合并z噪声向量 one-hot 标签,以及编码
                inputs = [inputs, labels]
            else:
    # infoGAN 编码
    # 合并z噪声向量 one-hot 标签,以及编码1和2
    inputs = [inputs, labels] + codes
            x = concatenate(inputs, axis=1)
        elif codes is not None:
            # StackedGAN的生成器0
            inputs = [inputs, codes]
            x = concatenate(inputs, axis=1)
        else:
            # 默认输入仅为100维噪声(z-code)
            x = inputs

        x = Dense(image_resize * image_resize * layer_filters[0])(x)
        x = Reshape((image_resize, image_resize, layer_filters[0]))(x)

        for filters in layer_filters:
            # 前两个卷积层使用 strides = 2
            # 最后两个卷积层使用 strides = 1
            if filters > layer_filters[-2]:
                strides = 2
            else:
                strides = 1
            x = BatchNormalization()(x)
            x = Activation('relu')(x)
            x = Conv2DTranspose(filters=filters,
                                kernel_size=kernel_size,
                                strides=strides,
                                padding='same')(x)

        if activation is not None:
            x = Activation(activation)(x)

        # 生成器的输入是所合成的图像 x
        return Model(inputs, x, name='generator')
```

上述代码列表展示了判别器和 Q 网络具有原始默认的 GAN 输出。三个辅助的输出对应于离散编码(one-hot 标签)的 softmax 预测,对于输入 MNIST 数字图像的连续编码概率

第 6 章 分离表示 GAN

已在代码中高亮显示。

代码列表 6.1.2，infogan-mnist-6.1.1.py 用于展示 InfoGAN 判别器和 Q 网络。

```python
def discriminator(inputs,
                  activation='sigmoid',
                  num_labels=None,
                  num_codes=None):
    """构建判别器模型

    LeakyReLU-Conv2D 栈用于从伪图像中区分真实图像
    由于网络使用BN不收敛，因此与参考文献[1]不同，这里不使用BN


    # 参数
        inputs (Layer): 判别器的输入层（图像）
        activation (string): 输出激励层的名称
        num_labels (int): ACGAND和InfoGAN中one-hot向量的维度

        num_codes (int): 如果是StackedGAN, num_codes维的Q网络作为输出
                         如果是InfoGAN，2个Q网络作为输出


    # 返回
        Model: 判别器模型
    """
    kernel_size = 5
    layer_filters = [32, 64, 128, 256]

    x = inputs
    for filters in layer_filters:
        # 前三个卷积层使用 strides = 2
        # 最后一个卷积层使用 strides = 1
        if filters == layer_filters[-1]:
            strides = 1
        else:
            strides = 2
        x = LeakyReLU(alpha=0.2)(x)
        x = Conv2D(filters=filters,
                   kernel_size=kernel_size,
                   strides=strides,
                   padding='same')(x)

    x = Flatten()(x)
    # 默认输出是图像为真的概率
    outputs = Dense(1)(x)
```

```python
        if activation is not None:
            print(activation)
            outputs = Activation(activation)(outputs)

        if num_labels:
            # ACGAN 和 InfoGAN 有第二个输出
            # 第二个输出为10维one-hot 向量的标签
            layer = Dense(layer_filters[-2])(x)
            labels = Dense(num_labels)(layer)
            labels = Activation('softmax', name='label')(labels)
            if num_codes is None:
                outputs = [outputs, labels]
            else:
                # InfoGAN 有第3和第4个输出
                # 第3个输出是对给定x第一个c 的1维连续Q值
                code1 = Dense(1)(layer)
                code1 = Activation('sigmoid', name='code1')(code1)

                # 第4个输出是对给定x第二个c的 1维连续Q值
                code2 = Dense(1)(layer)
                code2 = Activation('sigmoid', name='code2')(code2)

                outputs = [outputs, labels, code1, code2]
        elif num_codes is not None:
            # StackedGAN Q0 输出
            # z0_recon是对z0标准分布的重建
            z0_recon =  Dense(num_codes)(x)
            z0_recon = Activation('tanh', name='z0')(z0_recon)
            outputs = [outputs, z0_recon]

    return Model(inputs, outputs, name='discriminator')
```

图 6.1.4 展示了 Keras 中的 InfoGAN 模型。构建判别器和对抗模型也需做出一些改变。这些改变主要集中在所使用的损失函数上。原始的判别器损失函数 binary_crossentropy 和 categorical_crossentropy 用于离散编码，对每一个连续编码使用 mi_loss 函数并组成整体的损失函数。除 mi_loss 损失函数的权值被设定为 0.5，相应的连续编码中每一个损失函数权值均设定为 1.0。

代码列表 6.1.3 中加粗部分显示了所做的改变。然而，需注意的是，使用构建器函数时，判别器需要按照以下方式进行实例化：

```
# 使用4个输出调用判别器的构造器：源数据、标签和2个编码
discriminator = gan.discriminator(inputs, num_labels=num_labels, with_codes=True)
```

生成器通过如下方式创建：

```
# 使用输入、标签和编码作为总输入来调用生成器
# to generator
generator = gan.generator(inputs, image_size, labels=labels,
codes=[code1, code2])
```

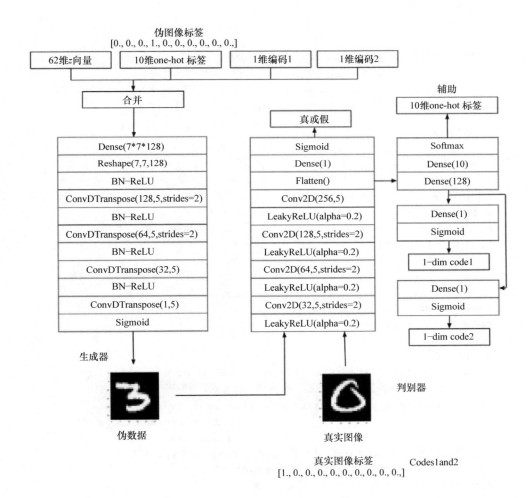

图 6.1.4　InfoGAN 的 Keras 模型

代码列表 6.1.3，infogan-mnist-6.1.1.py 用于展示构建 InfoGAN 判别器和对抗网络所使用的互信息损失函数。

```python
def mi_loss(c, q_of_c_given_x):
    """ 参考文献[2]，公式(5)中的互信息，假设H(c) 是常数
constant"""
    # mi_loss = -c * log(Q(c|x))
    return K.mean(-K.sum(K.log(q_of_c_given_x + K.epsilon()) * c,
axis=1))
def build_and_train_models(latent_size=100):
    # 加载MNIST数据集
    (x_train, y_train), (_, _) = mnist.load_data()

    # 为CNN将数据形状调整为(28,28,1)并完成标准化
    image_size = x_train.shape[1]
    x_train = np.reshape(x_train, [-1, image_size, image_size, 1])
    x_train = x_train.astype('float32') / 255

    # 训练标签
    num_labels = len(np.unique(y_train))
    y_train = to_categorical(y_train)

    model_name = "infogan_mnist"
    # 网络参数
    batch_size = 64
    train_steps = 40000
    lr = 2e-4
    decay = 6e-8
    input_shape = (image_size, image_size, 1)
    label_shape = (num_labels, )
    code_shape = (1, )

    # 构建判别器模型
    inputs = Input(shape=input_shape, name='discriminator_input')
    # 使用4个输出调用判别器的构造器：源数据、标签和2个编码
    discriminator = gan.discriminator(inputs,
                                     num_labels=num_labels,
                                     num_codes=2)
    # 文献[1] 使用 Adam优化器，但判别器使用 RMSprop更容易收敛
    optimizer = RMSprop(lr=lr, decay=decay)
    #损失函数：1) 图像为真的概率（二元交叉熵）
    # 2) 绝对交叉熵图像的标签
    # 3) 和 4) 为互信息损失
    loss = ['binary_crossentropy', 'categorical_crossentropy', mi_loss, mi_loss]
    # lamda 或 mi_loss的权值为 0.5
    loss_weights = [1.0, 1.0, 0.5, 0.5]
    discriminator.compile(loss=loss,
                          loss_weights=loss_weights,
                          optimizer=optimizer,
                          metrics=['accuracy'])
```

```
discriminator.summary()

# 构建生成器模型
input_shape = (latent_size, )
inputs = Input(shape=input_shape, name='z_input')
labels = Input(shape=label_shape, name='labels')
code1 = Input(shape=code_shape, name="code1")
code2 = Input(shape=code_shape, name="code2")
# 使用以下输入调用生成器
# 标签和编码作为生成器的总体输入
generator = gan.generator(inputs,
                          image_size,
                          labels=labels,
                          codes=[code1, code2])
generator.summary()

# 构建对抗模型=生成器+判别器
optimizer = RMSprop(lr=lr*0.5, decay=decay*0.5)
discriminator.trainable = False
# 输入=噪声编码，标签和编码
inputs = [inputs, labels, code1, code2]
adversarial = Model(inputs,
                    discriminator(generator(inputs)),
                    name=model_name)
# 与判别器的损失函数相同
adversarial.compile(loss=loss,
                    loss_weights=loss_weights,
                    optimizer=optimizer,
                    metrics=['accuracy'])
adversarial.summary()

# 训练判别器和对抗网络
models = (generator, discriminator, adversarial)
data = (x_train, y_train)
params = (batch_size, latent_size, train_steps, num_labels, model_name)
train(models, data, params)
```

就训练而言，除了需要提供连续编码以外，InfoGAN 与 ACGAN 相类似，可通过一个标准差为 0.5，均值为 0.0 的正态分布引出。对伪数据使用随机采样标签，对于真实数据采用数据集类别标签来表示离散潜向量。以下代码列表高亮显示了训练函数中所做出的改变。与前所述的 GAN 类似，判别器和生成器（通过对抗方式）交替训练。在对抗训练期间，判别器的权值被冻结。通过使用 gan.py 中的 plot_images( ) 函数，以 500 步为间隔保存生成器输出图像的样本。

代码列表 6.1.4，infogan-mnist-6.1.1.py 用于展示 InfoGAN 的训练函数与 ACGAN 的相似之处。它们的唯一区别在于所给定的连续编码是从一个正太分布采样得到的。

```python
def train(models, data, params):
    """训练判别器和对抗网络

    分批次使用数据分别训练生成器和对抗网络
    首先使用真实以及伪图像和相应的one-hot标签和连续编码来训练判别器
    随后使用伪装成真的伪数据，相应one-hot标签和连续编码来训练对抗网络
    每save_interval间隔生成样本图像
    """
    # GAN模型
    generator, discriminator, adversarial = models
    # 图像和其相应one-hot标签
    x_train, y_train = data
    # 网络参数
    batch_size, latent_size, train_steps, num_labels, model_name = params
    # 生成器图像每500步保存一次
    save_interval = 500
    # 使用噪声向量观察训练过程中生成器输出的演化过程
    # during training
    noise_input = np.random.uniform(-1.0, 1.0, size=[16, latent_size])
    # 随机类别标签和编码
    noise_label = np.eye(num_labels)[np.arange(0, 16) % num_labels]
    noise_code1 = np.random.normal(scale=0.5, size=[16, 1])
    noise_code2 = np.random.normal(scale=0.5, size=[16, 1])
    # 训练集中元素的数量
    train_size = x_train.shape[0]
    print(model_name,
          "Labels for generated images: ",
          np.argmax(noise_label, axis=1))

    for i in range(train_steps):
        # 使用1个批次的数据训练判别器
        # 1个批次的真实数据(label=1.0)和伪图像(label=0.0)
        # 从数据集中随机采样真实图像和其相应的标签
        rand_indexes = np.random.randint(0, train_size, size=batch_size)
        real_images = x_train[rand_indexes]
        real_labels = y_train[rand_indexes]
        # 对真实图像的随机编码
        real_code1 = np.random.normal(scale=0.5, size=[batch_size, 1])
        real_code2 = np.random.normal(scale=0.5, size=[batch_size, 1])
        # 生成伪图像，标签和编码
        noise = np.random.uniform(-1.0, 1.0, size=[batch_size, latent_size])
        fake_labels = np.eye(num_labels)[np.random.choice(num_labels,
                                                          batch_size)]
```

```python
fake_code1 = np.random.normal(scale=0.5, size=[batch_size, 1])
fake_code2 = np.random.normal(scale=0.5, size=[batch_size, 1])
inputs = [noise, fake_labels, fake_code1, fake_code2]
fake_images = generator.predict(inputs)

# 真实+伪图像=1个批次的训练数据
x = np.concatenate((real_images, fake_images))
labels = np.concatenate((real_labels, fake_labels))
codes1 = np.concatenate((real_code1, fake_code1))
codes2 = np.concatenate((real_code2, fake_code2))

# 标注真实和伪图像
# 真实图像的标签为1.0
y = np.ones([2 * batch_size, 1])
# 伪图像的标签为0.0
y[batch_size:, :] = 0

# 训练判别器网络，记录损失和标签的正确率
outputs = [y, labels, codes1, codes2]
# metrics = ['loss', 'activation_1_loss', 'label_loss',
# 'code1_loss', 'code2_loss', 'activation_1_acc',
# 'label_acc', 'code1_acc', 'code2_acc']
# 源自discriminator.metrics_names
metrics = discriminator.train_on_batch(x, outputs)
fmt = "%d: [discriminator loss: %f, label_acc: %f]"
log = fmt % (i, metrics[0], metrics[6])

# 使用一个批次的数据训练对抗网络
# 1个批次的标签为1.0的伪图像和相应one-hot标签或类别+随机编码
# 由于判别器的权值在对抗网络中被冻结，因此只有生成器被训练
# 生成伪图像，标签和编码
noise = np.random.uniform(-1.0, 1.0, size=[batch_size, latent_size])
fake_labels = np.eye(num_labels)[np.random.choice(num_labels,
                                                   batch_size)]
fake_code1 = np.random.normal(scale=0.5, size=[batch_size, 1])
fake_code2 = np.random.normal(scale=0.5, size=[batch_size, 1])
# 将伪图像标记为真
y = np.ones([batch_size, 1])

# 注意与判别器训练不同
# 这里不将伪图像保存为一个变量，而是直接移至对抗网络中判别器的输入用于分类
inputs = [noise, fake_labels, fake_code1, fake_code2]
outputs = [y, fake_labels, fake_code1, fake_code2]
metrics = adversarial.train_on_batch(inputs, outputs)
fmt = "%s [adversarial loss: %f, label_acc: %f]"
```

```
        log = fmt % (log, metrics[0], metrics[6])

    print(log)
    if (i + 1) % save_interval == 0:
        if (i + 1) == train_steps:
            show = True
        else:
            show = False
        # plot generator images on a periodic basis
        gan.plot_images(generator,
                        noise_input=noise_input,
                        noise_label=noise_label,
                        noise_codes=[noise_code1, noise_code2],
                        show=show,
                        step=(i + 1),
                        model_name=model_name)

# 生成器训练完成后进行保存，未来可通过重载训练好的生成器模型用于生成MNIST数字图像
generator.save(model_name + ".h5")
```

6.4　InfoGAN 生成器的输出

与之前所展示的 GAN 类似，训练好的 InfoGAN 迭代了 40000 步。训练完成后，可使用保存为 infogan_mnist.h5 的模型运行 InfoGAN 的生成器，以生成新的输出。通过以下操作可进行验证：

1）通过将离散标签从 0 改到 9 生成数字 0~9。两个连续编码都设置为 0。相应结果如图 6.1.5 所示。由图中可知，InfoGAN 离散编码可控制生成器所输出的数字。

```
python3 infogan-mnist-6.1.1.py --generator=infogan_mnist.h5
--digit=0 --code1=0 --code2=0
```

到

```
python3 infogan-mnist-6.1.1.py --generator=infogan_mnist.h5
--digit=9 --code1=0 --code2=0
```

2）检验第一个连续编码的效果，以了解哪个属性受到影响。对于数字 0~9，将第一个连续编码的值从 -2.0 更改至 2.0。第二个连续编码值设定为 0.0。图 6.1.6 展示了第一个连续编码值控制数字的加粗程度。

```
python3 infogan-mnist-6.1.1.py --generator=infogan_mnist.h5
--digit=0 --code1=0 --code2=0 --p1
```

3）与上一步类似，但关注第二个连续编码值。图 6.1.7 展现了第二个连续编码值可控制书写风格的旋转角度（倾斜）。

```
python3 infogan-mnist-6.1.1.py --generator=infogan_mnist.h5
--digit=0 --code1=0 --code2=0 --p2
```

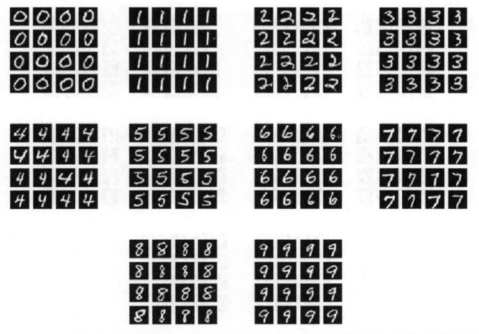

图 6.1.5　通过 InfoGAN 所生成的图像，其离散编码从 0~9 进行变化。两者的连续编码都被设置为 0

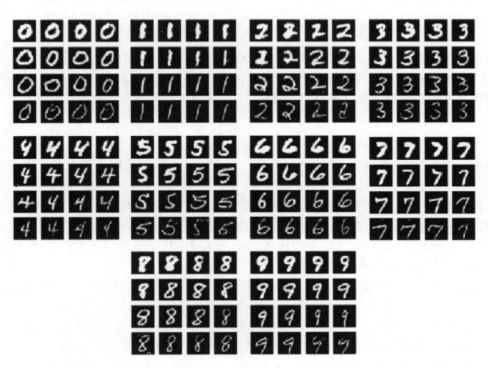

图 6.1.6　InfoGAN 所生成的图像，对于数字 0~9，其第一个连续编码从 -2.0 变化到 2.0。第二个连续编码被设置为 0。第一个连续编码控制数字的加粗程度

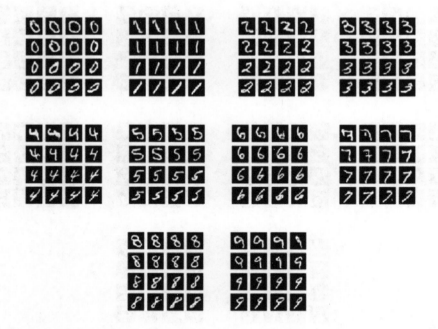

图 6.1.7 InfoGAN 所生成的图像，对于数字 0~9，其第二个连续编码从 -2.0 变化到 2.0。第一个连续编码被设置为 0。第二个连续编码控制书写风格的旋转角度（倾斜）

从这些验证结果可知，除生成具有 MNIST 外观的数字外，InfoGAN 扩展了条件 GAN（例如 CGAN 和 ACGAN）的功能。其网络可自动学习两个任意设置的编码，用于控制生成器的特定属性。如果增加连续编码的个数超过 2，观测可控制的未知附加属性将会很有趣。

6.5 StackedGAN

StackedGAN 与 InfoGAN 有相同的内涵，旨在提出一种方法用于分离条件生成器输出的潜在表示。然而，StackedGAN 针对该问题采用了不同的方法。StackedGAN 并不学习如何以噪声为条件生成所需的输出，而是将 GAN 分解为一系列的 GAN，每个 GAN 都使用其自身的潜向量，使用常见的判别器 - 对抗形式独立地进行训练。

图 6.2.1 展示了 StackedGAN 在假想名人面部生成应用下是如何工作的。假设 Encoder 网络经过训练名人的面孔来进行分类。

Encoder 网络由包含很多简易解码器的栈组成，一个简单的解码器表示为 $Encoder_i$，其中 $i=0,\cdots,n-1$ 对应于 n 个特征。每个解码器提取特定的面部特征。例如，$Encoder_0$ 可能是对应于发型特征 $Encoder_1$ 的解码。所有解码器为整个 Encoder 做出正确的预测做出贡献。

StackedGAN 背后的原理是，如果希望建立一个 GAN 可生成伪名人的面孔，仅需要反转 Encoder 即可。StackedGAN 是由 GAN 堆叠而成，表示为 GAN_i，其中 $i=0,\cdots,n-1$ 对应于 n 个特征。每一个 GAN_i 学习反转其相应解码器的处理过程。例如，GAN_0 通过伪发型特征建立伪名人面孔，这是 Encoder$_0$ 过程的反转。

每一个 GAN$_i$ 都以潜向量 z_i 为条件规范生成器的输出。例如，潜向量可将发型从卷曲变为波浪形。GAN 的栈也可作为一个整体来合成伪名人面孔，通过将整个整体进行反转来完成。每一个 GAN$_i$ 的潜向量 z_i 都可用于修改伪名人面孔的特定属性。

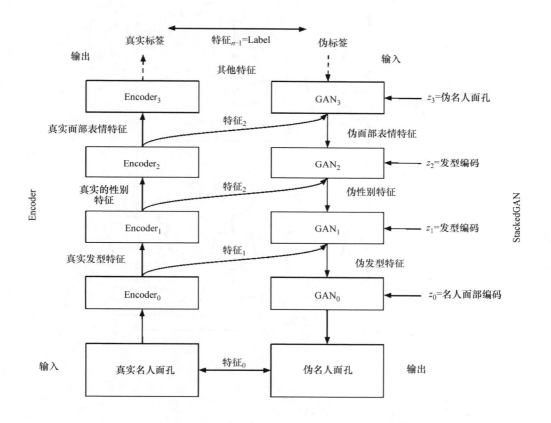

图 6.2.1　StackedGAN 在名人面孔生成应用中的基本思想。假设存在一个假想的深度编码器网络可对名人的面孔进行分类，StackedGAN 就是将该编码器进行简单反转

6.6　在 Keras 中实现 StackedGAN

StackedGAN 网络模型的细节如图 6.2.2 所示。简单起见，每个栈仅显示两个 encoder-GAN。该图初看很复杂，但是整体仅是对单个 encoder-GAN 进行重复。这意味着如果能掌握如何训练单一的 encoder-GAN，其余则可重用相同的过程。下一节中，假设当前 StackedGAN 是为 MNIST 数字生成而设计。

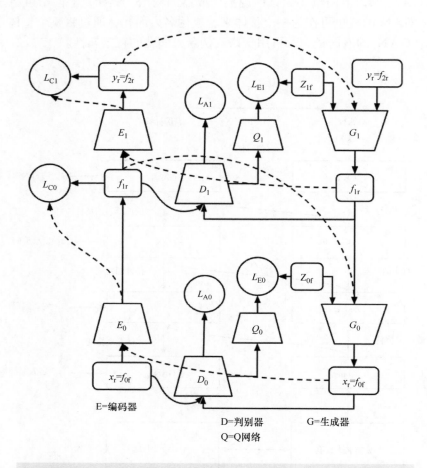

图 6.2.2　StackedGAN 是由编码器和 GAN 堆栈而成。编码器预先进行训练用于分类。
　　　　Encoder$_1$，G_1 以伪标签 y_f 和潜向量 z_{1f} 为条件，合成特征 f_{1f}。
　　　　Encoder$_0$，G_0 同时使用伪特征 f_{1f} 和潜向量 z_{0f} 来生成伪图像

StackedGAN 开始于 Encoder。其可以是一个训练好的分类器,用于预测正确的标签。可有一个中间特征向量 f_{1f} 用于 GAN 的训练。对于 MNIST,可使用类似本书第 1 章中所介绍的基于 CNN 的分类器。图 6.2.3 展示了 Encoder 和其在 Keras 中所实现的网络模型。

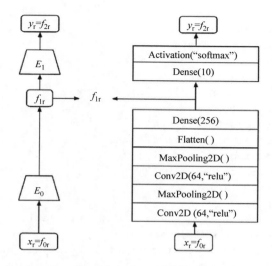

图 6.2.3　StackedGAN 的编码器是一个简单的基于 CNN 的分类器

代码列表 6.2.1 给出了图 6.2.3 中分类器的 Keras 代码实现。它与本书第 1 章中基于 CNN 的分类器类似，除了使用一个 Dense 层用于提取 256 维的特征。它包含两个输出模型，$Encoder_0$ 和 $Encoder_1$。两者将都被用于训练 StackedGAN。

编码器 $Encoder_0$ 的输出 f_{1f} 是一个 256 维的特征向量，供 $Encoder_1$ 进行学习合成的方法。对于 $Encoder_0$ 可有一个辅助输出 E_0。Encoder 整体被训练用于分类 MNIST 数字 x_r。正确的标签 y_r 由 $Encoder_1$ 和 E_1 进行预测。该过程中，中间特征集合 f_{1f} 被学习，使得 $Encoder_0$ 的训练可行。下标 r 在 GAN 针对解码器训练时，用于强调和从伪数据中分离出真值。

代码列表 6.2.1，stackedgan-mnist-6.2.1.py 显示了在 Keras 中的编码器实现。

```
def build_encoder(inputs, num_labels=10, feature1_dim=256):
    """ 构建分类器（编码器）模型子网络

    两个子网络
    1）Encoder0：图像到feature1（中间潜特征）
    2）Encoder1：feature1 到标签
    # 参数
        inputs (Layers): x - 图像, feature1 - feature1层输出
        num_labels (int): 类标签的数量
        feature1_dim (int): feature1的维度

    # 返回
        enc0, enc1 (Models): 描述如下
    """
    kernel_size = 3
    filters = 64
```

```
x, feature1 = inputs
# Encoder0 或 enc0
y = Conv2D(filters=filters,
           kernel_size=kernel_size,
           padding='same',
           activation='relu')(x)
y = MaxPooling2D()(y)
y = Conv2D(filters=filters,
           kernel_size=kernel_size,
           padding='same',
           activation='relu')(y)
y = MaxPooling2D()(y)
y = Flatten()(y)
feature1_output = Dense(feature1_dim, activation='relu')(y)
# Encoder0 或 enc0: 图像到 feature1
enc0 = Model(inputs=x, outputs=feature1_output, name="encoder0")

# Encoder1 或 enc1
y = Dense(num_labels)(feature1)
labels = Activation('softmax')(y)
# Encoder1 或 enc1: feature1 到类别标签
enc1 = Model(inputs=feature1, outputs=labels, name="encoder1")

# 返回 enc0 和 enc1
return enc0, enc1
```

对于给定 Encoder 输入（x_r）、中间特征（f_{1r}）和标签（y_r），每一个 GAN 都使用常见的判别器以对抗方式进行训练。损失函数由表 6.2.1 中的式（6.2.1）~式（6.2.5）给出。式（6.2.1）~式（6.2.2）是通用 GAN 常用的损失函数。StackedGAN 有两个额外的损失函数，即 Conditional 和 Entropy。

表 6.2.1 GAN 和 StackedGAN 的损失函数之间的比较。$\sim p_{\text{data}}$ 表示从相应的编码器数据（输入，特征或输出）中采样

网络	损失函数	公式
GAN	$\mathcal{L}^{(D)} = -\mathbb{E}_{x \sim p_{\text{data}}} \log \mathcal{D}(x) - \mathbb{E}_z \log(1 - \mathcal{D}(\mathcal{G}(z)))$	4.1.1
	$\mathcal{L}^{(D)} = -\mathbb{E}_z \log \mathcal{D}(\mathcal{G}(z))$	4.1.5
Stacked GAN	$\mathcal{L}_i^{(D)} = -\mathbb{E}_{f_i \sim p_{\text{data}}} \log \mathcal{D}(f_i) - \mathbb{E}_{f_{i+1} \sim p_{\text{data}}} \log(1 - \mathcal{D}\mathcal{G}((f_{i+1}, z_i)))$	6.2.1
	$\mathcal{L}_i^{(D)}{}_{\text{adv}} = -\mathbb{E}_{f_i \sim p_{\text{data}}, z_i} \log \mathcal{D}(\mathcal{G}(f_{i+1}, z_i))$	6.2.2
	$\mathcal{L}_i^{(D)}{}_{\text{cond}} = \| \mathbb{E}_{f_{i+1} \sim p_{\text{data}}, z_i}(\mathcal{G}(f_{i+1}, z_i)), f_{i+1} \|_2$	6.2.3
	$\mathcal{L}_i^{(D)}{}_{\text{ent}} = \| \mathbb{E}_{f_{i+1}, z_i}(\mathcal{G}(f_{i+1}, z_i)), z_i \|_2$	6.2.4
	$\mathcal{L}_i^{(D)} = \lambda_1 \mathcal{L}_i^{(D)}{}_{\text{adv}} + \lambda_2 \mathcal{L}_i^{(D)}{}_{\text{cond}} + \lambda_3 \mathcal{L}_i^{(D)}{}_{\text{ent}}$ 其中 λ_1、λ_2 和 λ_3 为权值，并且 i=Encoder 和 GAN id	6.2.5

式（6.2.3）中的条件损失函数 $\mathcal{L}_i^{(G)\text{cond}}$，确保了从噪声编码 z_i 合成输出 f_i 时，不会忽略输入 f_{i+1}。编码器 Encoder_i 必须能够通过反转生成器 Generator_i 的过程来恢复生成器的输入。判别器输入和使用编码器恢复的输入之间的差别，是通过利用 L_2 或欧几里得距离的均方误差（Mean Squared Error, MSE）来衡量的。图 6.2.4 展现了涉及计算 $\mathcal{L}_i^{(G)\text{cond}}$ 的网络元素。

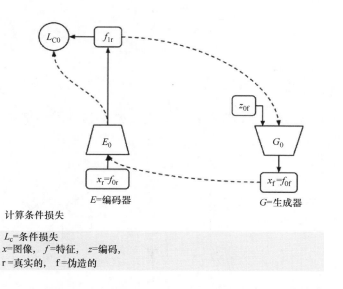

图 6.2.4 图 6.2.3 的一个简化展示，仅显示了涉及计算 $\mathcal{L}_i^{(G)\text{cond}}$ 的网络元素

然而，条件损失函数引入了一个新的问题。生成器忽略了输入噪声编码，并简单的依赖于 f_{i+1}。式（6.2.4）中的熵损失函数 $\mathcal{L}_0^{(G)\text{cond}}$，确保生成器不会忽略噪声编码 z_i。Q 网络从生成器的输出恢复了噪声编码。Q 恢复的噪声和输入噪声之间的差别也是由 L_2 或 MSE 衡量。图 6.2.5 展示了涉及计算 $\mathcal{L}_0^{(G)\text{ent}}$ 的网络元素。

最后一个损失函数类似于通常的 GAN 损失 $\mathcal{L}_i^{(D)}$。它由判别器损失和生成器（通过对抗）损失 $\mathcal{L}_i^{(D)\text{adv}}$ 组成。图 6.2.6 显示了涉及 GAN 损失的因素。

在式（6.2.5）中，三个生成器损失函数的加权和构成了最终生成器的损失函数。随后展示了相关的 Keras 代码，除了熵损失被设定为 10.0 之外，其他所有的权值都被设定为 1。从式（6.2.1）~式（6.2.5），指代编码器和 GAN 的组别 id 或级别。在原始论文中，网络首先被独立训练，然后再连续训练，训练时真实数据和伪数据都被采用。

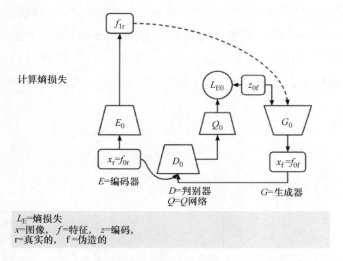

图 6.2.5　图 6.2.3 的简化展示，仅显示了涉及计算 $\mathcal{L}_0^{(G)\mathrm{ent}}$ 的网络元素

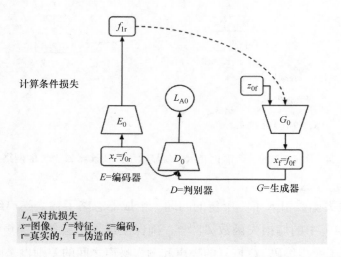

图 6.2.6　图 6.2.3 的简化展示，仅显示 $\mathcal{L}_i^{(D)}$ 和 $\mathcal{L}_i^{(D)\mathrm{adv}}$ 计算过程中涉及的网络元素

在 Keras 中实现 StackedGAN 生成器和判别器，需要进行少量的修改以提供一些辅助点，用于访问中间特征。图 6.2.7 展示了生成器的 Keras 模型。代码列表 6.2.2 展示了两个生成器（gen0 和 gen1）的构建函数，对应于 Generator$_0$ 和 Generator$_1$。gen1 生成器由三个以标签和噪声编码 z_{1f} 作为输入的 Dense 层组成。第三层生成伪特征 f_{1f}。gen0 生成器与其他 GAN 已经提及的生成器类似，可使用 gan.py 中生成器的构建器来实例化：

```
# gen0: feature1 + z0 to feature0 (image)
gen0 = gan.generator(feature1, image_size, codes=z0)
```

gen0 的输入是 f_1 特征和噪声编码 z_0。输出是所生成的伪图像 x_f：

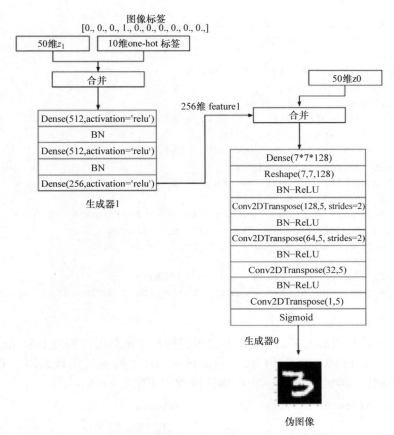

图 6.2.7　Keras 中的 StackedGAN 生成器模型

代码列表 6.2.2，stackedgan-mnist-6.2.1.py 用于展示 Keras 中的生成器实现。

```
def build_generator(latent_codes, image_size, feature1_dim=256):
    """构建生成器模型子网络

    两个子网络： 1) 类别和噪声到feature1（中间特征）
    2) feature1 到图像

    # 参数
        latent_codes (Layers):离散编码（标签），噪声和feature1特征
        image_size (int): 单边目标大小（假设图像为方形）
        feature1_dim (int): feature1 的维度

    # 返回
        gen0, gen1 (Models): 描述如下
    """

    # Latent codes and network parameters
```

```
        labels, z0, z1, feature1 = latent_codes
        # image_resize = image_size // 4
        # kernel_size = 5
        # layer_filters = [128, 64, 32, 1]

        # gen1 输入
        inputs = [labels, z1]      # 10 + 50 = 62-dim
        x = concatenate(inputs, axis=1)
        x = Dense(512, activation='relu')(x)
        x = BatchNormalization()(x)
        x = Dense(512, activation='relu')(x)
        x = BatchNormalization()(x)
        fake_feature1 = Dense(feature1_dim, activation='relu')(x)
        # gen1: 类别和噪声 (feature2 + z1) 到 feature1
        gen1 = Model(inputs, fake_feature1, name='gen1')

        # gen0: feature1 + z0 到 feature0 (图像)
        gen0 = gan.generator(feature1, image_size, codes=z0)

        return gen0, gen1
```

图 6.2.8 展示了判别器的 Keras 模型。这里提供相关函数用于构建 Discriminator$_0$ 和 Discriminator$_1$（dis0 和 dis1）。除了其特征向量的输入和用于恢复 z_0 的辅助网络 Q_0 外，dis0 判别器与 GAN 的判别器类似。gan.py 中的构建函数用于建立 dis0，即

```
        dis0 = gan.discriminator(inputs, num_codes=z_dim)
```

图 6.2.8　Keras 中的 StackedGAN 判别器模型

如代码列表 6.2.3 所示，dis1 判别器由一个三层 MLP 组成。最后一层判别器位于真实和伪 f_1 之间。Q_1 网络共享前两层的 dis1。其第三层恢复 z_1。

代码列表 6.2.3，stackedgan-mnist-6.2.1.py 用于展示 Keras 中的实现。

```
def build_discriminator(inputs, z_dim=50):
    """构建判别器1模型

    分类feature1(特征)为真实或伪图像，并且恢复输入噪声或潜向量（通过最小化熵损失
    the input noise or latent code (by minimizing entropy loss)

    # 参数
        inputs (Layer): feature1
        z_dim (int): 噪声维度

    # 返回
        dis1 (Model): feature1的真伪和恢复的潜向量
    """

    # 输入为256-dim feature1
    x = Dense(256, activation='relu')(inputs)
    x = Dense(256, activation='relu')(x)

    # 第一个输出是feature1为真的概率
    f1_source = Dense(1)(x)
    f1_source = Activation('sigmoid', name='feature1_source')(f1_source)

    # z1重构(Q1网络)
    z1_recon = Dense(z_dim)(x)
    z1_recon = Activation('tanh', name='z1')(z1_recon)

    discriminator_outputs = [f1_source, z1_recon]
    dis1 = Model(inputs, discriminator_outputs, name='dis1')
    return dis1
```

拥有了所有构建器函数，StackedGAN 的集成在代码列表 6.2.4 中展示。在训练 StackedGAN 之前，需预训练编码器。需要注意的是，目前已经在对抗模型训练中引入了三个生成器损失函数（对抗的、条件的和熵）。Q 网络与判别器共享一些常用层。因此，Q 网络的损失函数也被引入到了判别器的模型训练中。

代码列表 6.2.4，stackedgan-minst-6.2.1.py 用于展示在 Keras 中建立 StackedGAN。

```
def build_and_train_models():
    # 加载 MNIST数据集
    (x_train, y_train), (x_test, y_test) = mnist.load_data()

    # 调整图像形状并完成标准化
    image_size = x_train.shape[1]
```

```python
x_train = np.reshape(x_train, [-1, image_size, image_size, 1])
x_train = x_train.astype('float32') / 255

x_test = np.reshape(x_test, [-1, image_size, image_size, 1])
x_test = x_test.astype('float32') / 255

# 标签数量
num_labels = len(np.unique(y_train))
# 转换至 one-hot 向量
y_train = to_categorical(y_train)
y_test = to_categorical(y_test)

model_name = "stackedgan_mnist"
# 网络参数
batch_size = 64
train_steps = 40000
lr = 2e-4
decay = 6e-8
input_shape = (image_size, image_size, 1)
label_shape = (num_labels, )
z_dim = 50
z_shape = (z_dim, )
feature1_dim = 256
feature1_shape = (feature1_dim, )

# 构建判别器0和Q网络0的模型
inputs = Input(shape=input_shape, name='discriminator0_input')
dis0 = gan.discriminator(inputs, num_codes=z_dim)
# 参考文献[1]使用Adam优化器，但是判别器使用RMSprop优化器更易收敛
optimizer = RMSprop(lr=lr, decay=decay)
# 损失函数：1) 图像为真的概率(adversarial0 损失)
# 2) MSE z0 重构损失 （Q0网络损失或 entropy0 损失)
loss = ['binary_crossentropy', 'mse']
loss_weights = [1.0, 10.0]
dis0.compile(loss=loss,
             loss_weights=loss_weights,
             optimizer=optimizer,
             metrics=['accuracy'])
dis0.summary() # image discriminator, z0 estimator

# 构建判别器1和Q网络1的模型
input_shape = (feature1_dim, )
inputs = Input(shape=input_shape, name='discriminator1_input')
dis1 = build_discriminator(inputs, z_dim=z_dim )
# 损失函数1)为真的概率 (adversarial1损失)
# 2) MSE z1重构损失(Q1 网络或 entropy1 损失)
```

```python
loss = ['binary_crossentropy', 'mse']
loss_weights = [1.0, 1.0]
dis1.compile(loss=loss,
             loss_weights=loss_weights,
             optimizer=optimizer,
             metrics=['accuracy'])
dis1.summary() # feature1 判别器, z1 估计

# 构建生成器模型
feature1 = Input(shape=feature1_shape, name='feature1_input')
labels = Input(shape=label_shape, name='labels')
z1 = Input(shape=z_shape, name="z1_input")
z0 = Input(shape=z_shape, name="z0_input")

latent_codes = (labels, z0, z1, feature1)
gen0, gen1 = build_generator(latent_codes, image_size)
gen0.summary() # image generator
gen1.summary() # feature1 generator

# 构建编码器模型
input_shape = (image_size, image_size, 1)
inputs = Input(shape=input_shape, name='encoder_input')
enc0, enc1 = build_encoder((inputs, feature1), num_labels)
enc0.summary() # 图像到feature1 的编码器
enc1.summary() # feature1到标签的编码器(分类器)
encoder = Model(inputs, enc1(enc0(inputs)))
encoder.summary() # 图像到标签的编码器(分类器)

data = (x_train, y_train), (x_test, y_test)
train_encoder(encoder, data, model_name=model_name)


# 构建adversarial0 模型 = generator0 + discriminator0 + encoder0
optimizer = RMSprop(lr=lr*0.5, decay=decay*0.5)
# encoder0 权值被冻结
enc0.trainable = False
# discriminator1 权值被冻结
dis0.trainable = False
gen0_inputs = [feature1, z0]
gen0_outputs = gen0(gen0_inputs)
adv0_outputs = dis0(gen0_outputs) + [enc0(gen0_outputs)]
# feature1 + z0 到 feature1 概率为
# 真实 + z0 重构 + feature0或图像的重构
adv0 = Model(gen0_inputs, adv0_outputs, name="adv0")
# 损失函数: 1) feature1 为真的概率 (adversarial0 损失)
# 2) Q 网络 0 损失 (entropy0 损失)
# 3) conditional0 损失
```

```python
loss = ['binary_crossentropy', 'mse', 'mse']
loss_weights = [1.0, 10.0, 1.0]
adv0.compile(loss=loss,
             loss_weights=loss_weights,
             optimizer=optimizer,
             metrics=['accuracy'])
adv0.summary()

# 构建 adversarial1 模型= generator1 + discriminator1 + encoder1
# encoder1 权值被冻结
enc1.trainable = False
# 权值被冻结
dis1.trainable = False
gen1_inputs = [labels, z1]
gen1_outputs = gen1(gen1_inputs)
adv1_outputs = dis1(gen1_outputs) + [enc1(gen1_outputs)]
# 标签 z1+ 到标签为真的概率 z1+ 的重构 + feature1 重构
adv1 = Model(gen1_inputs, adv1_outputs, name="adv1")
# 损失函数: 1) 标签为真的概率 (adversarial1 损失)
# 2) Q 网络1 损失 (entropy1 损失)
# 3) conditional1 损失 (分类器误差)
loss_weights = [1.0, 1.0, 1.0]
loss = ['binary_crossentropy', 'mse', 'categorical_crossentropy']
adv1.compile(loss=loss,
             loss_weights=loss_weights,
             optimizer=optimizer,
             metrics=['accuracy'])
adv1.summary()

# 训练判别器和对抗网络
models = (enc0, enc1, gen0, gen1, dis0, dis1, adv0, adv1)
params = (batch_size, train_steps, num_labels, z_dim, model_name)
train(models, data, params)
```

最终，除了一次仅训练一个 GAN（GAN_1 然后 GAN_0）外，训练函数可兼容一些典型 GAN 训练中的相同部分。代码列表 6.2.5 展示了相关代码。但需要注意以下的训练顺序：

1）通过最小化判别器和熵的损失来训练 $Discriminator_1$ 和网络 Q_1。
2）通过最小化判别器和熵的损失来训练 $Discriminator_0$ 和网络 Q_0。
3）通过最小化对抗、熵和条件损失来训练网络 $Adversarial_1$。
4）通过最小化对抗、熵和条件损失来训练网络 $Adversarial_0$。

代码列表 6.2.5，stackedgan-mnist-6.2.1.py 用于展示在 Keras 中训练 StackedGAN。

```python
def train(models, data, params):
    """训练判别器和对抗网络
```

判别器和对抗网络的训练分批次进行
判别器首先使用伪图像与其相应的one-hot标签和潜向量进行训练
其次，对抗网络使用伪装成真的图像与其相应的one-hot标签和潜向量进行训练
每隔save_interval生成样本图像
```
# 参数
    models (Models): 编码器，生成器，判别器，对抗网络
    data (tuple): x_train, y_train 数据
    params (tuple): 网络参数

"""
# StackedGAN 和编码器模型
enc0, enc1, gen0, gen1, dis0, dis1, adv0, adv1 = models
# 网络参数
batch_size, train_steps, num_labels, z_dim, model_name = params
# 训练数据集
(x_train, y_train), (_, _) = data
# 生成器的图像每500步保存一次
save_interval = 

# 用于生成器测试的标签和噪声编码
z0 = np.random.normal(scale=0.5, size=[16, z_dim])
z1 = np.random.normal(scale=0.5, size=[16, z_dim])
noise_class = np.eye(num_labels)[np.arange(0, 16) % num_labels]
noise_params = [noise_class, z0, z1]
# 训练数据集中元素的个数
train_size = x_train.shape[0]
print(model_name,
      "Labels for generated images: ",
      np.argmax(noise_class, axis=1))

for i in range(train_steps):
    # 使用1个批次数据训练 discriminator1
    # 1 个批次真实 (label=1.0) 和伪 feature1 (label=0.0)
    # 从数据集中随机抽取真实图像
    rand_indexes = np.random.randint(0, train_size,
size=batch_size)
    real_images = x_train[rand_indexes]
    # 从encoder0 输出的真实 feature1
    real_feature1 = enc0.predict(real_images)
    # generate random 50-dim z1 latent code随机生成50维z1潜向量
    real_z1 = np.random.normal(scale=0.5, size=[batch_size,
z_dim])
    # 数据集中的真实标签
    real_labels = y_train[rand_indexes]


    # 使用 generator1 从真实标签和50维z1潜向量中产生伪feature1
```

```python
            fake_z1 = np.random.normal(scale=0.5, size=[batch_size,
    z_dim])
            fake_feature1 = gen1.predict([real_labels, fake_z1])

            # 真实+伪数据
            feature1 = np.concatenate((real_feature1, fake_feature1))
            z1 = np.concatenate((fake_z1, fake_z1))

            # 标注前一半为真，后一半为假
            y = np.ones([2 * batch_size, 1])
            y[batch_size:, :] = 0

            # 训练 discriminator1 用于分类 feature1 的真假,并恢复潜向量(z1)
            # 真实数据 = 从 encoder1 获得的数据
            # 伪数据 = 从 genenerator1 获得的数据
            # 使用判别器的部分advserial1 损失和entropy1损失进行联合训练
            metrics = dis1.train_on_batch(feature1, [y, z1])
            # 只记录总损失
            log = "%d: [dis1_loss: %f]" % (i, metrics[0])


            # 使用1个批次数据训练 discriminator0
            # 1 个批次真实图像 (label=1.0) 和伪图像 (label=0.0)
            # 随机生成50维 z0潜码
            fake_z0 = np.random.normal(scale=0.5, size=[batch_size,
    z_dim])
            # 从真实的 feature1 和伪z0中生成伪图像
            fake_images = gen0.predict([real_feature1, fake_z0])

            # 真实+伪数据
            x = np.concatenate((real_images, fake_images))
            z0 = np.concatenate((fake_z0, fake_z0))

            # 训练 discriminator0 用于分类图像的真伪,并恢复潜向量(z0)
            # joint training using discriminator part of advserial0 loss
            # and entropy0 loss
            # 使用判别器的部分adversarial0损失和entropy0损失进行联合训练
            metrics = dis0.train_on_batch(x, [y, z0])
            # 只记录总体损失(使用dis0.metrics_names)
            log = "%s [dis0_loss: %f]" % (log, metrics[0])

            # 对抗训练
            # 生成伪z1,标签
            fake_z1 = np.random.normal(scale=0.5, size=[batch_size,
    z_dim])
```

```python
        # generator1的输入是采样特征为真的标签和50维z1潜向量
        gen1_inputs = [real_labels, fake_z1]

        # 标注伪feature1为真
        y = np.ones([batch_size, 1])

        # 通过欺骗判别器和近似encoder1 feature1 生成器的方式训练
generator1(对抗方式)
        # 联合训练：adversarial1, entropy1, conditional1
        metrics = adv1.train_on_batch(gen1_inputs, [y, fake_z1,
real_labels])
        fmt = "%s [adv1_loss: %f, enc1_acc: %f]"
        # 记录总损失和分类正确率
        log = fmt % (log, metrics[0], metrics[6])


        # input to generator0的输入是真实的feature1和50维z0潜向量
        fake_z0 = np.random.normal(scale=0.5, size=[batch_size,
z_dim])
        gen0_inputs = [real_feature1, fake_z0]

        # 通过欺骗判别器
        # 和近似encoder1图像源生成器的方式
        # 训练generator0(对抗方式)
        # 联合训练: adversarial0, entropy0, conditional0
        metrics = adv0.train_on_batch(gen0_inputs, [y, fake_z0,
real_feature1])
        # 只记录总体损失
        log = "%s [adv0_loss: %f]" % (log, metrics[0])

        print(log)

        if (i + 1) % save_interval == 0:
            if (i + 1) == train_steps:
                show = True
            else:
                show = False
            generators = (gen0, gen1)
            plot_images(generators,
                        noise_params=noise_params,
                        show=show,
                        step=(i + 1),
                        model_name=model_name)

    # 完成generator0和generator1训练后保存模型列表
```

```
# 可重新载入训练好的生成器用于MNIST数字的生成
gen1.save(model_name + "-gen1.h5")
gen0.save(model_name + "-gen0.h5")
```

6.7　StackedGAN 的生成器输出

StackedGAN 训练 10000 步后，$Generator_0$ 和 $Generator_1$ 模型被保存在文件中。将其堆积在一起，$Generator_0$ 和 $Generator_1$ 便能以标签和噪声编码 z_0 和 z_1 为条件，合成伪图像。

StackedGAN 生成器可通过以下方式完成定性验证：

1）从 0~9 改变离散标签，噪声编码 z_0 和 z_1 都从一个均值为 0.5，标准差为 1.0 的正态分布中进行采样。其结果如图 6.2.9 所示。从图中可以看出，StackedGAN 离散编码可控制生成器所产生的数字。

```
python3 stackedgan-mnist-6.2.1.py

--generator0=stackedgan_mnist-gen0.h5

--generator1=stackedgan_mnist-gen1.h5 --digit=0
```

到

```
python3 stackedgan-mnist-6.2.1.py

--generator0=stackedgan_mnist-gen0.h5

--generator1=stackedgan_mnist-gen1.h5 --digit=9
```

2）按照如下方式对数字 0~9，改变第一个噪声编码 z_0，将其作为从 -4.0~4.0 的常数向量。第二个噪声编码 z_1 设置为零向量。图 6.2.10 展现了第一个噪声编码如何控制了数字的加粗程度。例如对数字 8。

```
python3 stackedgan-mnist-6.2.1.py

--generator0=stackedgan_mnist-gen0.h5

--generator1=stackedgan_mnist-gen1.h5 --z0=0 --z1=0 -p0

--digit=8
```

3）按照如下方式对数字 0~9，改变第二个噪声编码 z_1，将其作为从 -1.0~1.0 的常数向量。第一个噪声编码 z_0 设置为零向量。图 6.2.11 展现了第二个噪声编码控制旋转（倾斜），并且在一定程度上也能控制数字的加粗程度。例如对于数字 8。

```
python3 stackedgan-mnist-6.2.1.py

--generator0=stackedgan_mnist-gen0.h5

--generator1=stackedgan_mnist-gen1.h5 --z0=0 --z1=0 -p1

--digit=8
```

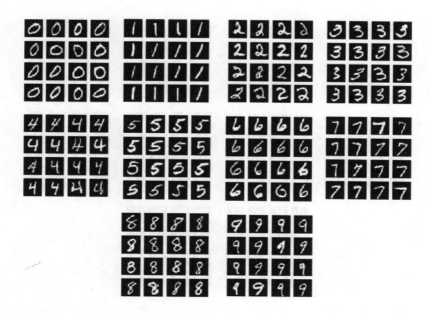

图 6.2.9 从 0~9 改变离散编码 StackeGAN 所生成的图像。z_0 和 z_1 都是从均值为 0，标准差为 0.5 的正态分布中采样得到

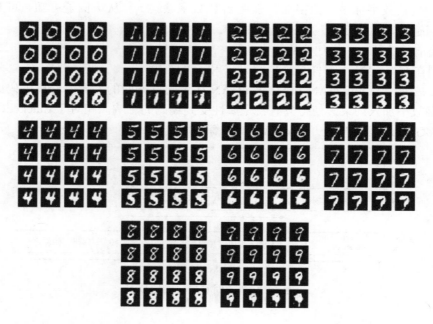

图 6.2.10 对于数字 0~9，从 -4.0~4.0 改变第一个噪声编码 z_0 的常数向量。z_0 显然可以用于控制每个数字的加粗程度

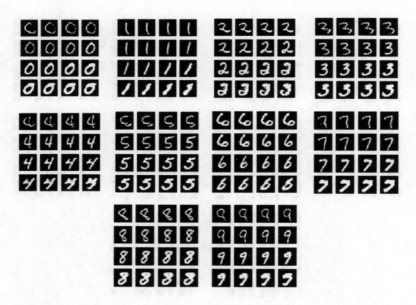

图 6.2.11 对于数字 0~9，从 -1.0~1.0 改变第二个噪声编码 z_1 的常数向量。
z_1 显然可以控制每个数字的旋转（倾斜）和加粗程度

图 6.2.9~ 图 6.2.11 展现了 StackedGAN 对生成器的输出属性提供了额外的控制。这些控制和属性包括数字标签、数字加粗程度 z_0 和数字倾斜 z_1。从该例子可知，可利用其他的实验供我们施加控制，诸如：

- 从当前的 2 开始，增加栈的元素；
- 如同在 InfoGAN 中一样，减少编码 z_0 和 z_1 的维度。

图 6.2.12 展示了 InfoGAN 和 StackedGAN 在潜向量方面的差异。分离编码的基本思想是在损失函数中加入约束，使得只有特定属性受到编码的影响。相对于 StackedGAN，基于结构的 InfoGAN 更容易实现。InfoGAN 的训练速度也更快。

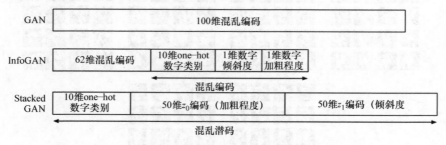

图 6.2.12 不同 GAN 的潜表示

6.8 小结

本章讨论了如何分离 GAN 的潜表征。在前面部分探讨了为迫使生成器学习混乱潜向量，InfoGAN 如何最大化互信息。在 MNIST 数据集示例中，InfoGAN 使用三个表征和一个噪声编码作为输入。其中，噪声编码表示了混乱表征后所余留的属性。StackedGAN 以不同的方式解决问题。其使用一个 encoder-GAN 栈学习如何生成伪数据和图像。首先训练解码器以提供特征集；然后，联合所有的 encoder-GAN，学习如何使用噪声编码来控制生成器的输出属性。

在下一章中，将着眼于一种新型的 GAN，它可以在另一个域中生成新的数据。例如，给定一张有关马的图片，GAN 可以运行自动地将该图片转换为一个斑马。这种类型的 GAN 的有趣之处在于其可在无监督的情况下进行训练。

参考文献

1. Xi Chen and others. *InfoGAN: Interpretable Representation Learning by Information Maximizing Generative Adversarial Nets*. Advances in Neural Information Processing Systems, 2016(http://papers.nips.cc/paper/6399-infogan-interpretable-representation-learning-by-information-maximizing-generative-adversarial-nets.pdf).

2. Xun Huang and others. *Stacked Generative Adversarial Networks*. IEEE Conference on Computer Vision and Pattern Recognition (CVPR). Vol. 2, 2017(http://openaccess.thecvf.com/content_cvpr_2017/papers/Huang_Stacked_Generative_Adversarial_CVPR_2017_paper.pdf).

第 7 章
跨域 GAN

在计算机视觉、图形和图像处理中，许多任务都涉及将图像从一种形式转换为另一种形式。例如，对灰度图像的色彩迁移、将卫星图像转换为地图、将一副艺术品进行艺术风格的转换、将夜间图像转换为白天、将夏季图像转换为冬季。这些例子都涉及跨域迁移，其中的方法将成为本章重点介绍的内容。源域中的图像被迁移到目标域中就会产生一个新的变换图像。

跨域迁移在现实世界中有许多实际应用。例如，在自动驾驶的相关研究中，收集道路场景的驾驶数据费时且成本高。为了尽可能多地覆盖场景变化，道路应该横贯不同的天气条件、季节和时间，以便提供足量且差异化的数据。使用跨域迁移的方法可让场景合成成为可能，该合成场景看似真实且通过迁移已有的图像完成。例如，仅需要在一个路段去捕获夏天的场景，同时在另一个地段只需收集冬天的场景。然后，可将夏天收集的图像迁移至冬天的场景，反之亦然。在该案例中，相应的收集任务量可减半。

生成逼真的合成图像是 GAN 网络所擅长的。因此，跨域转换是 GAN 网络的应用之一。在本章中，我们将重点介绍一种流行的 CycleGAN 跨域 GAN 算法[2]。与其他跨域迁移算法（如 pix2pix[3]）不同，CycleGAN 不需要对齐的训练图像。对齐图像，即训练数据是由源图像及其对应的目标图像成对组成。例如，一个卫星图像和从该图像衍生出的相应地图。使用 CycleGAN 只需要卫星数据图像和地图。但该地图可来自于另一个卫星数据，不一定事先从训练数据集中产生。

在本章中，我们将探讨以下内容：
- CycleGAN 的原理，包括其在 Keras 中的实现。
- CycleGAN 的示例应用，包括使用 CIFAR10 数据集对灰度图像进行色彩迁移，以及使用 MNIST 数字和街景房屋号（SVHN）[1]数据集实现风格迁移。

7.1 CycleGAN 原理

在计算视觉、图形学和图像处理当中，将图像从一个域转换至另一个域是一个很常见的任务。图 7.1.1 展现了一个图像的边缘检测图像。边缘检测是一种常见的图像转换方法。在该示例中，我们可将左边的图像作为源域中的图像，相应的边缘检测图像（右）作为目标域中的样本。很多其他的跨域转换过程都有其实际的应用，例如：
- 从卫星图像到地图。
- 从人脸图像到表情符号、漫画或动漫。

- 从身体图像到形像化图像。
- 对灰度图像的色彩迁移。
- 从医学扫描图像到真实照片。
- 从真实照片到艺术绘画。

在不同领域中还有跟多不同的例子。例如，在计算机视觉和图像处理中，我们可以通过相应算法来执行转换，该算法从源图像中提取特征以将其转换为目标图像。Canny 边缘算子是该算法的一个例子。然而，在许多情况下，手工转换非常复杂，几乎不可能找到一个合适的算法。源域和目标域分布都处于高维且具有较高复杂度。

使用深度学习技术是图像转换的应对方法之一，如果拥有足够大的源域和目标域数据集，可训练一个神经网络对转换进行建模。由于目标域中的图像必须从所给的源域图像中进行转换，因此直观上来看原图像应与目标域图像保持一致。GAN 网络是一类比较适合跨域任务的网络，而 pix2pix 则是一个跨域算法的例子。

pix2pix 与第 4 章中所讨论的条件 GAN 网络 (Conditional GAN, CGAN)[4]类似。回想一下，在条件 GAN 网络中，在噪声输入 z 上，存在一个 one-hot 向量形式的条件来限制生成器的输出。例如，在 MNIST 数字识别任务中，如果我们希望生成器的输出为数字 8，则 one-hot 向量为 [0, 0, 0, 0, 0, 0, 0, 1]。在 pix2pix 中，该条件是需要转换的图像。而生成器的输出是已转换后的图像。pix2pix 通过优化条件 GAN 损失进行训练。为了最小化所生成图像中的模糊效果，还需引入 L_1 损失。

与 pix2pix 相类似的神经网络主要缺点就是训练的输入和输出图像必须对齐。图 7.7.1 是一个对齐的图像对。样本的目标图像是从原图像建立。大多情况下，从原图像获取对齐图像很难或代价高昂，或许我们也无法知道如何从所给的源图像中获取目标图像。而目前仅有从源域和目标域所采集的样本。图 7.1.2 是来自同一向日葵主题的源域（真实照片）和目标域（梵高艺术风格）的样本数据。源图像和目标图像没有对齐。

图 7.1.1 对齐图像的示例：左侧为原始图像，右侧为用 Canny 边缘检测器转换后图像（原始照片由作者拍摄）

与 pix2pix 不同，只要源数据和目标数据足够多且变化丰富，CycleGAN 就可以学习图像转换而不需要对齐。CycleGAN 通过所给定的样本数据学习源和目标数据分布，并且可以学习如何从源分布转换到目标分布。在这个过程中，无需监督。在图 7.1.2 中，我们仅需要成千上万张向日葵的照片和梵高所画的向日葵照片。在训练完 CycleGAN 之后，就可以将一张向日葵照片转换成为梵高风格的画作。

图 7.1.2　非对齐的示例：左边是拍摄于菲律宾大学的向日葵照片，右边是英国伦敦国家美术馆梵高的向日葵作品照片（原始照片由作者拍摄）

7.1.1　CycleGAN 模型

图 7.1.3 显示了 CycleGAN 的网络模型。CycleGAN 的目标是学习以下函数：

$$y' = G(x) \tag{7.1.1}$$

该方程作为真实源图像的一个函数，用于在目标域当中生成伪图像 y'。这个学习的过程是非监督的，仅利用了源域中可用的真实源图像 x 和目标域中的真实图像 y。

与常规的 GAN 所不同，CycleGAN 引入循环一致性约束。其前向一致性网络确保真实的源数据可从伪目标数据中被重构：

$$x' = F(G(x)) \tag{7.1.2}$$

上述过程可通过最小化前向循环一致性的 $L1$ 损失来完成：

$$\mathcal{L}_{\text{forward-cyc}} = \mathbb{E}_{x \sim p_{\text{data}}(x)}[\|F(G(x)) - x\|_1] \tag{7.1.3}$$

该网络是对称的。后向循环一致性网络也尝试从伪源数据中重构真实目标数据，即

$$y' = G(F(y)) \tag{7.1.4}$$

上述过程通过最小化后向循环一致性的 $L1$ 损失来完成：

$$\mathcal{L}_{\text{backward-cyc}} = \mathbb{E}_{y \sim p_{\text{data}}(y)}[\|G(F(y)) - y\|_1] \tag{7.1.5}$$

这两种损失的总和构成了循环一致性损失：

$$\mathcal{L}_{\text{cyc}} = \mathbb{E}_{x \sim p_{\text{data}}(x)}\left[\left\|F(G(x)) - x\right\|_1\right] + \mathbb{E}_{y \sim p_{\text{data}}(y)}\left[\left\|G(F(y)) - y\right\|_1\right] \quad (7.1.6)$$

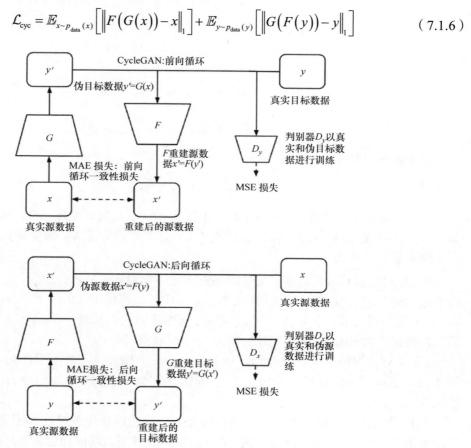

图 7.1.3　CycleGAN 模型由四个网络组成：生成器 G，生成器 F，判别器 $D_{y'}$ 和判别器 D_x

循环一致性损失使用了 L1 或平均绝对误差（MAE），因为相对于 L2 或均方误差（MSE），这两类损失会产生更少的模糊重建图像。

与其他 GAN 类似，CycleGAN 的最终目标是让生成器 G 学习如何合成伪目标数据 y'，并在前向循环中欺骗判别器 $D_{y'}$。由于网络是对称的，因此 CycleGAN 还希望生成器 F 学习如何合成伪源数据 x'，用于欺骗后向循环中的判别器 $D_{x'}$。受最小二乘 GAN（LSGAN[5]）可获得更好感知质量的启发（见第 5 章），CycleGAN 还使用了 MSE 计算判别器和生成器损耗。回想可知，LSGAN 与原始 GAN 的区别在于使用 MSE 损失而不是二元交叉熵损失。CycleGAN 表示生成判别损失：

$$\mathcal{L}_{\text{forward-GAN}}^{(D)} = \mathbb{E}_{y \sim p_{\text{data}}(y)}\left(D_y(y) - 1\right)^2 + \mathbb{E}_{x \sim p_{\text{data}}(x)} D_y(G(x))^2 \quad (7.1.7)$$

$$\mathcal{L}_{\text{forward-GAN}}^{(D)} = \mathbb{E}_{x \sim p_{\text{data}}(x)}\left(D_y(G(x)) - 1\right)^2 \quad (7.1.8)$$

$$\mathcal{L}_{\text{forward-GAN}}^{(D)} = \mathbb{E}_{x \sim p_{\text{data}}(x)} \left(D_x(x) - 1 \right)^2 + \mathbb{E}_{y \sim p_{\text{data}}(y)} D_x \left(F(y) \right)^2 \quad (7.1.9)$$

$$\mathcal{L}_{\text{forward-GAN}}^{(D)} = \mathbb{E}_{y \sim p_{\text{data}}(y)} \left(D_x \left(F(y) \right) - 1 \right)^2 \quad (7.1.10)$$

$$\mathcal{L}_{\text{GAN}}^{(D)} = \mathcal{L}_{\text{forward-GAN}}^{(D)} + \mathcal{L}_{\text{backward-GAN}}^{(D)} \quad (7.1.11)$$

$$\mathcal{L}_{\text{GAN}}^{(D)} = \mathcal{L}_{\text{forward-GAN}}^{(D)} + \mathcal{L}_{\text{backward-GAN}}^{(D)} \quad (7.1.12)$$

总 CycleGAN 损失可表示为

$$\mathcal{L} = \lambda_1 \mathcal{L}_{\text{GAN}} + \lambda_2 \mathcal{L}_{\text{cyc}} \quad (7.1.13)$$

CycleGAN 建议使用以下权值：$\lambda_1=1.0$ 和 $\lambda_2=10.0$，以强调循环一致性检查。

训练策略类似于 vanilla GAN。算法 7.1.1 总结了 CycleGAN 的训练过程，通过重复以下步骤进行 n 次训练：

1）使用真实和目标数据，通过训练前向循环判别器来最小化 $\mathcal{L}_{\text{forward-GAN}}^{(D)}$。少量的真实目标数据被标注为 1.0。少量的伪目标数据，$y' = G(x)$ 被标注为 0.0。

2）使用真实和目标数据，通过训练后向循环判别器来最小化 $\mathcal{L}_{\text{backward-GAN}}^{(D)}$。少量的真实源数据被标注为 1.0。少量的伪源数据 $x' = F(y)$ 被标注为 0.0。

3）在对抗网络当中，通过训练前向循环和后向循环判别器来最小化 $\mathcal{L}_{\text{GAN}}^{(G)}$ 和 $\mathcal{L}_{\text{cyc}}$。少量的伪目标数据 $y' = G(x)$ 被标注为 1.0。少量的伪源数据 $x' = F(y)$ 被标注为 1.0。判别器的权值被冻结。

在神经风格迁移问题中，颜色组成可能无法成功地从源图像迁移到伪目标图像中。此问题如图 7.1.4 所示，为解决该问题，CycleGAN 建议引入前向和后向循环确定的损失函数，即

源域：真实的向日葵照片　　　目标域：梵高风格的画作　　　预测目标域：梵高风格画作和真实颜色的组合

图 7.1.4　在风格转移过程中，可能无法成功转移颜色的组合。
为解决此问题，可将识别损失添加到总的损失函数当中

$$\mathcal{L}_{\text{identity}} = \mathbb{E}_{x \sim p_{\text{data}}(x)}\left[\left\|F(x)-x\right\|_1\right] + \mathbb{E}_{y \sim p_{\text{data}}(y)}\left[\left\|G(y)-y\right\|_1\right] \quad (7.1.14)$$

CycleGAN 的总损失函数变为

$$\mathcal{L}_{\text{GAN}} = \lambda_1 \mathcal{L}_{\text{GAN}} + \lambda_2 \mathcal{L}_{\text{cyc}} + \lambda_3 \mathcal{L}_{\text{identity}} \quad (7.1.15)$$

其中 $\lambda_3=0.5$。确定损失也通过对抗训练进行优化。图 7.1.5 为具有识别损失的 CycleGAN 模型。

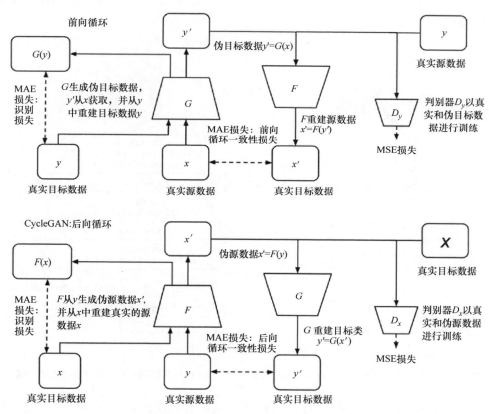

图 7.1.5　如图左侧所示，具有识别损失的 CycleGAN 模型

7.1.2　使用 Keras 实现 CycleGAN

在第 3 章的自动编码器中的介绍，已使用了一个自动编码器将 CIFAR10 数据库当中的灰度图像进行彩色化。CIFAR10 数据库是由 5000 个训练数据和 10000 个测试样本组成的，这些样本都为 32×32RGB 图像，组成 10 个类别。可将所有的彩色图像，使用第 3 章中提及的函数 rgb2gray(RGB) 转换成为灰度图像。

接下来，可使用灰度训练图像作为源域图像，并且将原始的彩色图像作为目标域图像。需要注意的是，尽管数据集是对齐的，但 CycleGAN 的输入是对彩色和灰度图像的随机采样。因此，CycleGAN 将认为训练数据是非对齐的。完成训练后，使用待测试的灰度图像来观察 CycleGAN 的性能。

按照上一节所述，为实现 CycleGAN，需建立两个生成器和判别器。CycleGAN 的生成器用于学习源输入分布的潜表示，并将该表示转换成为目标分布。该过程与自动编码器的功能一致。但是，一个典型的自编码器（与本书第 3 章所述类同），使用编码器对输入进行下采样直到瓶颈层，所指向的点在解码器中完成反转。该结构不适用于某些图像转换问题，因为在解码器和编码器之间共享了很多低级特征。例如，在色彩迁移问题中，灰度图像的形状、结构和边缘与彩色图像一致。为解决该问题，CycleGAN 的生成器采用图 7.1.6 中的 U 网络[7]结构。

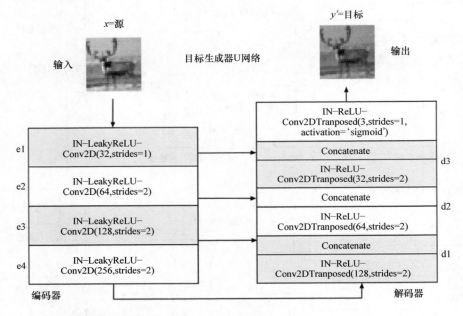

图 7.1.6　前向循环生成器在 Keras 中的实现。生成器是由编码器和解码器组成的 U 网络

在一个 U 网络结构中，编码器层 e_{n-i} 的输出是由解码层的输出串联而成，其中为解码或编码层的个数，$i=1,2,3$ 表示用于共享信息的层数。

需注意，尽管本例当中使用 $n=4$，然而对于具有高维输入和输出问题，则需要更深的编码器和解码器。U 网络结构使编码器和解码器之间的特征级信息可以自由流动。一个解码器层由 Instance Normaliztion (IN)–LeakyReLU-Conv2D 组成，反之解码层由 IN-ReLU-Conv2D 组成。编码层和解码层的实现如代码列表 7.1.1 所示，生成器的实现如代码列表 7.1.2 所示。

完整的代码可在 GitHub 中找到：
https://github.com/PacktPublishing/Advanced-Deep-Learning-with-Keras。

第 7 章
跨域 GAN

实例标准化（Instance Normalization, IN）是批标准化（Batch Normalization, BN）数据的单次采样（即 IN 是 BN 每个图像或特征的采样）。在风格迁移中，对每个样本的对比度进行标准化而不是对批量样本进行标准化尤为重要。实例标准化等价于对比度标准化。同时，批量标准化破坏了对比度标准化。

请记住在使用实例标准化之前需安装 keras-contrib：
$ sudo pip3 install git+https://www.github.com/keras-team/keras-contrib.git。

代码列表 7.1.1，cyclegan-7.1.1.py 用于展示 Keras 中的编码器和解码器层实现。

```
def encoder_layer(inputs,
                  filters=16,
                  kernel_size=3,
                  strides=2,
                  activation='relu',
                  instance_norm=True):
    """构建一个由Conv2D-IN-LeakyReLU IN组成的一般编码器是可选的，eakyReLU可被ReLU所替代

    """
    conv = Conv2D(filters=filters,
                  kernel_size=kernel_size,
                  strides=strides,
                  padding='same')

    x = inputs
    if instance_norm:
        x = InstanceNormalization()(x)
    if activation == 'relu':
        x = Activation('relu')(x)
    else:
        x = LeakyReLU(alpha=0.2)(x)
    x = conv(x)
    return x


def decoder_layer(inputs,
                  paired_inputs,

                  filters=16,
                  kernel_size=3,
                  strides=2,
                  activation='relu',
                  instance_norm=True):
    """构建一个由Conv2D-IN-LeakyReLU IN组成的一般编码器是可选的，LeakyReLU可被ReLU所替代
```

参数(部分):
inputs (tensor): 解码器层的输入
paired_inputs (tensor): 通过U网络跨过输入的连接和串联，以提供编码器层的输出
"""

```python
conv = Conv2DTranspose(filters=filters,
                       kernel_size=kernel_size,
                       strides=strides,
                       padding='same')

x = inputs
if instance_norm:
    x = InstanceNormalization()(x)
if activation == 'relu':
    x = Activation('relu')(x)
else:
    x = LeakyReLU(alpha=0.2)(x)
x = conv(x)
x = concatenate([x, paired_inputs])
return x
```

代码列表 7.1.2，cyclegan-7.1.1.py 用于展示在 Keras 中生成器的实现

```python
def build_generator(input_shape,
                    output_shape=None,
                    kernel_size=3,
                    name=None):
    """生成器是由4层编码器和4层解码器所构成的U网络。第n-i层连接至第i层。
    参数:

    Arguments:
    input_shape (tuple): 输入形
    output_shape (tuple): 输入形
    kernel_size (int): 编码器和解码器层核的大小
    name (string): 分配给生成器的名称

    返回:
    generator (Model):

    """

    inputs = Input(shape=input_shape)
    channels = int(output_shape[-1])
    e1 = encoder_layer(inputs,
                       32,
                       kernel_size=kernel_size,
                       activation='leaky_relu',
```

```
                        strides=1)
    e2 = encoder_layer(e1,
                       64,
                       activation='leaky_relu',
                       kernel_size=kernel_size)
    e3 = encoder_layer(e2,
                       128,
                       activation='leaky_relu',
                       kernel_size=kernel_size)
    e4 = encoder_layer(e3,
                       256,
                       activation='leaky_relu',
                       kernel_size=kernel_size)

    d1 = decoder_layer(e4,
                       e3,
                       128,
                       kernel_size=kernel_size)
    d2 = decoder_layer(d1,
                       e2,
                       64,
                       kernel_size=kernel_size)
    d3 = decoder_layer(d2,
                       e1,
                       32,
                       kernel_size=kernel_size)
    outputs = Conv2DTranspose(channels,
                              kernel_size=kernel_size,
                              strides=1,
                              activation='sigmoid',
                              padding='same')(d3)

    generator = Model(inputs, outputs, name=name)

    return generator
```

CycleGAN 的判别器类似于 vanilla GAN 判别器。输入图像被多次下采样（在本例中，进行了 3 次下采样）。最后一层是一个 Dense（1）层，用于预测输入值为真的概率。除了未使用实例标准化（IN）之外，每层都类似于生成器的编码层。但是，在处理较大的图像中，使用单一数字计算真或伪将会导致参数无效，进而会影响生成器产生质量差的图像。

解决上述问题的方案是使用 PatchGAN[6] 将图像划分为由区块所组成的网络，并利用一个网络中的标量数据预测该区块为真的概率。vanilla GAN 判别器和一个 2×2 的 PatchGAN 判别器的对比如图 7.1.7 所示。在该例中，区块之间不重叠且在边界处连接。然而，通常情况下区块可能会重叠。

需要注意的是，PatchGAN 并没有在 CycleGAN 中引入一个新类型的 GAN。为提升所生成图像的质量，如果使用一个 2×2 的 PatchGAN，可使用四个输出来进行区分，而不是仅依靠一个输出。损失函数方面无变化。直观上看，上述方案可行的原因在于整个图像如果被视为真，则需要图像的每一个区块或单元都被视为真。

图 7.1.7　GAN 和 PatchGAN 判别器之间的比较

图 7.1.8 展示了在 Keras 中所实现的判别器网络。该图展示了由判别器决定输入图像或者一个区块为一个彩色 CIFAR10 图像的可能性。由于输出图像较小，仅为 32×32 RGB 图像，足以使用一个标量来表示该图像。然而，我们也会对使用 PatchGAN 的结果进行评估。代码列表 7.1.3 展示了该判别器的功能构建。

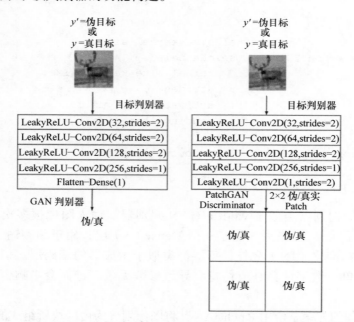

图 7.1.8　目标判别器 D'_y 在 Keras 中的实现，PatchGAN 判别器如图右侧所示

代码列表 7.1.3，cyclegan-7.1.1.py 用于展示 Keras 中的判别器实现。

```python
def build_discriminator(input_shape,
                        kernel_size=3,
                        patchgan=True,
                        name=None):
    """判别器是一个4层编码器，其输出既可以是1维概率值，也可以是一个n×n维概率值，
其决定输入是否为真
    参数:
        input_shape (tuple): 输入形
        kernel_size (int): 解码器层核的大小
        patchgan (bool):
输入是否为一个patch或一个一维标量
        Name (string): 指定给判别器的名称
    Returns:
        discriminator (Model):

    """

    inputs = Input(shape=input_shape)
    x = encoder_layer(inputs,
                      32,
                      kernel_size=kernel_size,
                      activation='leaky_relu',
                      instance_norm=False)
    x = encoder_layer(x,
                      64,
                      kernel_size=kernel_size,
                      activation='leaky_relu',
                      instance_norm=False)
    x = encoder_layer(x,
                      128,
                      kernel_size=kernel_size,
                      activation='leaky_relu',
                      instance_norm=False)
    x = encoder_layer(x,
                      256,
                      kernel_size=kernel_size,
                      strides=1,
                      activation='leaky_relu',
                      instance_norm=False)
    # 如果patchgan=True，使用n×n维概率的输出
    # 否则，使用1维概率输出
        x = LeakyReLU(alpha=0.2)(x)
        outputs = Conv2D(1,
                         kernel_size=kernel_size,
                         strides=1,
                         padding='same')(x)
    else:
```

```
            x = Flatten()(x)
            x = Dense(1)(x)
            outputs = Activation('linear')(x)

        discriminator = Model(inputs, outputs, name=name)

        return discriminator
```

使用生成器和判别器的构建器（builders）可对 CycleGAN 进行构建。代码列表 7.1.4 展现了构建器函数。依照前一节中所讨论的内容，设置两个生成器，g_source=F 和 g_target=G，同时，实例化两个判别器 d_source=D_x 和 d_target=D_y。前向循环为 x′=F(G(x)) reco_source=g_source(g_target(source_input))，后向循环为 y′=G(F(y))reco_target=g_target(g_source(target_input))。

对抗模型的输入是源数据和目标数据，而数组则是 D_x 和 D_y 的输出和重构后的输入 x′ 和 y′。该示例中未使用识别网络的原因是，彩色图像和灰度图像的通道数不一致。我们使用了推荐的设置，对 GAN 设置损失权值 λ_1=10，并且对循环一致性损失设置为 λ_2=10.0。与前一节所提到的 GAN 类似，使用 RMSprop 并设置学习率为 2e-4，并且将判别器优化算子的衰减率设置为 6e-8，而用于对抗的学习率和衰减率，设定为判别器的一半。

代码列表 7.1.4，cyclegan-7.1.1.py 用于展示 Keras 的 CycleGAN 构建器。

```
def build_cyclegan(shapes,
                   source_name='source',
                   target_name='target',
                   kernel_size=3,
                   patchgan=False,
                   identity=False
                   ):
    """构建CycleGAN
    1) 构建目标和源判别器
    2) 构建目标和源生成器
    3) 构建对抗网络

    参数:
    shapes (tuple): 源和目标形
    source_name (string): 附加在判别器和生成器上字符串
    target_name (string): 附加在判别器和生成器上字符串
    kernel_size (int): 编码器/解码器或判别器/生成器核大小
    patchgan (bool): 在判别器当中是否使用patchgan
    identity (bool): 是否使用识别损失

    返回:
    (list): 2个生成器, 2个判别器和1个对抗模型

    """
```

```python
    source_shape, target_shape = shapes
    lr = 2e-4
    decay = 6e-8
    gt_name = "gen_" + target_name
    gs_name = "gen_" + source_name
    dt_name = "dis_" + target_name
    ds_name = "dis_" + source_name

    # 构建目标和源生成器
    g_target = build_generator(source_shape,
                               target_shape,
                               kernel_size=kernel_size,
                               name=gt_name)
    g_source = build_generator(target_shape,
                               source_shape,
                               kernel_size=kernel_size,
                               name=gs_name)
    print('---- TARGET GENERATOR ----')
    g_target.summary()
    print('---- SOURCE GENERATOR ----')
    g_source.summary()


    # 构建目标和源判别器
    d_target = build_discriminator(target_shape,
                                   patchgan=patchgan,
                                   kernel_size=kernel_size,
                                   name=dt_name)
    d_source = build_discriminator(source_shape,
                                   patchgan=patchgan,
                                   kernel_size=kernel_size,
                                   name=ds_name)
    print('---- TARGET DISCRIMINATOR ----')
    d_target.summary()
    print('---- SOURCE DISCRIMINATOR ----')
    d_source.summary()

    optimizer = RMSprop(lr=lr, decay=decay)
    d_target.compile(loss='mse',
                     optimizer=optimizer,
                     metrics=['accuracy'])
    d_source.compile(loss='mse',
                     optimizer=optimizer,
                     metrics=['accuracy'])
    # 在对抗模型中冻结判别器的权值
    d_target.trainable = False
    d_source.trainable = False
```

```python
# 为对抗模型前向循环网络和目标判别器构建计算图形
# forward cycle network and target discriminator
source_input = Input(shape=source_shape)
fake_target = g_target(source_input)
preal_target = d_target(fake_target)
reco_source = g_source(fake_target)

# 后向循环网络和源判别器
target_input = Input(shape=target_shape)
fake_source = g_source(target_input)
preal_source = d_source(fake_source)
reco_target = g_target(fake_source)

# 如果使用识别损失,增加两个额外损失条件和输出
if identity:
    iden_source = g_source(source_input)
    iden_target = g_target(target_input)
    loss = ['mse', 'mse', 'mae', 'mae', 'mae', 'mae']
    loss_weights = [1., 1., 10., 10., 0.5, 0.5]
    inputs = [source_input, target_input]
    outputs = [preal_source,
               preal_target,
               reco_source,
               reco_target,
               iden_source,
               iden_target]
else:
    loss = ['mse', 'mse', 'mae', 'mae']
    loss_weights = [1., 1., 10., 10.]
    inputs = [source_input, target_input]
    outputs = [preal_source,
               preal_target,
               reco_source,
               reco_target]

# 构建对抗模型
adv = Model(inputs, outputs, name='adversarial')
optimizer = RMSprop(lr=lr*0.5, decay=decay*0.5)
adv.compile(loss=loss,
            loss_weights=loss_weights,
            optimizer=optimizer,
            metrics=['accuracy'])
print('---- ADVERSARIAL NETWORK ----')
adv.summary()

return g_source, g_target, d_source, d_target, adv
```

依照上一节算法 7.1.1 的训练步骤，遵循代码列表中所展现的 CycleGAN 的训练过程。可看出这个训练过程和 vanilla GAN 的细微差别在于需要对两个判别器进行优化，而仅需要优化一个对抗模型。每 2000 步，生成器会保存所预测的源图像和目标图像。设置 Batch 的大小为 32。我们也尝试设置 Batch 的大小为 1，然而输出的质量几乎无差别却消耗了大量的训练时间（Batch 大小为 1，43ms/image，Batch 大小为 32，3.6ms/image。实验环境使用一块 NVIDIA GTX 1060 显卡）。

代码列表 7.1.5，cyclegan-7.1.1.py 用于展示 Keras 的 CycleGAN 训练程序。

```
def train_cyclegan(models, data, params, test_params, test_generator):
    """ 训练CycleGAN.

    1) Train the target discriminator
    2) Train the source discriminator
    3) Train the forward and backward cyles of adversarial networks

    参数：
    models (Models)：源/目标的判别器/生成器，对抗模型
    data (tuple)：源和目标训练数据
    params (tuple)：网络参数
    test_params (tuple)：测试参数
    test_generator (function)：用于生成预测的目标和源图像
    """

    # 模型
    g_source, g_target, d_source, d_target, adv = models
    # 网络参数
    batch_size, train_steps, patch, model_name = params
    # 训练数据集
    source_data, target_data, test_source_data, test_target_data = data

    titles, dirs = test_params

    # 每隔2000步保存生成器的图像
    save_interval = 2000
    target_size = target_data.shape[0]
    source_size = source_data.shape[0]

    # 是否使用patchgan
    if patch > 1:
        d_patch = (patch, patch, 1)
        valid = np.ones((batch_size,) + d_patch)
        fake = np.zeros((batch_size,) + d_patch)
    else:
        valid = np.ones([batch_size, 1])
```

```python
        fake = np.zeros([batch_size, 1])

    valid_fake = np.concatenate((valid, fake))
    start_time = datetime.datetime.now()

    for step in range(train_steps):
        # 真实目标数据中采样一个批次数据
        rand_indexes = np.random.randint(0, target_size, size=batch_size)
        real_target = target_data[rand_indexes]

        # 真实源数据中采样一个批次数据
        rand_indexes = np.random.randint(0, source_size, size=batch_size)
        real_source = source_data[rand_indexes]
        # 从真实源数据中生成一个批次伪目标数据
        fake_target = g_target.predict(real_source)
        # 合并真实和伪数据到一个批次
        x = np.concatenate((real_target, fake_target))
        # 使用伪/真实数据训练目标判别器
        metrics = d_target.train_on_batch(x, valid_fake)
        log = "%d: [d_target loss: %f]" % (step, metrics[0])

        # 从真实目标数据生成一个批次伪源数据
        fake_source = g_source.predict(real_target)
        x = np.concatenate((real_source, fake_source))
        # 使用伪/真实数据训练源判别器
        metrics = d_source.train_on_batch(x, valid_fake)
        log = "%s [d_source loss: %f]" % (log, metrics[0])

        # 使用前向和后向循环训练对抗网格
        # 所生成的伪源数据和目标数据试图欺骗判别器
        # to trick the discriminators
        x = [real_source, real_target]
        y = [valid, valid, real_source, real_target]
        metrics = adv.train_on_batch(x, y)
        elapsed_time = datetime.datetime.now() - start_time
        fmt = "%s [adv loss: %f] [time: %s]"
        log = fmt % (log, metrics[0], elapsed_time)
        print(log)
        if (step + 1) % save_interval == 0:
            if (step + 1) == train_steps:
                show = True
            else:
                show = False
```

```
                test_generator((g_source, g_target),
                               (test_source_data, test_target_data),
                               step=step+1,
                               titles=titles,
                               dirs=dirs,
                               show=show)

    # 生成器训练完毕后保存模型
    g_source.save(model_name + "-g_source.h5")
    g_target.save(model_name + "-g_target.h5")
```

最终，在使用 CycleGAN 构建和训练函数之前，需要做一些数据准备工作。模块 cifar10_utils.py 和 other_utils.py 用于加载 CIFAR10 的训练和测试数据。可通过查阅这两份文件的源代码获得相关细节。载入后，可通过将训练和测试数据转换为灰度图像建立源数据和测试数据。

代码列表 7.1.6 展现了如何使用 CycleGAN 建立和训练一个生成器网络 (g_target)，用于对灰度图像进行色彩迁移。由于 CycleGAN 是对称的，我们也建立并训练第二个生成器网络 (g_source) 用于将彩色图像转换为灰度图像。两个 CycleGAN 色彩迁移网络被建立。第一个使用类似于 vanilla GAN 的标量数据作为判别器的输出，第二个使用一个 PatchGAN。

代码列表 7.1.6，cyclegan-7.1.1.py 用于展现使用 CycleGAN 进行色彩迁移的过程。

```
def graycifar10_cross_colorcifar10(g_models=None):
    """构建并训练一个CycleGAN可完成对cifar10图像灰度<-->彩色的转换
    """

    model_name = 'cyclegan_cifar10'
    batch_size = 32
    train_steps = 100000
    patchgan = True
    kernel_size = 3
    postfix = ('%dp' % kernel_size) if patchgan else ('%d' % kernel_size)

    data, shapes = cifar10_utils.load_data()
    source_data, _, test_source_data, test_target_data = data
    titles = ('CIFAR10 predicted source images.',
              'CIFAR10 predicted target images.',
              'CIFAR10 reconstructed source images.',
              'CIFAR10 reconstructed target images.')
    dirs = ('cifar10_source-%s' % postfix, 'cifar10_target-%s' % postfix)

    # 生成所预测的目标(彩色)和源(灰度)图像
    if g_models is not None:
        g_source, g_target = g_models
```

```
                other_utils.test_generator((g_source, g_target),
                                            (test_source_data, test_target_
    data),
                                            step=0,
                                            titles=titles,
                                            dirs=dirs,
                                            show=True)
        return

    # cifar10色彩迁移构建colorization
    models = build_cyclegan(shapes,
                            "gray-%s" % postfix,
                            "color-%s" % postfix,
                            kernel_size=kernel_size,
                            patchgan=patchgan)
    # patch 大小被划分为2^n，由于需要在判别器中将输入下缩至2^n
    # 使用n次strides=2
    patch = int(source_data.shape[1] / 2**4) if patchgan else 1
    params = (batch_size, train_steps, patch, model_name)
    test_params = (titles, dirs)
    # train the cyclegan
    train_cyclegan(models,
                   data,
                   params,
                   test_params,
                   other_utils.test_generator)
```

7.1.3 CycleGAN 生成器的输出

图 7.1.9（见彩插）展现了使用 CycleGAN 进行色彩迁移的结果。源图像来自于测试数据集。为了对比，我们还展现了使用第 3 章中的朴素自编码技术进行色彩迁移的结果。通常，所有的彩色图像在感知上都是可接受的。总体上，每一项色彩迁移技术都有其各自的优点和限制。所有的色彩迁移技术都没有对天空与车辆的正确颜色进行一致性着色。

例如，第 3 行，第 2 列中平面背景中的天空是白色的。自编码器着色正确，然而 CycleGAN 却认为其是棕色或者蓝色。对于第 6 行，第 6 列的样本，深海当中的船位于一个阴云密布的天空下，但是其场景被自编码器着色为蓝色的天空和蓝色的海洋，并被未使用 PatchGAN 的 CycleGAN 着色为蓝色的海和白色的天空。这些预测在现实当中都可以接受。同时，使用 PatchGAN 技术的 CycleGAN 的预测结果与真实样本最为接近。在第 2 列，从第 2 行到最后一行，没有任何方法可对车辆的红色进行正确的预测。在动物样本中，两种形式的 CycleGAN 都能获取接近真实的颜色。

由于 CycleGAN 是对称的。因此，它还可用于将给定的彩色图像灰度化。图 7.1.10 展示了使用两种 CycleGAN 变种方法进行灰度化转换的结果。目标图像来自于测试集。除了一些图像中灰度阴影中存在一些细小差别，其他预测都是准确的。

图 7.1.9 使用不同技术的色彩迁移结果。包括真实图像，使用自编码器进行着色的结果，使用 vanllaGAN 判别器进行辅助的 CycleGAN 的结果，以及使用 PatchGAN 判别器辅助的 CycleGAN 的着色结果（彩色图片可从本书 Github 代码库中找到）

读者也可以使用训练完成的 PatchGAN 的 CycleGAN 运行图像转换程序。

```
python3 cyclegan-7.1.1.py --cifar10_g_source=cyclegan_cifar10-g_source.h5
--cifar10_g_target=cyclegan_cifar10-g_target.h5
```

CIFAR10测试源图像

真实图像

CycleGAN所实现的从RGB到
灰度图像的转换

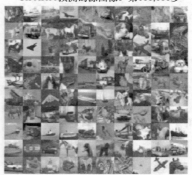

CycleGAN使用PatchGAN所实现
的RGB到灰度图像的转换

图 7.1.10　彩色（从图 7.1.9）到 CycleGAN 的灰度转换

7.1.4　CycleGAN 用于 MNIST 和 SVHN 数据集

当前需解决一个更具挑战性的问题。假设使用 MNIST 灰度数字图像作为源数据，并且试图借助 SVHN [1] 数据中的风格作为目标数据。每个域中的样本数据如图 7.1.11（见彩插）所示。我们可以重用上一节中为 CycleGAN 所建立的构建器和训练函数完成风格转换。唯一的区别是我们需要添加 MNIST 和 SVHN 数据的程序。SVHN 数据集可从 http：// ufldl. stanford.edu /housenumbers/ 下载。

可引入模块 mnist_svhn_utils.py 来辅助当前的任务。代码列表 7.1.7 展现了使用 CycleGAN 进行交叉域转换的初始化和训练过程。所使用的 CycleGAN 和上一节相同，由于两个域完全不同，所以将核的大小设定为 5。

MNIST测试源图像　　　　　　SVHN测试目标图像

MNIST 数字　　　　　　　　　街景房屋号

图 7.1.11　两个不同的域，数据未对齐（彩色图片可从本书 GitHub 代码库中找到）

请注意在使用实例规范化之前安装 keras-contrib：
$ sudo pip3 install git + https://www.github.com/keras- team / keras-contrib.git。

代码列表 7.1.7，cyclegan-7.1.1.py 用于展示 MNIST 和 SVHN 之间跨域样式转换的 CycleGAN。

```
def mnist_cross_svhn(g_models=None):
    """构建并训练一个 CycleGAN,可实现 MNIST <--> SVHN
    """

    model_name = 'cyclegan_mnist_svhn'
    batch_size = 32
    train_steps = 100000
    patchgan = True
    kernel_size = 5
    postfix = ('%dp' % kernel_size) if patchgan else ('%d' % kernel_size)

    data, shapes = mnist_svhn_utils.load_data()
    source_data, _, test_source_data, test_target_data = data
    titles = ('MNIST predicted source images.',
              'SVHN predicted target images.',
              'MNIST reconstructed source images.',
              'SVHN reconstructed target images.')
    dirs = ('mnist_source-%s' % postfix, 'svhn_target-%s' % postfix)

    # 生成预测的目标 (SVHN) 和源 (MNIST) 图像
    if g_models is not None:
        g_source, g_target = g_models
        other_utils.test_generator((g_source, g_target),
                                   (test_source_data, test_
```

```
            target_data),
                                        step=0,
                                        titles=titles,
                                        dirs=dirs,
                                        show=True)
        return

    # 构建 cyclegan 用于 MNIST 交叉 SVHN
    models = build_cyclegan(shapes,
                            "mnist-%s" % postfix,
                            "svhn-%s" % postfix,
                            kernel_size=kernel_size,
                            patchgan=patchgan)
    # 由于我们将判别器的输入缩减至 2^n, patch的大小除以 2^n
    # 即使用 n 次 strides=2
    patch = int(source_data.shape[1] / 2**4) if patchgan else 1
    params = (batch_size, train_steps, patch, model_name)
    test_params = (titles, dirs)
    # 训练 cyclegan
    train_cyclegan(models,
                   data,
                   params,
                   test_params,
                   other_utils.test_generator)
```

将 MNIST 从测试数据集转换到 SVHN 的迁移结果如图 7.1.12（见彩插）所示。所产生的图像具有 SVHN 的风格，但是数字却没有完全被转换。例如，在第 4 行，数字 3、1 和 3 被 CycleGAN 风格化。然而，在第三行，数字 9、6 和 6 分别被使用和没有使用 PatchGAN 的方法风格化为 0、6、01 和 0、65、68。

后向循环的结果如图 7.1.13 所示。在这种情况下，目标图像来自于 SVHN 测试集。所建立的图像具备 MNIST 风格，但数字却没有被正确地转换。例如，在第 1 行中，数字 5、2 和 210 被未使用 PatchGAN 的 CycleGAN 风格化为 7、7、8，相应地，被使用 PatchGAN 的 CycleGAN 风格化为 3、3、1。

在使用 PatchGAN 的情况下，输出为 1 是可理解的，因为所给定的预测 MNSIT 数字被限定到 1 位。某些正确的预测例如 SVHN 第 2 行后 3 列，数字 6、3 和 6 被没有使用 PachGAN 的 CycleGAN 转换成为 6、3 和 6。然而，两种类型的 CyclgeGAN 都是单个数字且可识别。

从 MNIST 到 SVHN 进行转化中所暴露的问题是，源域中的数字在目标域中被转换成为另一个数字，这叫作标签翻转[8]（label-flipping）。尽管 CycleGAN 的预测是循环一致的，但它们并非语义一致。在转换的过程中丢失了数字的意义。为解决该问题，Hoffman[8] 提出一种改进的 CycleGAN，称为循环一致性对抗域适应（Cycle-Consistent Adversarial Domain Adaptation, CyCADA）。其不同之处在于，引入了额外的语义损失条件以确保预测不仅循环一致，且语义保持一致。

MNIST测试源图像

MNIST 数字

所预测的SVHN目标图像，
第100000步

SVHN域中的MNIST数字

所预测的SVHN目标图像，
第100000步

使用PatchGAN的SVHN
域中的MNIST数字

图 7.1.12 测试数据从 MNIST 域到 SVHN 的风格转换（彩色图片可从本书 GitHub 代码库中找到）

在图 7.1.3（见彩插）中，CycleGAN 被描述为循环一致。换而言之，给定源 x，CycleGAN 在前向循环中将源重建为 x'。另外，对于给定目标 y，CycleGAN 在后向循环中将目标重建为 y'。

图 7.1.14（见彩插）展示了 CycleGAN 在前向循环中重构 MNIST 数字。所重构的 MNIST 数字几乎与原 MNIST 数字相同。图 7.1.15（见彩插）展现了使用 CycleGAN 在后向循环中重构的 SVHN 数字。很多目标图像被重构。有些数字明显相同，例如第 2 行后两列（3 和 4）。然而，有些数字相同却比较模糊，如第 1 行前两列（5 和 2）。尽管风格被保留，但一些数字却被转换成为其他数字，如第 2 行的前两列（从 33 和 6 到 1 和一个无法识别的数字）。

我们推荐使用预先训练好的使用 PatchGAN 的 CycleGAN 执行图像转换任务。

```
python3 cyclegan-7.1.1.py --mnist_svhn_g_source=cyclegan_mnist_svhn-g_
source.h5 --mnist_svhn_g_target=cyclegan_mnist_svhn-g_target.h5
```

SVHN测试目标图像

SVHN

所预测的MNIST源图像。第100000步　　　所预测的MNIST源图像。第100000步

MNIST 域中的SVHN数字　　　　　　　使用PatchGAN的SVHN域中
　　　　　　　　　　　　　　　　　　　　的MNIST数字

图 7.1.13　测试数据从 SVHN 域到 MNIST 的样式转换（彩色图片可从本书 GitHub 代码库中找到）

所预测的MNIST源图像

SVHN到MNIST前向循环

所预测的SVHN目标图像

重构的MNIST源图像

图 7.1.14　使用 PatchGAN 的前向循环 CycleGAN 从 MNIST（源）转换到 SVHN（目标）
（彩色图片可从本书 GitHub 代码库中找到）

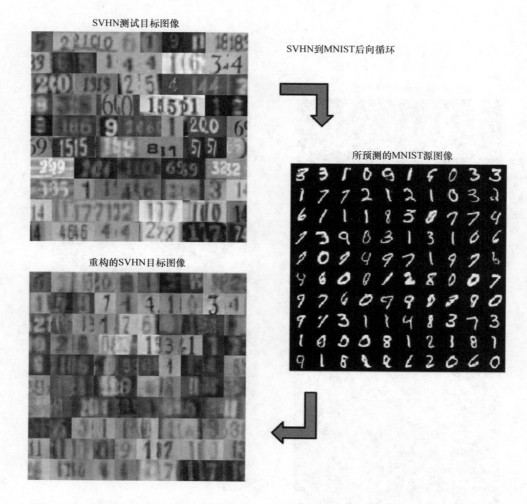

图 7.1.15 使用 PatchGAN 的后向循环 CycleGAN 从 MNIST（源）转换到 SVHN（目标）。重建后的目标与原始目标不完全相同（彩色图片可从本书 GitHub 代码库中找到）

7.2 小结

本章中，讨论了可作为图像转换的算法 CycleGAN。在 CycleGAN 当中，源数据和目标数据无须对齐。尽管本章仅提供了两个例子，分别为灰度↔彩色和 MNIST ↔ SVHN 的转换，但 CycleGAN 还可以执行很多其他可能的图像转换。

下一章中将介绍另一种生成模型——变分自编码器（Variational AutoEncoders, VAE）。VAE 可学习如何建立一个新图像（或数据），并专注于如何将一个潜向量作为高斯分布进行学习。此外，还将展示在条件 VAE 和松弛 VAE 潜表示下，求解被 GAN 解决过的问题。

参考文献

1. Yuval Netzer and others. *Reading Digits in Natural Images with Unsupervised Feature Learning*. NIPS workshop on deep learning and unsupervised feature learning. Vol. 2011. No. 2. 2011(https://www-cs.stanford.edu/~twangcat/papers/nips2011_housenumbers.pdf).

2. Zhu, Jun-Yan and others. *Unpaired Image-to-Image Translation Using Cycle-Consistent Adversarial Networks*. 2017 IEEE International Conference on Computer Vision (ICCV). IEEE, 2017 (http://openaccess.thecvf.com/content_ICCV_2017/papers/Zhu_Unpaired_Image-To-Image_Translation_ICCV_2017_paper.pdf).

3. Phillip Isola and others. *Image-to-Image Translation with Conditional Adversarial Networks*. 2017 IEEE Conference on Computer Vision and Pattern Recognition (CVPR). IEEE, 2017 (http://openaccess.thecvf.com/content_cvpr_2017/papers/Isola_Image-To-Image_Translation_With_CVPR_2017_paper.pdf).

4. Mehdi Mirza and Simon Osindero. *Conditional Generative Adversarial Nets*. arXiv preprint arXiv:1411.1784, 2014(https://arxiv.org/pdf/1411.1784.pdf).

5. Xudong Mao and others. *Least Squares Generative Adversarial Networks*. 2017 IEEE International Conference on Computer Vision (ICCV). IEEE, 2017(http://openaccess.thecvf.com/content_ICCV_2017/papers/Mao_Least_Squares_Generative_ICCV_2017_paper.pdf).

6. Chuan Li and Michael Wand. *Precomputed Real-Time Texture Synthesis with Markovian Generative Adversarial Networks*. European Conference on Computer Vision. Springer, Cham, 2016(https://arxiv.org/pdf/1604.04382.pdf).

7. Olaf Ronneberger, Philipp Fischer, and Thomas Brox. *U-Net: Convolutional Networks for Biomedical Image Segmentation*. International Conference on Medical image computing and computer-assisted intervention. Springer, Cham, 2015(https://arxiv.org/pdf/1505.04597.pdf).

8. Judy Hoffman and others. *CyCADA: Cycle-Consistent Adversarial Domain Adaptation*. arXiv preprint arXiv:1711.03213, 2017(https://arxiv.org/pdf/1711.03213.pdf).

第8章
变分自编码器

与前面章节所介绍的生成对抗网络（GAN）相类似，变分自编码器[1]（Variational Autoencoder, VAE）属于生成器模型家族。VAE 的生成器能够在引导连续潜空间时产生有意义的输出。解码器可能的输出属性通过潜向量进行探索。

GAN 的关键在于如何获取一个可近似输入分布的模型，而 VAE 则试图从可解码的连续潜空间中对输入分布进行建模。这是 GAN 相对于 VAE 能产生更为逼真信号的可能原因之一。例如，在图像生成中，GAN 可以产生看起来更为逼真的图像，而 VAE 所产生的图像相对来说略显模糊。

VAE 的核心是潜向量的变分推断。因此，VAE 为潜向量既提供了学习方法，也提供了有效的贝叶斯推断。例如，可分开表示的 VAE 可让潜向量重用于迁移学习。

在结构方面，VAE 与自编码器有相似之处。它们都是由一个编码器（又名识别或推断模型）和一个解码器（又名生成模型）组成。两者都试图在学习潜向量的同时重构输入数据。然而，与自编码器不同，VAE 的潜空间是连续的，并且解码器本身可作为一个生成器模型。

与前面章节所介绍的 GAN 相同，VAE 解码器也可以被条件化。例如，在 MNIST 数据集中，可通过给定的一个 one-hot 向量指定所需要生成的数字。这种条件化的 VAE 被称为 CVAE[2]。VAE 潜向量也可通过引入特定损失函数的一个正则化超参数被分离。该方法称为 β-VAE。例如，在 MNIST 中，可分离每个数字的潜向量用于指定加粗程度和倾斜角度。

本章主要内容如下：
- VAE 的原理。
- 了解再参数化的技巧，在 VAE 优化中，该技巧可促进随机梯度下降。
- 条件 VAE（CVAE）和 β-VAE 的原理。
- 了解如何在 Keras 库中实现 VAE。

8.1 VAE 原理

在生成模型中，我们会选择使用神经网络来获取输入真实分布的一个近似：

$$x \sim P_\theta(x) \tag{8.1.1}$$

式中，θ 是训练期间确定的参数。例如，在名人面孔数据集的场景中，等同于找到一个能够绘制面部的分布。类似的，在 MNIST 数据集中，该分布可生成一个可识别的手写数字。

在机器学习中，为执行一个特定级别的推断，则需要在输入和潜向量之间找到一个联合分布 $P_\theta(x, z)$。潜向量不属于数据集的一部分，但可从观测输入中解码出特定的属性。在名人面孔场景下，这些潜向量可以是面部的表情、发型、头发颜色、性别等。在 MNIST 数据集中，潜向量可代表数字和书写风格。

$P_\theta(x, z)$ 实际上是输入数据和其属性的一个分布。$P_\theta(x)$ 可根据边缘分布计算得到：

$$P_\theta(x) = \int P_\theta(x,z) \mathrm{d}z \tag{8.1.2}$$

换而言之，将所有可能的分布考虑进来，最终得到描述输入的分布。在名人面孔中，如果考虑所有的面部表情、发型、头发颜色、性别，就会重获描述名人面孔的分布。在 MNIST 数据集中，如果考虑所有可能的数字和书写风格，最终可获得手写字符的分布。

问题在于式（8.1.2）难以进行求解。该公式不存在一个解析形式或一个有效估计。参数的取值也无法进行区分。因此，通过神经网络进行优化的方法不可行。

使用贝叶斯理论，我们可找到式（8.1.2）的替代表示：

$$P_\theta(x) = \int P_\theta(x|z) P(z) \mathrm{d}z \tag{8.1.3}$$

$P(z)$ 是有关的一个先验分布，不受任何观测所约束。如果是离散的并且 $P_\theta(x|z)$ 是高斯分布，则 $P_\theta(x)$ 是一个混合高斯分布；如果是连续的，$P_\theta(x)$ 是一个无限混合高斯分布。

在实际应用中，如果试图在没有合适损失函数的情况下建立一个神经网络去逼近 $P_\theta(x|z)$，其会忽略，并将得到一个平凡解 $P_\theta(x|z)=P_\theta(x)$。因此，式（8.1.3）无法为 $P_\theta(x)$ 提供一个良好的估计。

为此，式（8.1.2）可替换为

$$P_\theta(x) = \int P_\theta(z|x) P(x) \mathrm{d}z \tag{8.1.4}$$

然而，$P_\theta(z|x)$ 也难以进行求解。VAE 的目标是找到一个易于处理的分布，接近对 $P_\theta(z|x)$ 的估计。

8.1.1 变分推断

为使 $P_\theta(z|x)$ 易于处理，VAE 引入变分推断模型（编码器）：

$$Q_\phi(z|x) \approx P_\theta(z|x) \tag{8.1.5}$$

$Q_\phi(z|x)$ 为 $P_\theta(z|x)$ 提供了一个有效估计，是一种参量化形式且易于处理。$Q_\phi(z|x)$ 也能通过优化参数 ϕ 被深度神经网络近似表达。

通常，选择一个多元高斯作为 $Q_\phi(z|x)$，即

$$Q_\theta(z|x) = \mathcal{N}(z; \mu(x), \mathrm{diag}(\sigma(x))) \tag{8.1.6}$$

均值 $\mu(x)$ 和标准差 $\sigma(x)$ 都使用所输入的数据点通过编码器神经网络计算得到。公式中的对角阵意味着其中的 z 元素都是独立的。

8.1.2 核心公式

推断模型 $Q_\phi(z|x)$ 从输入中建立潜向量。$Q_\phi(z|x)$ 类似于自编码器中的编码器。另一方面，$P_\theta(x|z)$ 从潜向量中重建 $P_\theta(x|z)$。$P_\theta(x|z)$ 的作用类似于一个自编码器的解码器。为估计 $P_\theta(x|z)$，需识别 $Q_\phi(z|x)$ 和 $P_\theta(x|z)$ 之间的关系。

如果 $Q_\phi(z|x)$ 是对 $P_\theta(x|z)$ 的一个估计，Kullback-Leibler(KL) 散度决定这两种条件密度的距离。

$$D_{\mathrm{KL}}(Q_\phi(z|x)||P_\theta(z|x)) = \mathbb{E}_{z\sim Q}[\log Q_\phi(z|x) - \log P_\theta(z|x)] \quad (8.1.7)$$

使用贝叶斯定理，有

$$P_\theta(z|x) = \frac{P_\theta(x|z)P_\theta(z)}{P_\theta(x)} \quad (8.1.8)$$

在式（8.1.7）中，有

$$D_{\mathrm{KL}}(Q_\phi(z|x)||P_\theta(z|x)) = \mathbb{E}_{z\sim Q}\left[\log Q_\phi(z|x) - \log P_\theta(x|z) - \log P_\theta(z)\right] + \log P_\theta(x) \quad (8.1.9)$$

$\log P_\theta(x)$ 可被移除期望，因为其不依赖于 $z\sim Q$。重新整理上述公式并得到

$$\begin{aligned}&\mathbb{E}_{z\sim Q}\left[\log Q_\phi(z|x) - \log P_\theta(z)\right] = D_{\mathrm{KL}}(Q_\phi(z|x)||P_\theta(z)):\\ &\log P_\theta(x) - D_{\mathrm{KL}}(Q_\phi(z|x)||P_\theta(z|x)) = \mathbb{E}_{z\sim Q}\left[\log P_\theta(x|z)\right] - D_{\mathrm{KL}}(Q_\phi(z|x)||P_\theta(z))\end{aligned} \quad (8.1.10)$$

式（8.1.10）是 VAE 的核心。左边部分是项 $P_\theta(x)$，我们要最大程度地减少该项的误差，这是由于距离 $Q_\phi(z|x)$ 来源于真实的 $P_\theta(z|x)$。回想可知，取对数不会更改最大值（或最小值）的位置。给定一个推断模型，提供一个良估计 $P_\theta(z|x)$，$D_{\mathrm{KL}}(Q_\phi(z|x)||P_\theta(z|x))$ 接近于零。右半部分第一项，类似于一个解码器从推断模型中去除样本，用于重建输入。第二项表示 $Q_\phi(z|x)$ 和 $P_\theta(z|x)$ 先验之间的距离。

式（8.1.0）左边部分也称为变分下界（variational lower bound）或证据下界（evidence lower bound, ELBO）。由于 KL 始终为正，因此 ELBO 是 $\log P_\theta(x)$ 的下界。通过优化神经网络的参数 ϕ 和 θ 最大化 ELBO 意味着：

- $D_{\mathrm{KL}}(Q_\phi(z|x)||P_\theta(z|x))\to 0$，意味着推断模型在 z 中对 x 的属性进行编码，表现更好。
- 式（8.1.10）右边部分的 $\log P_\theta(x|z)$ 被最大化，意味着解码器模型会更好地从潜向量 z 中重建 x。

8.1.3 优化

式（8.1.10）右边部分有两个与 VAE 损失函数有关的重要信息点。解码器条件 $\mathbb{E}_{z\sim Q}[\log P_\theta(x|z)]$ 表示生成器从推断模型的输出中取出个样本用于重建输入。最大化该项意味着我们需要最小化重建损失 $\mathcal{L}_R$。假设图像（或数据）分布为高斯分布，则可使用 MSE。如果每一个像素（或数据）都被认为是伯努利分布，则损失函数是一个二元交叉熵。

第二项 $-D_{\mathrm{KL}}(Q_\phi(z|x)||P_\theta(z))$ 较容易估算。式（8.1.6）中，Q_ϕ 是一个高斯分布。通常，

$P_\theta(z) = P(z) = \mathcal{N}(0,1)$ 也是一个均值为 0,标准差为 1 的高斯分布。KL 项可简化为

$$-D_{\mathrm{KL}}(Q_\phi(z|x)\|P_\theta(z)) = \frac{1}{2}\sum_{j=1}^{j}(1+\log(\sigma_j)^2-(\mu_j)^2-(\sigma_j)^2) \quad(8.1.11)$$

式中,j 是 z 的维度;μ_j 和 σ_j 都是通过推断模型计算出的函数。为最大化 $-D_{\mathrm{KL}}$,$\sigma_j \to 1$ 且 $\mu_j \to 0$。对 $P(z) = \mathcal{N}(0,1)$ 的选择来源于单位高斯各向同性的属性。式(8.1.11)中,KL 损失 $\mathcal{L}_{\mathrm{KL}}$ 是一个简化的 D_{KL}。

 例如,参考文献 [6] 已证明,一个各向同性高斯可使用函数 $g(z)=z/10+z/\|z\|$ 变形为环形分布。读者可以在 Luc Devroye 编写的 *Sample-Based Non-Uniform Random Variate Generation*[7] 一书中进一步了解该部分内容。

总之,VAE 损失函数定义为

$$\mathcal{L}_{\mathrm{VAE}} = \mathcal{L}_{\mathrm{R}} + \mathcal{L}_{\mathrm{KL}} \quad(8.1.12)$$

8.1.4 再参数化的技巧

图 8.1.1 左侧展现了 VAE 网络,判别器获取输入 x,并对潜向量 z 的多元高斯分布估计出了均值 μ 和标准差 σ。解码器从潜向量 z 中获取样本来将输入重构为 $\tilde{x}$。整个过程显得十分简单,直到反向传播中发生梯度更新。

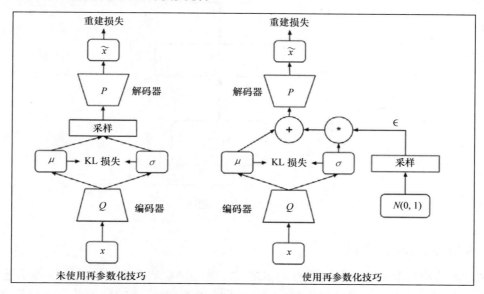

图 8.1.1 使用和不使用再参数化技巧的 VAE 网络

反向传播的梯度不会通过随机采样模块。虽然对于神经网络而言可获得随机输入,然而梯度不可能穿过一个随机层。

解决该问题的方法是将分离出的采样过程作为输入,如图 8.1.1 右侧所示。此时,通过

下式计算样本

$$\text{Sample} = \mu + \epsilon\sigma \qquad (8.1.13)$$

如果 ϵ 和 σ 表示为向量的形式，则 $\epsilon\sigma$ 就是基于元素的乘积。使用式（8.1.13），如最初预想的一样，样本可直接从潜空间中获取。这项技术被称为再参数化技巧。

随着采样在输入中的进行，此时 VAE 网络可通过优化算法中的 SGD、Adam 或 RMSProp 进行训练。

8.1.5 解码测试

在训练 VAE 网络之后，可以丢弃含有加法和乘法运算符的推理模型。为了产生新的有意义的输出，在生成时使用高斯分布提取样本。图 8.1.2 显示了如何测试解码器。

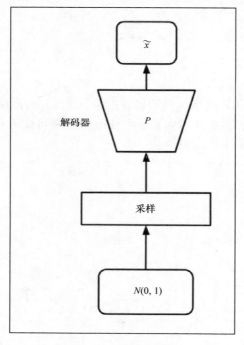

图 8.1.2　解码器测试

8.1.6 VAE 的 Keras 实现

VAE 的结构与典型的自解码器有相似之处。其差别主要在于对高斯随机分布进行采样时使用了再参数化技巧。代码列表 8.1.1 展现了使用 MLP 实现的编码器、解码器和 VAE。该代码已经贡献至官方 Keras GitHub 代码库。为讨论方便，潜向量设置为 2 维。

编码器仅是一个双层 MLP，在第二层生成均值和 log 方差。log 方差的使用是为了简化 KL 损失和再参数化技巧的计算。编码器的第三个输出是使用再参数化技巧所得到的采样。需注意的是，采样函数为 $e^{0.5\log\sigma^2} = \sqrt{\sigma^2} = \sigma$，由于 $\sigma > 0$，表示高斯分布的标准差。

解码器也是一个双层 MLP，使用样本 z 来近似输入。编码器和解码器都使用一个 512 维的中间维度。

VAE 网络可简单地将编码器与解码器连接一起。图 8.1.3~ 图 8.1.5 分别展现了编码器、解码器和 VAE 网络。损失函数为 Reconstruction Loss 和 KL Loss 的累加。使用默认 Adam 优化器的 VAE 网络可获得良好的性能。VAE 网络的参数总数为 807700。

VAE MLP 的 Keras 代码含有预先训练好的权值。测试仅需要运行以下代码：

```
$ python3 vae-mlp-mnist-8.1.1.py --weights=vae_mlp_mnist.h5
```

完整的代码可以在以下链接中找到：https://github.com/PacktPublishing/Advanced-Deep-Learning-with-Keras。

代码列表 8.1.1，vae-mlp-mnist-8.1.1.py 用于展示使用 MLP 层的 VAE Keras 代码。

```
# 再参数化技巧
# 采样 eps = N(0,I),而不是从 Q(z|X)中采样
# z = z_mean + sqrt(var)*eps
def sampling(args):
    z_mean, z_log_var = args

    batch = K.shape(z_mean)[0]
    # K 为 keras 后端
    dim = K.int_shape(z_mean)[1]
    # 默认情况下, random_normal 中 mean=0 且 std=1.0

    epsilon = K.random_normal(shape=(batch, dim))
    return z_mean + K.exp(0.5 * z_log_var) * epsilon


# MNIST 数据集
(x_train, y_train), (x_test, y_test) = mnist.load_data()

image_size = x_train.shape[1]
original_dim = image_size * image_size
x_train = np.reshape(x_train, [-1, original_dim])
x_test = np.reshape(x_test, [-1, original_dim])
x_train = x_train.astype('float32') / 255
x_test = x_test.astype('float32') / 255

# 网络参数
input_shape = (original_dim, )
intermediate_dim = 512
batch_size = 128
latent_dim = 2
epochs = 50

# VAE 模型 = 编码器 + 解码器
# 构建编码器模型
inputs = Input(shape=input_shape, name='encoder_input')
x = Dense(intermediate_dim, activation='relu')(inputs)
```

```python
z_mean = Dense(latent_dim, name='z_mean')(x)
z_log_var = Dense(latent_dim, name='z_log_var')(x)


# 使用再参数化技巧提取采样样本作为输入
z = Lambda(sampling, output_shape=(latent_dim,), name='z')([z_mean,
z_log_var])
# 实例化编码器模型
encoder = Model(inputs, [z_mean, z_log_var, z], name='encoder')
encoder.summary()
plot_model(encoder, to_file='vae_mlp_encoder.png', show_shapes=True)

# 构建解码器模型
latent_inputs = Input(shape=(latent_dim,), name='z_sampling')
x = Dense(intermediate_dim, activation='relu')(latent_inputs)
outputs = Dense(original_dim, activation='sigmoid')(x)

# 实例化解码器模型
decoder = Model(latent_inputs, outputs, name='decoder')
decoder.summary()
plot_model(decoder, to_file='vae_mlp_decoder.png', show_shapes=True)

# 实例化 VAE 模型
outputs = decoder(encoder(inputs)[2])
vae = Model(inputs, outputs, name='vae_mlp')


if __name__ == '__main__':
    parser = argparse.ArgumentParser()
    help_ = "Load h5 model trained weights"
    parser.add_argument("-w", "--weights", help=help_)
    help_ = "Use mse loss instead of binary cross entropy (default)"
    parser.add_argument("-m",
                        "--mse",
                        help=help_, action='store_true')
    args = parser.parse_args()
    models = (encoder, decoder)
    data = (x_test, y_test)
    # VAE loss = mse_loss or xent_loss + kl_loss
    if args.mse:
        reconstruction_loss = mse(inputs, outputs)
    else:
        reconstruction_loss = binary_crossentropy(inputs,
                                                  outputs)
    reconstruction_loss *= original_dim
    kl_loss = 1 + z_log_var - K.square(z_mean) - K.exp(z_log_var)
    kl_loss = K.sum(kl_loss, axis=-1)
    kl_loss *= -0.5
    vae_loss = K.mean(reconstruction_loss + kl_loss)
    vae.add_loss(vae_loss)
    vae.compile(optimizer='adam')
```

```python
vae.summary()
plot_model(vae,
           to_file='vae_mlp.png',
           show_shapes=True)

if args.weights:
    vae = vae.load_weights(args.weights)
else:
    # 训练自编码器
    vae.fit(x_train,
            epochs=epochs,
            batch_size=batch_size,
            validation_data=(x_test, None))
    vae.save_weights('vae_mlp_mnist.h5')

plot_results(models,
             data,
             batch_size=batch_size,
             model_name="vae_mlp")
```

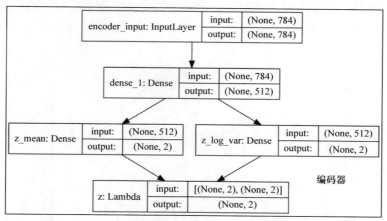

图 8.1.3　VAE MLP 的编码器模型

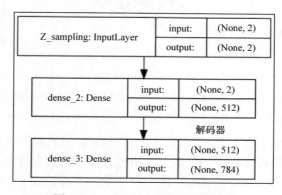

图 8.1.4　VAE MLP 的解码器模型

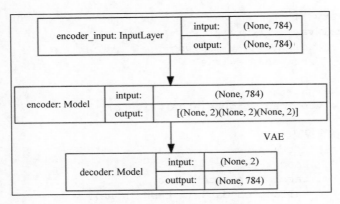

图 8.1.5 使用 MLP 的 VAE 模型

图 8.1.6（见彩插）展示了迭代了 50 代后使用 plot_results( ) 所绘制的潜向量的连续空间。为了简单起见，相关代码在此没有显示，余下的代码可在 vae-mlp-mnist-8.1.1.py 中找到。该函数绘制了两个图像，测试数据标签（见图 8.1.6）和生成数字的采样（见图 8.1.7），它们都作为 z 的函数。两个图像都展现了潜向量是如何决定所生成数字的属性。

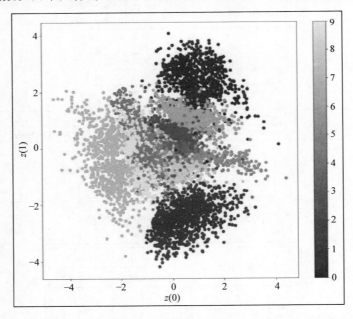

图 8.1.6　测试数据集 (VAE MLP) 上潜向量均值。色条显示随 z 的函数变化
所展现出的相应 MNIST 数字（彩色图片可从本书 GitHub 代码库中找到）

穿行于连续空间经常会导致输出显现出与 MNSIT 数字类同。例如，数字 9 的区域与数字 7 的区域很接近。从接近 9 的中心位置穿行到左边会变形为数字 7。从中心向下移动将会改变所生成的数字从 3 到 8，最终到 1。数字变形的例子在图 8.1.7 中表现得更为明显，可作为解释图 8.1.6 的另一种方式。

在图 8.1.7 中，以生成器的输出取代色条显示。图中显示了潜空间中的数字分布。从图中可观察到，所有的数字都被显示出来。由于接近分布的中心较密集，在中心位置的变化较剧烈，且均值变大时开始放缓。需要注意的是，图 8.1.7 是图 8.1.6 的一个镜像。例如，数字 0 在两幅图当中都位于右上象限，而数字 1 则位于右下象限。

图 8.1.7 中有一些无法识别的数字，尤其是在左上象限，这些区域较稀疏且远离中心。

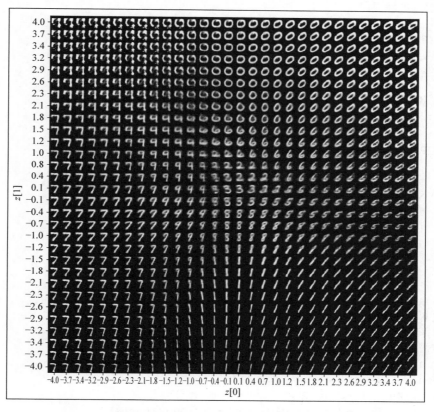

图 8.1.7　作为潜向量均值 (VAE MLP) 的函数所生成的数字。
为便于解释，均值的范围与图 8.1.6 类似

8.1.7　将 CNN 应用于 VAE

在介绍原始自动编码变分贝叶斯（Auto-encoding Variational Bayes）的论文[1]中，VAE 网络借助 MLP 实现，该方式与前一节中已涉及的内容类似。在本小节中，将会展示使用 CNN 如何显著提升生成数字的质量，并且可将参数显著减少至 134165。

代码列表 8.1.3 展示了编码器、解码器和 VAE 网络。该代码也被贡献于官方的 Keras Github 代码库。为简单起见，与 MLP 类似的代码不再展示。编码器由两个 CNN 层和两个 MLP 层组成，用于生成潜向量。编码器的输出类似于前一小节中的 MLP 的实现结果。解码器由一个 MLP 层和三个转置 CNN 层组成。图 8.1.8~ 图 8.1.10 分别展示了编码器、解码器和 VAE 模型。对于 VAE CNN，相对于 Adam 优化器，使用 RMSprop 会得到更小的损失。

VAE CNN 的 Keras 代码含有预先训练好的权值。需运行以下代码进行测试：
```
$ python3 vae-cnn-mnist-8.1.2.py --weights=vae_cnn_mnist.h5
```
代码列表 8.1.3，vae-cnn-mnist-8.1.2.py 用于展示使用 CNN 层的 VAE Keras 代码。

```python
# 网络参数
input_shape = (image_size, image_size, 1)
batch_size = 128
kernel_size = 3
filters = 16
latent_dim = 2
epochs = 30

# VAE 模式 = 编码器 + 解码器
# 构建编码器模型
inputs = Input(shape=input_shape, name='encoder_input')
x = inputs

for i in range(2):
    filters *= 2
    x = Conv2D(filters=filters,
               kernel_size=kernel_size,
               activation='relu',
               strides=2,
               padding='same')(x)


# 构建解码器模型所需的数形信息
shape = K.int_shape(x)
# 生成潜向量 Q(z|X)
x = Flatten()(x)
x = Dense(16, activation='relu')(x)
z_mean = Dense(latent_dim, name='z_mean')(x)
z_log_var = Dense(latent_dim, name='z_log_var')(x)

# 使用再数化技巧提取采样样本作为输入
# 注意，使用 TensorFlow 后端无需设置 "output_shape"
z = Lambda(sampling, output_shape=(latent_dim,), name='z')([z_mean, z_log_var])

# 实例化编码器模型
encoder = Model(inputs, [z_mean, z_log_var, z], name='encoder')
encoder.summary()
plot_model(encoder, to_file='vae_cnn_encoder.png', show_shapes=True)

# 构建解码器模型
latent_inputs = Input(shape=(latent_dim,), name='z_sampling')
x = Dense(shape[1]*shape[2]*shape[3], activation='relu')(latent_inputs)
```

```python
x = Reshape((shape[1], shape[2], shape[3]))(x)


for i in range(2):
    x = Conv2DTranspose(filters=filters,
                        kernel_size=kernel_size,
                        activation='relu',
                        strides=2,
                        padding='same')(x)
    filters //= 2

outputs = Conv2DTranspose(filters=1,
                          kernel_size=kernel_size,
                          activation='sigmoid',
                          padding='same',
                          name='decoder_output')(x)

# 实例化解码器模型
decoder = Model(latent_inputs, outputs, name='decoder')
decoder.summary()
plot_model(decoder, to_file='vae_cnn_decoder.png', show_shapes=True)

# 实例化 VAE 模型
outputs = decoder(encoder(inputs)[2])
vae = Model(inputs, outputs, name='vae')
```

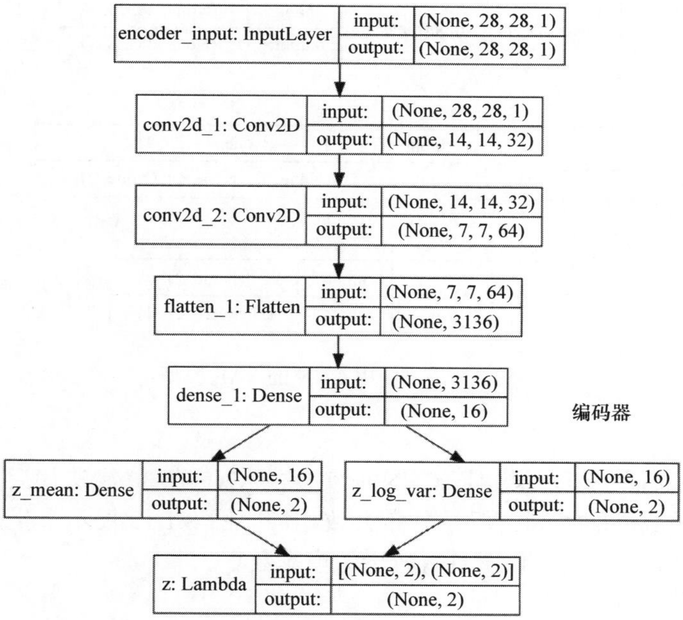

图 8.1.8 VAE CNN 的编码器

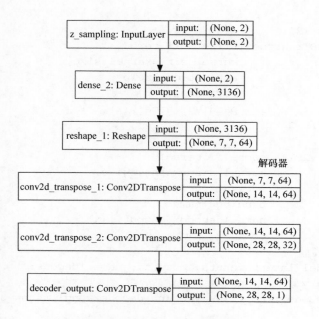

图 8.1.9　VAE CNN 的解码器

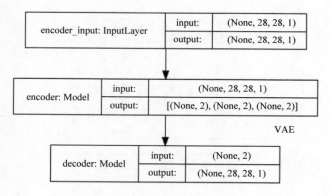

图 8.1.10　使用 CNN 的 VAE 模型

　　图 8.1.11（见彩插）显示了使用 CNN 所实现的 VAE 在 30 次迭代后的连续潜空间。每个数字所分配的区域可能不同，但是分布大致相同。图 8.1.12 展示了生成模型的输出。相对于图 8.1.7 中的 MLP 实现，该图具有较少的模糊数字。

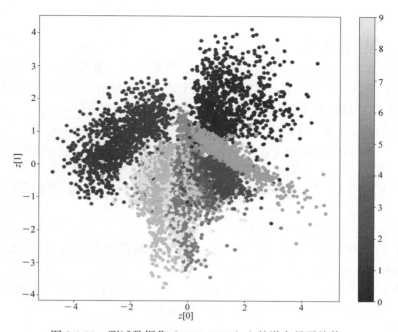

图 8.1.11　测试数据集（VAE CNN）上的潜向量平均值。色条显示随 z 的函数变化所展现出的相应 MNIST 数字（彩色图片可从本书 GitHub 代码库中找到）

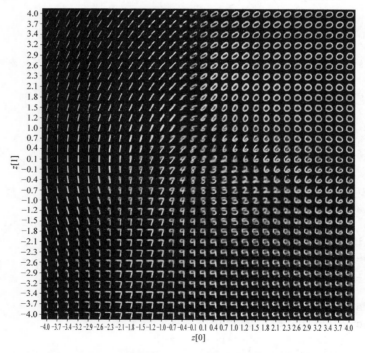

图 8.1.12　随潜向量均值（VAE CNN）的函数所生成的数字。为便于解释，均值范围的设定类似于图 8.1.11

8.2 条件 VAE (CVAE)

条件 VAE[2] 类似于 CGAN。就 MNIST 数据集而言，如果潜空间是随机采样的，VAE 不会对将要产生的数字进行控制。CVAE 可通过引入一个所要生成数字的条件（one-hot 标签）来解决该问题。该条件在编码器和解码器的输入中都会被施加。

修改 VAE 的核心公式（8.1.10）以引入条件：

$$\log P_\theta(x|c) - D_{KL}(Q_\phi(z|x,c) \| P_\theta(z|x,c))$$
$$= \mathbb{E}_{z \sim Q}[\log P_\theta(x|z,c)] - D_{KL}(Q_\phi(z|x,c) \| P_\theta(z|c)) \qquad (8.2.1)$$

与 VAE 类似，式（8.2.1）意味着如果想要最大化条件的输出，则以下两个损失项必须最小化：

- 最小化给定编码器潜向量和条件的重构损失。
- 最小化给定潜向量和条件的编码器和给定条件的先验分布之间的 KL 损失。类似于 VAE，通常选择 $P_\theta(z|c) = P(z|c) = \mathcal{N}(0, I)$。

代码列表 8.2.1，cvae-cnn-mnist-8.2.1.py 用于展示使用 CNN 层所实现 CVAE 的 Keras 代码。代码中的加粗部分显示了为支持 CVAE 所做的更改。

```python
# 计算标签数量
num_labels = len(np.unique(y_train))

# 网络参数
input_shape = (image_size, image_size, 1)
label_shape = (num_labels, )
batch_size = 128
kernel_size = 3
filters = 16
latent_dim = 2
epochs = 30


# VAE 模型 = 编码器 + 解码器
# 构建编码器模型
inputs = Input(shape=input_shape, name='encoder_input')
y_labels = Input(shape=label_shape, name='class_labels')
x = Dense(image_size * image_size)(y_labels)
x = Reshape((image_size, image_size, 1))(x)
x = keras.layers.concatenate([inputs, x])
for i in range(2):
    filters *= 2
    x = Conv2D(filters=filters,
               kernel_size=kernel_size,
               activation='relu',
```

```python
                strides=2,
                padding='same')(x)

# 构建解码器模型所需的数形信息
shape = K.int_shape(x)

# 生成潜向量 Q(z|X)
x = Flatten()(x)
x = Dense(16, activation='relu')(x)
z_mean = Dense(latent_dim, name='z_mean')(x)
z_log_var = Dense(latent_dim, name='z_log_var')(x)

# 使用再参数化将提取出的采样样本作为输入
# 注意 TensorFlow 后端无需设置 "output_shape"
z = Lambda(sampling, output_shape=(latent_dim,), name='z')([z_mean, z_log_var])

# 实例化编码器模型
encoder = Model([inputs, y_labels], [z_mean, z_log_var, z], name='encoder')
encoder.summary()
plot_model(encoder, to_file='cvae_cnn_encoder.png', show_shapes=True)

# 构建解码器模型
latent_inputs = Input(shape=(latent_dim,), name='z_sampling')
x = keras.layers.concatenate([latent_inputs, y_labels])
x = Dense(shape[1]*shape[2]*shape[3], activation='relu')(x)
x = Reshape((shape[1], shape[2], shape[3]))(x)
for i in range(2):
    x = Conv2DTranspose(filters=filters,
                        kernel_size=kernel_size,
                        activation='relu',
                        strides=2,
                        padding='same')(x)
    filters //= 2


outputs = Conv2DTranspose(filters=1,
                          kernel_size=kernel_size,
                          activation='sigmoid',
                          padding='same',
                          name='decoder_output')(x)

# 实例化解码器模型
decoder = Model([latent_inputs, y_labels], outputs, name='decoder')
```

```python
decoder.summary()
plot_model(decoder, to_file='cvae_cnn_decoder.png', show_shapes=True)
# 实例化 VAE 模型
outputs = decoder([encoder([inputs, y_labels])[2], y_labels])
cvae = Model([inputs, y_labels], outputs, name='cvae')

if __name__ == '__main__':
    parser = argparse.ArgumentParser()
    help_ = "Load h5 model trained weights"
    parser.add_argument("-w", "--weights", help=help_)
    help_ = "Use mse loss instead of binary cross entropy (default)"
    parser.add_argument("-m", "--mse", help=help_, action='store_true')
    help_ = "Specify a specific digit to generate"
    parser.add_argument("-d", "--digit", type=int, help=help_)
    help_ = "Beta in Beta-CVAE. Beta > 1. Default is 1.0 (CVAE)"
    parser.add_argument("-b", "--beta", type=float, help=help_)
    args = parser.parse_args()
    models = (encoder, decoder)
    data = (x_test, y_test)

    if args.beta is None or args.beta < 1.0:
        beta = 1.0
        print("CVAE")
        model_name = "cvae_cnn_mnist"
    else:
        beta = args.beta
        print("Beta-CVAE with beta=", beta)
        model_name = "beta-cvae_cnn_mnist"

    # VAE 损失 = mse_loss 或 xent_loss + kl_loss
    if args.mse:
        reconstruction_loss = mse(K.flatten(inputs),
K.flatten(outputs))
    else:
        reconstruction_loss = binary_crossentropy(K.flatten(inputs),
                                                  K.flatten(outputs))

    reconstruction_loss *= image_size * image_size
    kl_loss = 1 + z_log_var - K.square(z_mean) - K.exp(z_log_var)
    kl_loss = K.sum(kl_loss, axis=-1)
    kl_loss *= -0.5 * beta
    cvae_loss = K.mean(reconstruction_loss + kl_loss)
    cvae.add_loss(cvae_loss)
    cvae.compile(optimizer='rmsprop')
```

```
        cvae.summary()
        plot_model(cvae, to_file='cvae_cnn.png', show_shapes=True)
        if args.weights:
            cvae = cvae.load_weights(args.weights)
        else:
            # 训练自编码器
            cvae.fit([x_train, to_categorical(y_train)],
                     epochs=epochs,
                     batch_size=batch_size,
                     validation_data=([x_test, to_categorical(y_test)],
None))
            cvae.save_weights(model_name + '.h5')

        if args.digit in range(0, num_labels):
            digit = np.array([args.digit])
        else:
            digit = np.random.randint(0, num_labels, 1)
        print("CVAE for digit %d" % digit)
        y_label = np.eye(num_labels)[digit]
        plot_results(models,
                     data,
                     y_label=y_label,
                     batch_size=batch_size,
                     model_name=model_name)
```

实现 CAVE 需对 VAE 中的代码进行一些修改。对于 CVAE，可使用 VAE CNN 的实现方式。代码列表 8.2.1 的加粗部分显示了 MNIST 数字问题中对原始 VAE 代码所做的改变。编码器的输入是一个输入图像和其 one-hot 标签的串联。当前解码器的输入是潜空间的采样和其应该生成图像的 one-hot 标签的合并结果。参数的总数为 174437。有关 β-VAE 的代码将会在本章下一小节进行讨论。

损失函数没有变化。然而在训练、测试和绘制结果的时候需要提供 one-hot 编码。图 8.2.1~ 图 8.2.3 展示了编码器、解码器和 CVAE 模型。条件标签以 one-hot 向量的形式，将其作用展现出来。

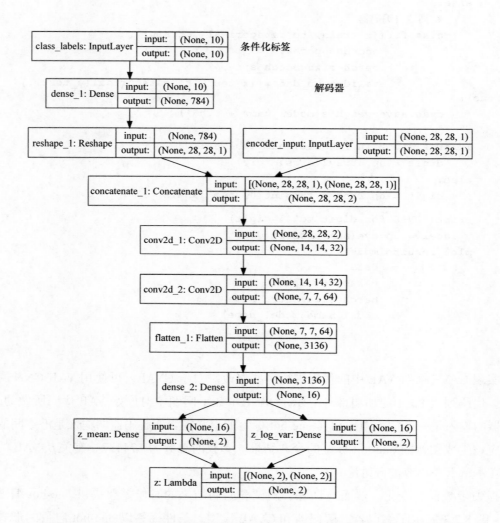

图 8.2.1 CVAE CNN 中的编码器。输入由 VAE 输入和条件标签的串联组成

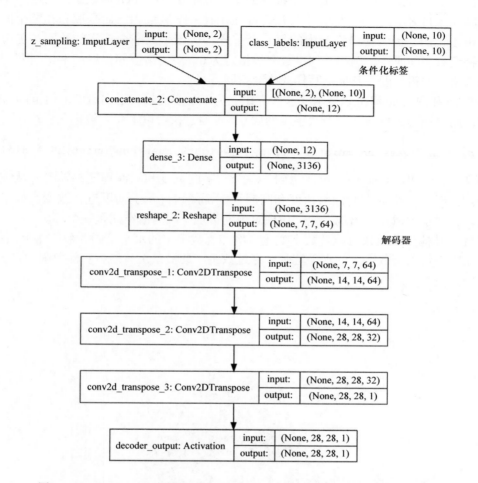

图 8.2.2　CVAE CNN 中的解码器。输入由采样和一个条件标签的串联组成

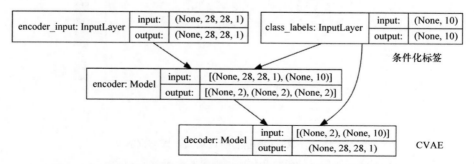

图 8.2.3　使用 CNN 的 CVAE 模型。输入由 VAE 输入和条件标签组成

在图 8.2.4（见彩插）中，每一个标签的均值分布在 30 epoch 后显示。与前一小节中图 8.1.6 和图 8.1.11 不同，每个标签不再被合并显示在一个区域内，而是散布在整个图中。该结果是可预见的，因为在潜空间中的每一个采样都应该生成一个特定的数字。游历潜空间会改变特定数字的属性。例如，如果数字被指定为 0，游历潜空间仍然产生 0，但是其属性，例如倾斜角、加粗程度和其他书写样式将会不同。

图 8.2.5 和图 8.2.6 清楚地展示了这些变化。为了易于比较，潜向量的取值范围与图 8.2.4 一致。使用预训练的权值，一个数字（例如 0）可通过执行以下命令被生成：

```
$ python3 cvae-cnn-mnist-8.2.1.py --weights=cvae_cnn_mnist.h5 --digit=0
```

在图 8.2.5 和图 8.2.6 中，可注意到每一个数字的宽度和圆润程度都随 z[0] 从左向右进行改变。同时，每个数字的倾斜角度和圆润程度都随 z[1] 从上向下进行改变。如果从中心分散开来，数字图像开始出现退化。该现象预期可现，因为潜空间是一个环。

属性中其他显著效果可能随数字变化。例如，数字 1 的水平笔画（数字 1 上面的臂长）在左上象限中可见。数字 7 的水平笔画（穿过数字 7 的横条）只能在右侧象限中可见。

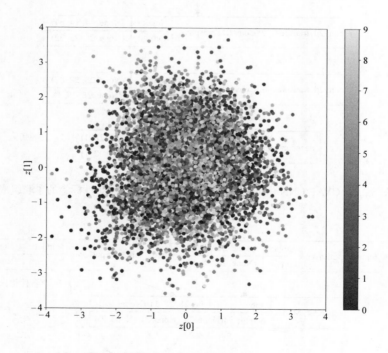

图 8.2.4　测试数据集上潜向量均值 (CVAE CNN)。
色条显示随 z 的函数变化所展现出的相应 MNIST 数字
（彩色图片可从本书 GitHub 代码库中找到）

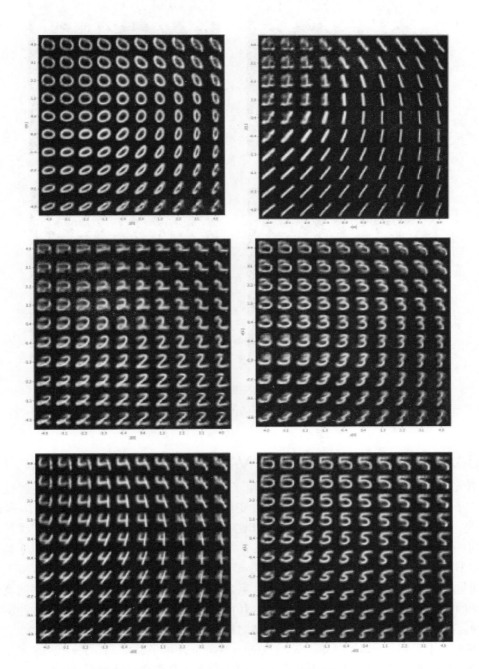

图 8.2.5　随潜向量均值和 one-hot 标签变化所生成的数字 0~5（CVAE CNN）。
为易于解释，均值的范围与图 8.2.4 类似

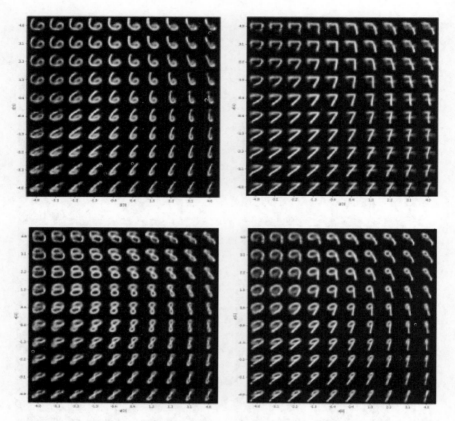

图 8.2.6　随潜向量函数和 one-hot 标签变化所生成的数字 6~9（CAVE CNN）。
为易于解释，均值的范围与图 8.2.4 类似

8.3　β-VAE：可分离的隐式表示 VAE

在第 6 章，可分离表示的 GAN 中，讨论了对潜向量可分离表示的概念和重要性。回顾可知，一个分离表示中，单独潜单元仅对改变单独生成因素敏感，而相对其他因素的改变不敏感[3]。改变潜向量会导致在所生成的输出中一种属性发生变化，而其余属性保持不变。

在同一章中，InfoGAN[4] 展示了在 MNIST 数据集中，控制生成的数字和类似于倾斜和加粗程度的书写风格是可能的。通过观察上一小节的结果，可注意到 VAE 在一定程度上就可以分离潜向量的维度。例如，观察图 8.2.6 的数字 8，从上向下游历 z[1] 会减小数字的宽度和圆润度，却顺时针旋转了数字。从左向右增加 z[0] 也能减少宽度和圆润度，却逆时针旋转了数字。换而言之，控制顺时针旋转，z[0] 影响逆时针旋转，两者都能改变宽度和圆润度。

在本小节中，将展示对 VAE 损失函数的一些调整，可迫使潜向量进一步的被分离。这个简单的调整就是一个正数常量的权值，$\beta > 1$，作为 KL 损失的正则化项：

$$\mathcal{L}_{\beta\text{-VAE}} = \mathcal{L}_R + \beta\mathcal{L}_{KL} \tag{8.3.1}$$

这个 VAE 的变种方法称为 β-VAE[5]。β 的隐含效果是一个收紧的标准差。换而言之，β 迫使潜向量中的后验分布 $Q_\phi(z|x)$ 变为独立。

实现 β-VAE 很简单。例如，在前一小节中介绍的 CVAE 的基础上，仅需在 kl_loss 中加入一个额外的 beta 因子即可。

```
kl_loss = 1 + z_log_var - K.square(z_mean) - K.exp(z_log_var)
kl_loss = K.sum(kl_loss, axis=-1)
kl_loss *= -0.5 * beta
```

CVAE 是 β-VAE 在 β=1 时的特例，其他都保持不变。然而，确定的值需要一些试错的方法。为保证潜向量独立，需谨慎平衡重建误差和正则化。分离效果在 β=7 附近达到最大。当 $\beta > 8$ 时，β-VAE 被迫仅学习一个分离表示，而对其他潜维度则充耳不闻。

图 8.3.1 和图 8.3.2（见彩插）展现了 β-VAE 潜向量均值为 β=7 和 β=10 的效果。在 β=7 时，相对于 CVAE，其分布具有较小的标准差。当 β=10 时，只有潜向量被学习。相应分布被缩小至 1 维，即被编码器和解码器所忽略的第一个潜向量 $z[0]$。

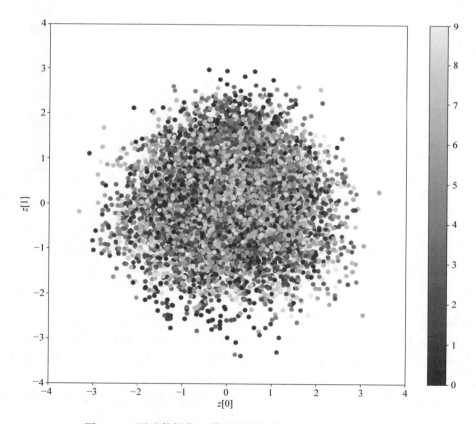

图 8.3.1　测试数据集上潜向量的均值（β-VAE，其中 β=7）
（彩色图片可从本书 GitHub 代码库中找到）

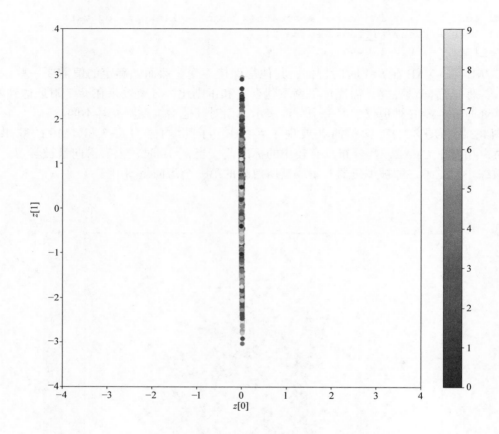

图 8.3.2 测试集合上潜向量的均值（β-VAE，其中 β=10）
（彩色图片可从本书 GitHub 代码库中找到）

这些观测可从图 8.3.3 中反映，β=7 的 β-VAE 有两个潜向量实际上是独立的。$z[0]$ 决定书写风格中的倾斜程度。同时 $z[1]$ 决定数字的宽度和圆润程度。对于 β=10 的 β-VAE，$z[0]$ 不处理。增加 $z[0]$ 不会对数字造成显著性的改变。$z[1]$ 决定书写风格的倾斜角度和宽度。

β-VAE 的 Keras 代码含有预先训练好的权值。为测试 β=7 的 β-VAE 生成数字 0，需要运行以下命令：

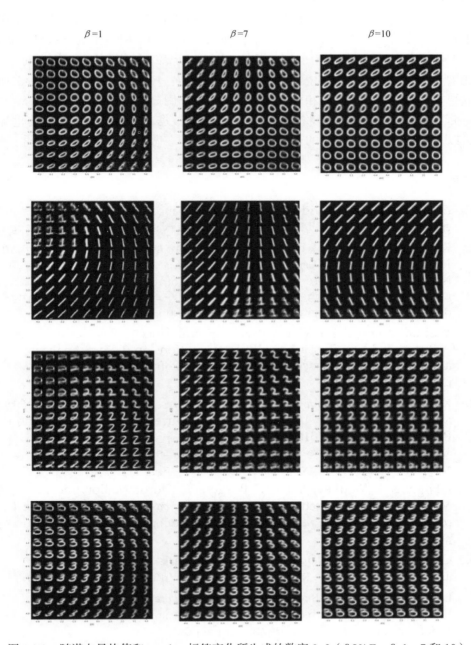

图 8.3.3 随潜向量均值和 one-hot 标签变化所生成的数字 0~3（β-VAE，$\beta=1$，7 和 10）。为便于解释，均值的范围与图 8.3.1 类似

```
$ python3 cvae-cnn-mnist-8.2.1.py --beta=7 --weights=beta-cvae_cnn_mnist.h5 --digit=0
```

8.4 小结

本章介绍了变分自编码器的原理。正如之前所介绍的 VAE，该方法与 GAN 在试图从潜空间中建立合成的输出相类似。然而，值得注意的是，VAE 网络相对于 GAN 训练更加简便。条件 VAE 和 β-VAE 在概念上分别与条件 GAN 和分离表示 GAN 有相似之处。

VAE 拥有一个分离潜向量的固有机制。因此，建立一个 β-VAE 较为简单。然而需要注意在建立智能体时，其可解释性和可分离性具有重要作用。

下一章中将关注强化学习。将讨论没有任何先验数据，一个智能体通过与世界交互进行学习，以及该智能体可从正确的行为中获得回报，并在做出错误行为时被惩罚。

参考文献

1. Diederik P. Kingma and Max Welling. *Auto-encoding Variational Bayes*. arXiv preprint arXiv:1312.6114, 2013(https://arxiv.org/pdf/1312.6114.pdf).

2. Kihyuk Sohn, Honglak Lee, and Xinchen Yan. *Learning Structured Output Representation Using Deep Conditional Generative Models*. Advances in Neural Information Processing Systems, 2015(http://papers.nips.cc/paper/5775-learning-structured-output-representation-using-deep-conditional-generative-models.pdf).

3. Yoshua Bengio, Aaron Courville, and Pascal Vincent. *Representation Learning: A Review and New Perspectives*. IEEE transactions on Pattern Analysis and Machine Intelligence 35.8, 2013: 1798-1828(https://arxiv.org/pdf/1206.5538.pdf).

4. Xi Chen and others. *Infogan: Interpretable Representation Learning by Information Maximizing Generative Adversarial Nets*. Advances in Neural Information Processing Systems, 2016(http://papers.nips.cc/paper/6399-infogan-interpretable-representation-learning-by-information-maximizing-generative-adversarial-nets.pdf).

5. I. Higgins, L. Matthey, A. Pal, C. Burgess, X. Glorot, M. Botvinick, S. Mohamed, and A. Lerchner. *β-VAE: Learning basic visual concepts with a constrained variational framework*. ICLR, 2017(https://openreview.net/pdf?id=Sy2fzU9gl).

6. Carl Doersch. *Tutorial on variational autoencoders*. arXiv preprint arXiv:1606.05908, 2016 (https://arxiv.org/pdf/1606.05908.pdf).

7. Luc Devroye. *Sample-Based Non-Uniform Random Variate Generation*. Proceedings of the 18th conference on Winter simulation. ACM, 1986(http://www.eirene.de/Devroye.pdf).

第 9 章
深度强化学习

强化学习（Reinforcement Learning，RL）是一个框架，用于智能体的决策。一个智能体无需是一个软件实体，例如电子游戏。相反，它可以被植入硬件，例如机器人或自动驾驶汽车。一个内嵌智能体很可能是完全理解和利用强化学习的最好方式，因为它可以与实体世界进行交互并接收响应。

智能体适用于一个环境。该环境有部分或完全可观察的状态。智能体有一个动作集合可用于与环境进行交互。动作的结果将环境转换为新的状态。在执行一个动作后会收到一个相应标量值的奖励。一个智能体的目标是通过学习策略来最大化未来累计的奖励，该策略根据所给定的状态决定执行什么动作。

强化学习和人类心理学有很强的相似性。人类通过体验世界进行学习。错误的行为导致某种形式的惩罚，未来应避免，而正确的行动会收获奖励且会被鼓励。与人类心理学之间的强相似性已使很多学者相信，强化学习可最终引导我们走向人工智能（AI）。

围绕强化学习的研究已历经数十年。然而，除了简单的世界模型，RL 却很难扩展。这正是深度学习（DL）开始发挥作用的地方。深度学习解决了其可扩展性的问题，开辟了深度强化学习（Deep Reinforcement Learning，DRL）的时代，这也是本章所要关注的内容。DRL 的一个代表性的例子是 DeepMind 所做的智能体，它已可以在不同的电子游戏中超越人类玩家。下一节，我们将同时讨论 RL 和 DRL。

本章的主要内容如下：
- RL 的原则。
- 强化学习技术，Q-Learning。
- 深度 Q 网络（Deep Q 网络，DQN）和双 Q 学习（Double Q-Learning，DQN）。
- 如何用 Python 实现 RL，并在 Keras 中实现 DRL。

9.1 强化学习原理

图 9.1.1 展现了用于描述强化学习的感知 - 动作 - 学习循环。该环境为放置在地板上的一个苏打水罐。该智能体是一个移动机器人，其目标是捡起地上的苏打水罐。智能体观察周围的环境，通过车载摄像头跟踪苏打水罐的位置。这种观察将会汇集成为状态的形式，机器人可使用该状态决定采取何种动作。所采取的动作可以是简单的控制，例如调整每个车轮的角度 / 速度，机器臂每个关节旋转的角度 / 速度，以及夹具的开闭。动作也可

以是一些高级别的控制，例如机器人向前/向后移动，以特定角度转向，以及抓取/释放。任何使夹具与苏打水罐远离的动作都会收获负面奖励。任何缩小夹具与苏打罐的动作都会收获正面奖励。当机器臂成功地将苏打水罐捡起，可收获较大的正面奖励。RL 的目标是学习最优的策略，可帮助机器人决定，对于给定的状态采取哪种行动可最大化其折算累计奖励。

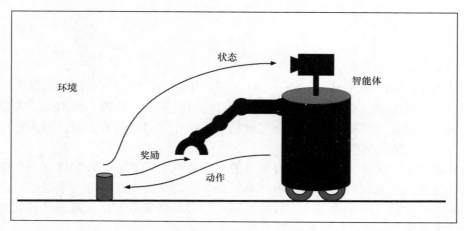

图 9.1.1　强化学习中的感知-动作-学习循环

从形式上，RL 问题可被描述为一个马尔可夫决策过程（Markov Decision Process, MDP）。简明起见，我们假设一个确定性（deterministic）环境，该环境对于给定的动作将会持续导致已知的下一个动作和奖励。在本章后面的小节中，将会研究如何考虑随机性。在时间间隔 t 内，有

- 环境在状态空间 $\mathcal{S}$ 中的某一个状态 s_t 可能是离散的或连续的。初始状态为 s_0，终止状态为 s_T。
- 智能体遵循特定策略从动作空间 $\mathcal{A}$ 中采取动作 a_t，表示为 $\pi(a_t|s_t)$。$\mathcal{A}$ 可以是离散或连续的。
- 环境使用状态进行动态转移，将 $\mathcal{T}(s_{t+1}|s_t, a_t)$ 转换到一个新状态 s_{t+1}。下一个状态仅依赖于当前的状态和动作。$\mathcal{T}$ 对于智能体未知。
- 智能体通过奖励函数 $r_{t+1}=R(s_t, a_t)$，$r:\mathcal{A}\times\mathcal{S}\rightarrow\mathbb{R}$，获取一个奖励的标量值。奖励仅依赖于当前的状态和动作。R 对于智能体未知。

未来的奖励被 γ^k 折算，其中 $\gamma\in[0,1]$，其中，k 表示未来的时间步长。

- 视野（Horizon），H 表示从 s_0 到 s_T 中完成一次 episodes 所需要的时间步长 T。

环境可以是完全或部分可观察。后者也称为部分可观察的 MDP 或 POMDP。大多数时间，完全观察到环境并不现实。为提升可观察性，过去的观察也可结合当前观察使用。状态中包含了为策略所提供的有关环境足够的观测，去决定采用何种动作。在图 9.1.1 中，其状态可以是苏打水罐的 3D 位置和通过机器人摄像头所估计出的夹具的位置。

每次环境转换到新的状态，智能体就会收到一个奖励标量 r_{t+1}。在图 9.1.1 中，每当机

器人接近苏打罐时，奖励 +1，每当远离苏打罐时，奖励 −1。并且当其足够接近并使用夹具成功的夹起苏打水罐时，奖励 +100。智能体的目标是学习一个优化的策略 π^*，其可以从所有的状态中最大化返回：

$$\pi^* = \text{argmax}_\pi R_t \tag{9.1.1}$$

该返回定义为折算后的累加奖励，$R_t = \sum_{k=0}^{T} \gamma^k r_{t+k}$。可从式（9.1.1）看出，对比即时得到的奖励，未来的奖励会给予较低的权重，因为通常 $\gamma^k < 1.0$，其中 $\gamma \in [0,1]$。极端情况下，当 $\gamma = 0$ 时，仅获得即时奖励；当 $\gamma = 1$ 时，未来的奖励和即时奖励具有相同的权值。

返回可被解释为任意策略状态的衡量值：

$$V^\pi(s_t) = R_t = \sum_{k=0}^{T} \gamma^k r_{t+k} \tag{9.1.2}$$

使用另一种方式表达 RL 问题，智能体的目标就是学习一个优化的策略，对所有的状态 s 最大化 V^π：

$$\pi^* = \text{argmax}_\pi V^\pi(s) \tag{9.1.3}$$

最优策略的价值函数可简单表示为 V^*。在图 9.1.1 中，最优策略是生成最小的动作序列，使机器人可不断靠近苏打水罐直到目标达成。状态越接近于目标状态，其值越高。

引导至目标（或终态）的事件序列可被建模为策略的轨迹或滑道：

$$\text{Trajectory} = (s_0 a_0 r_1 s_1, \ s_1 a_1 r_2 s_2, \ \cdots, \ s_{T-1} a_{T-1} r_T s_T) \tag{9.1.4}$$

如果 MDP 是阶段性的，当智能体达到终态 s_T 时，其状态被重置为 s_0。如果 T 是有限的，则需要有一个有限视野。否则，视野就是无限的。图 9.1.1 中，如果 MDP 是阶段性的，在收集了苏打水罐之后，机器人还会去搜寻另外一个苏打水罐进行拾取并重复 RL 问题。

9.2 Q 值

关键的问题是如果 RL 问题是去寻找 π^*，智能体如何与环境交互进行学习呢？式（9.1.3）并没有明确指出所尝试的动作以及用于计算和返回的后续状态。在 RL 中，π^* 的学习更易通过 Q 值获取：

$$\pi^* = \text{argmax}_a Q(s,a) \tag{9.2.1}$$

式中

$$V^*(s) = \max_a Q(s,a) \tag{9.2.2}$$

换言之，式（9.2.1）是寻找一个动作，能对所有状态得到最大化的质量（Q）值，而不是对所有状态寻找一个策略最大化值。在找到 Q 值函数后，V^* 和此后的 π^* 分别通过式（9.2.2）和式（9.1.3）得到。

对于每个动作，通过观察奖励和下一个动作，可通过以下 episodes 或试错算法来学习

Q 值：

$$Q(s,a) = r + \gamma \max_{a'} Q(s',a') \quad (9.2.3)$$

为了便于理解，使用 s' 和 a' 分别表示下一个状态和动作。式（9.2.3）被称为 Bellman 方程，作为 Q-Learning 算法的核心。Q-Learning 作为当前状态和动作的一个函数，试图逼近返回或值[式（9.1.2）]的一阶扩展。

起始于动态环境的零知识，智能体试图通过一个动作 a，观察在奖励 r 和下一个状态 s' 下的情境会发生什么。$\max_{a'} Q(s',a')$ 选择下一个逻辑动作，该动作可给予下一个状态最大的 Q 值。已知公式 9.2.3 中的所有项，当前一对状态-动作的 Q 值被更新。迭代更新将最终学习 Q 值函数。

Q-Learning 是一个闭策略的 RL 算法。该算法并不是从策略中直接采样经验来学习改进策略。换言之，Q 值的学习独立于正在被智能体所使用的当前策略。当 Q 值函数收敛后，才能使用式（9.2.1）决定最优策略。

在举例说明如何使用 Q-Learning 之前，应注意智能体必须不断探索其环境，同时不断利用其迄今所学到的知识。这涉及 RL 中的一个问题——寻找探索（Exploration）和利用（Exploitation）之间的最佳平衡点。通常，在学习之初，动作是随机的（探索）。随着学习的深入，智能体利用 Q 值（利用）。例如，开始时，90% 的动作随机指定，而 10% 来源于 Q 值函数。到每一 episodes 的最后，其逐渐减少。最终，动作只有 10% 随机设定，并且 90% 来源于 Q 值函数。

9.3 Q-Learning 例子

为展现 Q-Learning 算法，需要设置一个简单的确定性环境，如图 9.3.1 所示。该环境有六种状态，显示了所允许的转换奖励。奖励在两种情况下为非零值。转化到目标（G）状态可获得 +100 的奖励，然而移动到洞（H）状态获得 -100 奖励。这两种状态作为终态，构成从起始态开始的一个 episode 的结束。

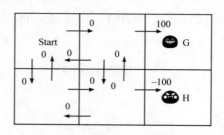

图 9.3.1　简单确定性世界中的奖励

为形式化每个状态的特性，可使用如图 9.3.2 所示的（行，列）标识符。由于智能体尚未学习到当前环境的任何信息，因此图中的 Q-Table 初始值为零。在该例中，折算因子 $r=0.9$。回顾可知，对当前 Q 值进行估算时，折算因子随着步数函数 r^k 的改变决定了未来 Q

值的权值。在式（9.2.3）中，仅考虑即将到来的 Q 值，即 $k=1$。

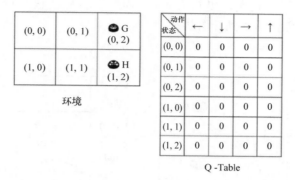

图 9.3.2　简单确定性环境中的状态和智能体的初始 Q-Table

最初，智能体假定一种策略，在 90% 的时间内选择随机动作并且 10% 的时间内利用 Q-Table。假设第一个动作是随机选择，并显示向右移动。图 9.3.3 展示了向右移动的动作，状态 (0,0) 对应新 Q 值的计算过程。下一个状态是 (0,1)，奖励为 0，并且所有下一个状态最大 Q 值都是 0。因此，向右移动的动作，状态 (0,0) 的 Q 值仍然是 0。

为了易于追踪初始状态和下一个状态，在环境和 Q-Table 中使用不同灰度的阴影——初始态使用浅灰色，下一个状态使用深灰色。为下一个状态选择下一个动作时，候选动作位于粗线框内。

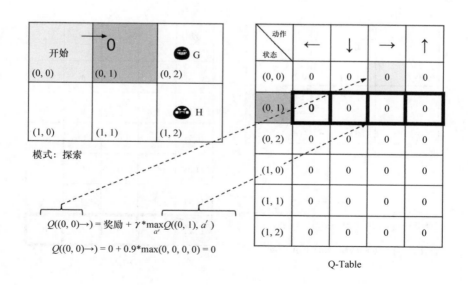

图 9.3.3　假设智能体选择的动作是向右移动，更新状态 (0,0) 的 Q 值

假设下一个随机选择的动作是向下移动，图 9.3.4 显示了向下移动的动作状态 (0,1)，并没有出现 Q 值变化。在图 9.3.5 中，智能体的第三个随机动作是向右移动。该动作遭遇到 H，并收到一个 −100 的奖励。这次，更新为非 0。而对向右移动状态 (1,1) 的新 Q 值为 −100。一轮 episode 结束，智能体返回到开始状态。

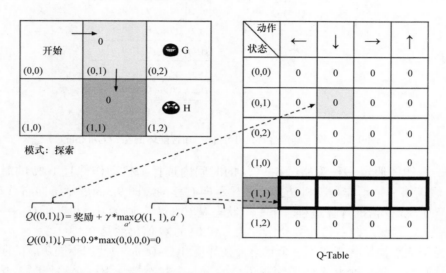

图 9.3.4 假设智能体选择的动作是向下移动，更新状态 (0,1) 的 Q 值

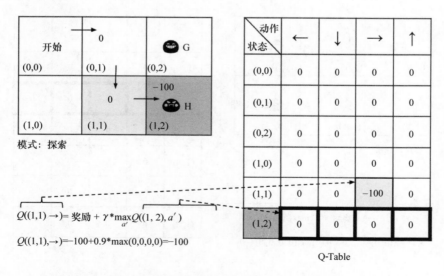

图 9.3.5 假设智能体选择的动作是向右移动，更新状态 (1,1) 的 Q 值

假设智能体仍然是图 9.3.6 中的探索模型。第二轮 episode 的第一步就是向右移动。正

如预期，更新为 0。然而，所选择的第二个动作也是向右移动。智能体达到了 G 状态，并收获到一个 +100 的巨大奖励。状态 (0,1) 向右移动的 Q 值变成 100。第二轮 episode 结束，智能体返回到开始状态。

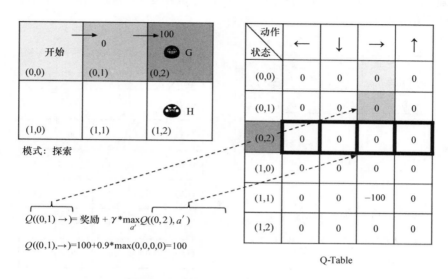

图 9.3.6　假设智能体选择的动作是向右移动，更新状态 (0,0) 的 Q 值

在第三轮 episode 开始时，智能体所采取的动作是向右移动。状态 (0,0) 的 Q 值更新为一个非零值，因为下一个状态可能的动作含有一个最大的 Q 值 100。图 9.3.7 展现了所涉及的计算。下一个状态 (0,1) Q 值的计算传播至早期状态 (0,0)。如同给早期状态一些信任，有助于找到 G 状态。

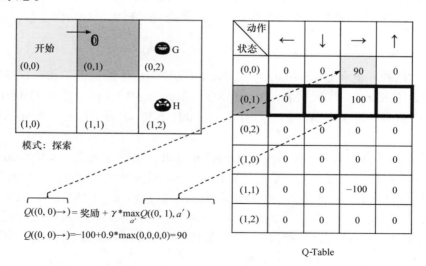

图 9.3.7　假设智能体选择的动作是向右移动，更新状态 (0,0) 的 Q 值

Q-Table 取得了实质性进展。事实上，在下一个 episode 中，如果因为某些原因策略决定利用 Q-Table，而不是从环境中随机探索。通过图 9.3.8 的计算，第一个动作仍是向右移动。在 Q-Table 第一行中，导致最大 Q 值的动作是向右移动。对于下一个状态 $(0,1)$，Q-Table 的第二行建议下一个动作仍是向右移动。智能体已成功达到目标。该策略引导智能体采用正确的行动以达成目标。

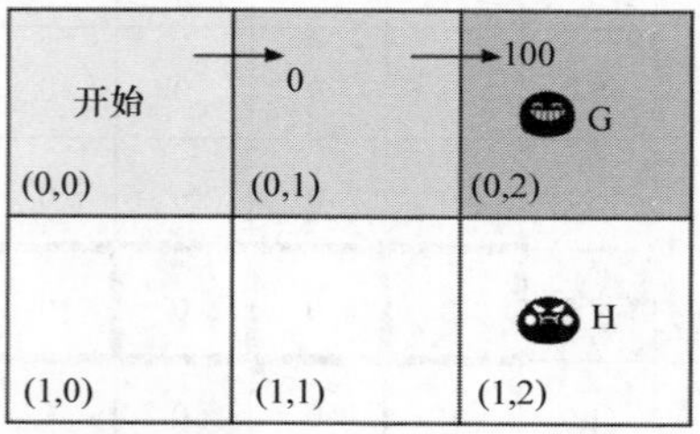

动作 状态	←	↓	→	↑
(0,0)	0	0	90	0
(0,1)	0	0	100	0
(0,2)	0	0	0	0
(1,0)	0	0	0	0
(1,1)	0	0	−100	0
(1,2)	0	0	0	0

Q-Table

$\max_{a'} Q((0,0), a') = 90 \rightarrow$ with $s' = (0.1)$

$\max_{a'} Q((0,1), a') = 100 \rightarrow$ with $s' = (0.2)$ or Goal

图 9.3.8 在这种情况下，智能体的策略是决定利用 Q-Table 来确定在状态 (0,0) 和 (0,1) 的动作。Q-Table 建议两个状态都向右移动

如果 Q-Learning 算法继续不确定地运行，Q-Table 将收敛。对收敛的假设是，RL 问题必须是具有奖励边界的确定性 MDP，并且所有的状态经常被无限地访问。

9.3.1　用 Python 实现 Q-Learning

前面所讨论的环境和 Q-Learning 可用 Python 实现。由于所提及的策略仅是一个简单地表格，此时无需 Keras。代码列表 9.3.1 展示了 q-learning-9.3.1.py，使用 QWorld 类实现了简单的确定性世界（环境、智能体、动作和 Q-Table 算法）。简明起见，未显示处理用户界面的代码。

在该例中，环境动态被表示为 self.transition_table。每一个动作，self.transition_table 决定下一个状态。执行一个动作的奖励被存放在 self.reward_table 中。每次一个动作通过 step( ) 函数被执行时，两张表都会被查询。Q-Learning 算法通过 update_q_table( ) 函数实现。每次智能体需要决定采取何种行动时，都会调用 act( ) 函数。所采取的动作可随机指定，也可使用 Q-Table 策略来决定。随机选取动作的机会百分比存放在 self.epsilon 变量中，使用固定 epsilon_decay 的 update_epsilon 函数进行更新。

在执行代码列表 9.3.1 之前，需要运行以下代码：

```
$ sudo pip3 install termcolor
```
需要安装 termcolor 包，该包有助于在终端上可视化文本输出。

 完整代码可从 GitHub 代码库中找到：https://github.com/PacktPublishing/Advanced-Deep-Learning-with-Keras。

代码列表 9.3.1，q-learning-9.3.1.py 用于展示一个简单的 6 种状态的确定性 MDP。

```python
from collections import deque
import numpy as np
import argparse
import os
import time

from termcolor import colored


class QWorld():
    def __init__(self):
        # 4 个活动
        # 0 - 向左, 1 - 向下, 2 - 向右, 3 - 向上
        self.col = 4

        # 6 个状态
        self.row = 6


        # 设置环境
        self.q_table = np.zeros([self.row, self.col])
        self.init_transition_table()
        self.init_reward_table()

        # 折算因子
        self.gamma = 0.9

        # 90% 探索 10% 利用
        self.epsilon = 0.9
        # 探索通过该因子随每个 episode 衰减
        self.epsilon_decay = 0.9
        # 长远来看, 10% 的探索, 90% 的利用
        self.epsilon_min = 0.1

        # 重置环境
        self.reset()
        self.is_explore = True
```

```python
# episode 开始
def reset(self):
    self.state = 0
    return self.state

# 当目标达成时，智能体胜出
def is_in_win_state(self):
    return self.state == 2


def init_reward_table(self):
    """
    0 -向左, 1 -向下, 2 - 向右, 3 -向上
    ----------------
    | 0 | 0 | 100  |
    ----------------
    | 0 | 0 | -100 |
    ----------------
    """
    self.reward_table = np.zeros([self.row, self.col])
    self.reward_table[1, 2] = 100.
    self.reward_table[4, 2] = -100.


def init_transition_table(self):
    """
    0 -向左, 1 -向下, 2 -向右, 3 -向上
    -------------
    | 0 | 1 | 2 |
    -------------
    | 3 | 4 | 5 |
    -------------
    """
    self.transition_table = np.zeros([self.row, self.col], dtype=int)

    self.transition_table[0, 0] = 0
    self.transition_table[0, 1] = 3
    self.transition_table[0, 2] = 1
    self.transition_table[0, 3] = 0

    self.transition_table[1, 0] = 0
    self.transition_table[1, 1] = 4
    self.transition_table[1, 2] = 2
    self.transition_table[1, 3] = 1
```

```python
        # 终止目标状态
        self.transition_table[2, 0] = 2
        self.transition_table[2, 1] = 2
        self.transition_table[2, 2] = 2
        self.transition_table[2, 3] = 2

        self.transition_table[3, 0] = 3
        self.transition_table[3, 1] = 3
        self.transition_table[3, 2] = 4
        self.transition_table[3, 3] = 0

        self.transition_table[4, 0] = 3
        self.transition_table[4, 1] = 4
        self.transition_table[4, 2] = 5
        self.transition_table[4, 3] = 1

        # 终止进洞状态
        self.transition_table[5, 0] = 5
        self.transition_table[5, 1] = 5
        self.transition_table[5, 2] = 5
        self.transition_table[5, 3] = 5


    # 在环境上执行动作
    def step(self, action):
        # 对于给定的状态和动作决定 next_state
        next_state = self.transition_table[self.state, action]
        # 如果 next_state 是目标或进洞，done 被设置为 true
        done = next_state == 2 or next_state == 5
        # 对给定的状态和动作进行奖励
        reward = self.reward_table[self.state, action]
        # 环境当前在新的状态
        self.state = next_state
        return next_state, reward, done


    # 决定下一个动作
    def act(self):
        # 0 - 向左，1 - 向下，2 - 向右，3 - 向上
        # 动作来自探索
        if np.random.rand() <= self.epsilon:
            # 探索进行随机动作
            self.is_explore = True
            return np.random.choice(4,1)[0]

        # 或者动作来自利用
        # 利用-选择最大Q值的动作
```

```python
            self.is_explore = False
        return np.argmax(self.q_table[self.state])


    # Q-Learning - 使用Q(s, a)来更新Q-Table
    def update_q_table(self, state, action, reward, next_state):
        # Q(s, a) = reward + gamma * max_a' Q(s', a')
        q_value = self.gamma * np.amax(self.q_table[next_state])
        q_value += reward
        self.q_table[state, action] = q_value


    # UI 转储 Q Table 内容
    def print_q_table(self):
        print("Q-Table (Epsilon: %0.2f)" % self.epsilon)
        print(self.q_table)


    # 更新探索——利用混合
    def update_epsilon(self):
        if self.epsilon > self.epsilon_min:
            self.epsilon *= self.epsilon_decay
```

感知 - 动作 - 学习循环在代码列表 9.3.2 中显示。对于每个 episode，环境会重置为开始状态。选择要执行的动作并将其应用于环境之中。奖励和被观测到的状态用于更新 Q-Table。达到 G 或 H 状态时，episode 完成（done=True）。对于此例，Q-Learning 运行 100 episodes 或 10 wins，以先到者为准。由于每次 episode 都减小了 self.epsilon 变量的值，智能体开始倾向于利用 Q-Table 根据给定的状态决定动作。为查看 Q-Learning 的仿真过程，仅需运行以下代码：

```
$ python3 q-learning-9.3.1.py
```

代码列表 9.3.2，q-learning-9.3.1.py 展示了 Q-Learning 循环主体。智能体的 Q-Table 在每一个状态、动作、奖励和下一个状态的 episode 时被更新。

```python
# 状态，动作，奖励，下一个状态迭代
for episode in range(episode_count):
    state = q_world.reset()
    done = False
    print_episode(episode, delay=delay)
    while not done:
        action = q_world.act()
        next_state, reward, done = q_world.step(action)
        q_world.update_q_table(state, action, reward, next_state)
        print_status(q_world, done, step, delay=delay)
        state = next_state
        # 如果 episode 结束，执行清理操作
        if done:
```

```
            if q_world.is_in_win_state():
                wins += 1
                scores.append(step)
                if wins > maxwins:
                    print(scores)
                    exit(0)
            # 每一次 episode探索——利用率被更新
            q_world.update_epsilon()
            step = 1
        else:
            step += 1

print(scores)
q_world.print_q_table()
```

图 9.3.9 显示了通过运行以下代码所得到的屏幕截图：假设 maxwins=2000(达到 2000x Goal 状态) 和 delay=0（仅查看最终的 Q-Table ）。

`$ python3 q-learning-9.3.1.py --train`

Q-Table 已收敛并显示了对于所给状态，智能体可采用的逻辑动作。例如，在第一行或状态 (0,0)，策略建议向右移动。对于第二行的状态 (0,1) 也是如此。第二个动作到达 G 状态。scores 变量的骤降显示出当智能体从策略中得到正确动作时，所采取的最小步数会减小。

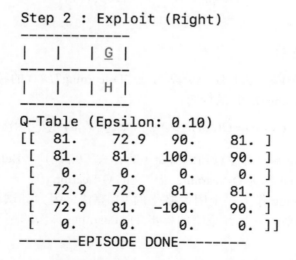

图 9.3.9　显示智能体 2000wins 后的 Q-Table 的屏幕截图

从图 9.3.9 中可知，可利用式（9.2.2）计算每一个状态的价值 $V^*(s) = \max_a Q(s, a)$。例如，对于状态 (0,0)，$V^*(s)$ = max(81.0，72.9，90.0，81.0)=90.0。图 9.3.10 显示了每个状态的价值。

Start 90	100	☻G 0
81	90	☻H 0

图 9.3.10　图 9.3.9 和式（9.2.2）中每个状态的价值

9.4　非确定性环境

如果环境是非确定的，则奖励和动作都是概率形式的。新系统是一个随机的 MDP。为展现非确定奖励，新的价值函数被定义为

$$V^{\pi}(S_t) = \mathbb{E}[R_t] = \mathbb{E}\left[\sum_{k=0}^{T} \gamma^k r_{t+k}\right] \tag{9.4.1}$$

Bellman 方程修改为

$$Q(s,a) = \mathbb{E}_{s'}\left[r + \gamma \max_{a'} Q(s',a')\right] \tag{9.4.2}$$

9.5　时序差分学习

Q-Learning 是一个广义的时序差分学习或 TD-learning $TD(\lambda)$ 的特例。更为特别的是，这是一个单步 TD-Learning $TD(0)$ 的特例：

$$Q(s,a) = Q(s,a) + \alpha(r + \gamma \max_{a'} Q(s',a') - Q(s,a)) \tag{9.5.1}$$

该公式中 α 是学习率。可注意到，当 α=1 时，式（9.5.1）与 Bellman 公式类似。为简明起见，可将式（9.5.1）称为 Q-Learning 或广义的 Q-Learning。

之前，将 Q-Learning 作为一个闭策略化的 RL 算法，因为其试图不直接通过所优化的策略来学习 Q 值函数。一个开策略的单步 TD-Learning 算法的例子为 SARSA，其与式（9.5.1）类似，即

$$Q(s,a) = Q(s,a) + \alpha(r + \gamma Q(s',a') - Q(s,a)) \tag{9.5.2}$$

与闭策略的主要区别在于它使用了被优化后的策略来决定 a'。条件 s、a、r、s' 和 a'（之所以被称为 SARSA）必需已知，在每一次迭代时更新 Q。Q-Learning 和 SARSA 在 Q 值迭代时使用现有的估计，该过程称为 bootstrapping。在 bootstrapping 中，利用奖励和随后对 Q 值的估计来更新当前的 Q 值。

9.5.1 OpenAI Gym 中应用 Q-Learning

在呈现新的例子之前，需要一个合适的 RL 仿真环境。否则就只能和先前一样，在一些非常简单例子上运行 RL 仿真程序。幸运的是，OpenAI 帮助我们建立了 Gym，https://gym.openai.com。

Gym 是用于开发和比较 RL 算法的一个工具包，可运行在大多数深度学习库当中，包括 Keras。gym 可通过运行以下命令获得：

```
$ sudo pip3 install gym
```

Gym 有若干环境可供 RL 算法进行测试，例如字符游戏、经典控制、规则系统、Atari 和 2D/3D 机器人。例如，FrozenLake-v0（见图 9.5.1）是一个类似于 Q-Learning Python 例子中所使用的确定性世界的字符游戏。FrozenLake-v0 有 12 个状态，开始状态被标注为 S，F 表示湖上面被冰封的区域可安全通过，标注为 H 的状态表示为破洞，需极力避免，G 是飞盘所在目标状态。当转换到 G 状态时奖励 +1。对于其他状态，奖励为 0。

在 FrozenLake-v0 中，有 4 个可用的动作（向左，下，右，上）作为动作空间。然而，与之前较简单的确定性世界不同，实际移动的方向仅部分依赖于所选的动作。在 FrozenLake-v0 中有两个变量，即光滑和不光滑，其中光滑模式更具挑战性。

应用在 FrozenLake-v0 上的一个动作会返回观察（等同于下一个状态）、奖励、完成（是否 episode 已经完成）和一个包含调试信息的字典泛型。环境中的可观察属性，称为观察空间，通过所返回的观察对象进行捕获。

图 9.5.1 OpenAI Gym 中的冰冻湖泊环境

广义 Q-Learning 可应用于 FrozenLake-v0 环境。表 9.5.1 展示了在光滑和非光滑环境中性能的改进。衡量策略性能的一种方式是统计导致 G 状态中 episodes 的百分比。百分比越高，性能越好。单纯将探索（随机动作）的基线设置为 1.5% 时，其策略在非光滑环境下可达到约 76%，光滑环境下达到约 71%。正如预期，光滑环境下更难操控。

相关代码仍可通过 Python 和 Numpy 实现，因为其仅需要一个 Q-Table。代码列表 9.5.1 展示了 QAgent 类的实现，而代码列表 9.5.2 展示了智能体的观察 - 动作 - 学习循环。除了使用 OpenAI Gym 中的 FrozenLake-v0 环境，最大的不同是在 update_q_table() 函数中，实现了式（9.5.1）定义的广义 Q-Learning。

agent 对象可在光滑和非光滑模式下操作。智能体经历 40000 次迭代训练。训练完毕后，如表 9.5.1 测试模型所示，智能体可利用 Q-Table 选择动作来执行给定的任意策略。如表 9.5.1 所示，使用学习策略会有性能上的巨大提升。由于使用 Gym，很多构建环境的代码被移除。

代码列表 9.5.1 有助于我们构建一个可行的 RL 算法。代码可设置为使用慢动作或每个动作延迟 1s 来运行。

```
$ python3 q-frozenlake-9.5.1.py -d -t=1
```

表 9.5.1 在学习率为 0.5 的 FrozenLake-v0 环境中广义 Q-Learning 的基线和性能

模式	运行	近似目标（%）
Train non-slippery	Python3 q-frozenlake-9.5.1.py	26.0
Test non-slippery	Python3 q-frozenlake-9.5.1.py-d	76.0
Pure random action non-slippery	Python3 q-frozenlake-9.5.1.py-e	1.5
Train slippery	Python3 q-frozenlake-9.5.1.py-s	26
Test slippery	Python3 q-frozenlake-9.5.1.py-s-d	71.0
Pure random slippery	Python3 q-frozenlake-9.5.1.py-s-e	1.5

代码列表 9.5.1，q-frozenlake-9.5.1.py 用于展示在 FrozenLake-v0 环境中所实现的 Q-Learning。

```python
from collections import deque
import numpy as np
import argparse
import os
import time
import gym
from gym import wrappers, logger

class QAgent():
    def __init__(self,
                 observation_space,
                 action_space,
                 demo=False,
                 slippery=False,
                 decay=0.99):

        self.action_space = action_space
        # 列数等于活动的数量
        col = action_space.n
        # 行数等于状态的数量
        row = observation_space.n
        # 使用 row × col维构建 Q-Table
        self.q_table = np.zeros([row, col])

        # 折算因子
        self.gamma = 0.9

        # initially 90% exploration, 10% exploitation 初始90%探索，10%利用
        self.epsilon = 0.9
        # 迭代应用衰减，直到10%探索/90%利用

        self.epsilon_decay = decay
```

```python
        self.epsilon_min = 0.1

        # Q-Learning 的学习率
        self.learning_rate = 0.1

        # 用于存储和恢复 Q-Table 的文件
        if slippery:
            self.filename = 'q-frozenlake-slippery.npy'
        else:
            self.filename = 'q-frozenlake.npy'

        # 演示或训练模式
        self.demo = demo
        # 如果启用演示模式,则不进行探索
        if demo:
            self.epsilon = 0


    # 决定下一个动作
    # 如果随机,从随机动作空间中选取
    # 否则使用 Q-Table
    def act(self, state, is_explore=False):
        # 0 - 向左, 1 - 向下, 2 - 向右, 3 - 向上
        if is_explore or np.random.rand() < self.epsilon:
            # 探索-随机动作
            return self.action_space.sample()

        # 利用-选择最大Q值的动作
        return np.argmax(self.q_table[state])

    # 使用学习率的 TD(0)学习(广义 Q-Learning)
    def update_q_table(self, state, action, reward, next_state):
        # Q(s, a) += alpha * (reward + gamma * max_a' Q(s', a') - Q(s, a))
        q_value = self.gamma * np.amax(self.q_table[next_state])
        q_value += reward
        q_value -= self.q_table[state, action]
        q_value *= self.learning_rate
        q_value += self.q_table[state, action]
        self.q_table[state, action] = q_value


    # 转储 Q-Table
    def print_q_table(self):
        print(self.q_table)
        print("Epsilon : ", self.epsilon)
```

```python
# 保存训练过的 Q-Table
def save_q_table(self):
    np.save(self.filename, self.q_table)


# 加载训练过的 Q-Table
def load_q_table(self):
    self.q_table = np.load(self.filename)


# epsilon 调整
def update_epsilon(self):
    if self.epsilon > self.epsilon_min:
        self.epsilon *= self.epsilon_decay
```

代码列表 9.5.2，q-frozenlake-9.5.1.py 用于展示 FrozenLake-v0 环境的主要 Q-Learning 循环。

```python
# 指定 episode 数量的循环
for episode in range(episodes):
    state = env.reset()
    done = False
    while not done:
        # 通过给定状态确定智能体的动作
        action = agent.act(state, is_explore=args.explore)
        # 获取客可观测的数据
        next_state, reward, done, _ = env.step(action)
        # 在展示环境之前清除屏幕
        os.system('clear')
        # 为人工 debug 方便，而展现环境
        env.render()
        # Q-Table 训练
        if done:
            # 更新探索-利用比率
            # 仅当 G 达成时 reached>0
            # 否则，这是一个 H
            if reward > 0:
                wins += 1

        if not args.demo:
            agent.update_q_table(state, action, reward, next_state)
            agent.update_epsilon()

        state = next_state
    percent_wins = 100.0 * wins / (episode + 1)
    print("-------%0.2f%% Goals in %d Episodes---------"
        % (percent_wins, episode))
```

```
if done:
    time.sleep(5 * delay)
else:
    time.sleep(delay)
```

9.6 深度 Q 网络 (DQN)

在小型离散环境中使用 Q-Table 实现 Q-Learning 效果优良。然而，当环境存在大量状态或在大多数情况下连续时，一个 Q-Table 并不可行。例如，如果我们观察一个由 4 个连续变量所组成的状态，表的大小就会变为无限。就算我们将 4 个变量中的每一个都离散化为 1000 个值，表中每一行的值都会惊人地变为 $1000^4=1e^{12}$。实际上，训练完成后所得表是稀疏的，这意味着表格中绝大多数的单元格都为零。

求解该问题的一个方案称为 DQN，其可使用深度神经网络去逼近 Q-Table。如图 9.6.1 所示，有两种方法可建立 Q 网络。

1）状态 - 动作结对作为输入，预测 Q 值。

2）状态作为输入，预测每一个动作的 Q 值。

选项 1）并非最佳选项，因为网络将被调用次数动作的数量相同。选项 2）是首选方法，Q 网络仅被调用一次。

最满意的动作就是拥有最大 Q 值的动作。

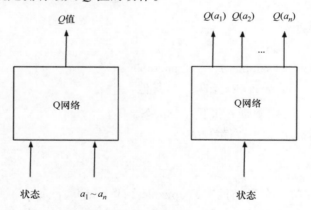

图 9.6.1 深度 Q 网络

训练 Q 网络所需要的数据源自智能体的经验：

$(s_0 a_0 r_1 s_1, s_1 a_1 r_1 s_1, \cdots, s_{T-1} a_{T-1} r_T s_T)$。该经验中的每一个单元 $s_t a_t r_{t+1} s_{t+1}$ 作为一个训练样本。对于在时间 t，给定状态 $s = s_t$，动作 $a = a_t$ 可通过类似前一节中的 Q-Learning 算法获取。

$$\pi(s) = \begin{cases} \text{sample}(a) & \text{random} < \epsilon \\ \text{argmax}_a Q(s,a) & \text{其他} \end{cases} \quad (9.6.1)$$

为简化符号，省略下标并使用粗体字符。需要注意 $Q(s,a)$ 为 Q 网络。严格地说，应表示为 $Q(a|s)$，因为如图 9.6.1 右边所示动作被移至预测部分。具有最高 Q 值的动作被应用于环境去获得奖励 $r = r_{t+1}$，利用下一个状态 $s' = s_{t+1}$ 和一个布尔值 done 决定是否在下一个状态终止。从式（9.5.1）中的广义 Q-Learning 可知，一个 MSE 损失函数可通过所采取的动作获得，即

$$\mathcal{L} = \left(r + \gamma \max_{a'} Q(s', a') - Q(s, a)\right)^2 \tag{9.6.2}$$

其中，所有的条件与前面所讨论的 Q-Learning 和 $Q(a|s) \to Q(s,a)$ 类似。$\max_{a'} Q(s', a') \to \max_{a'} \max Q(a'|s')$ 条件。换言之，使用 Q 网络通过给定的下一个状态预测每一个动作的 Q 值，并从中获取 Q 值最大的动作。注意，终止状态 s' 中，$\max_{a'} Q(a'|s') = \max_{a'} Q(s'|a') = 0$。

算法 9.6.1, DQN 算法：
需要：初始化对容量为 N 回放记忆 D。
需要：使用随机权值 θ 初始化动作-值函数 Q。
需要：使用权值 $\theta^- = \theta$ 初始化目标动作-值函数 Q_{target}。
需要：探索率 ϵ 和折算因子 γ。

1. for episode=1,⋯,M do：
2.   给定初始状态
3.   for $step$ =1,⋯,T do：
4.   选择动作 $a = \begin{cases} \text{sample}(a) & \text{random} < \varepsilon \\ \arg\max_a Q(s, a; \theta) & \text{其他} \end{cases}$
5.   运行动作 a，观察奖励 r 和下一个状态 s'
6.   将变换（s, a, r, s'）存储在 D
7.   更新状态 $s = s'$
8.   // 经验回放
9.   从 D 中，采样一个最小批次的 episode 经验（$s_j, a_j, r_{j+1}, s_{j+1}$）
10. $Q_{max} = \begin{cases} r_{j+1} & \text{如果 episode 在 } j+1 \text{ 处终止} \\ r_{j+1} + \gamma \max_{a_{j+1}} Q_{target}(s_{j+1}, a_{j+1}; \theta^-) & \text{其他} \end{cases}$
11.   使用相应参数 θ 在 $(Q_{max} - Q(s_j, a_j; \theta^-))^2$ 上执行梯度下降
12.   // 周期更新目标网络
13.   每 C 步 $Q_{target} = Q$，设置 $\theta^- = \theta$
14.   End

然而，训练的结果证明 Q 网络是不稳定的。导致不稳定问题的原因有两个：
1）样本之间高度相关；
2）非平稳目标。

高相关性是由于经验采样的自然连续性。DQN 可通过创建经验缓冲区来解决该问题。训练数据从该缓冲区中随机采样。该过程称为经验回放（experience replay）。

非平稳目标是由于目标网络 $Q(s', a')$ 在使用较小 batch 数据训练后就被修改。目标网络的细微修改可造成所建立策略、数据分布和当前 Q 值与目标 Q 值的剧烈变化。该问题可通过在训练步骤时冻结目标网络的权值来解决。换而言之，两个完全相同的 Q 网络被建立。目标 Q 网络的参数从每个 C 训练步的 Q 网络中复制过来。

DQN 算法描述见算法 9.6.1。

9.6.1 用 Keras 实现 DQN

为展现 DQN，这里使用了 OpenAI Gym 中的 CartPole-v0。CartPole-v0 是一个杆平衡问题，目标是防止杆倒下。整个环境是 2D 的。动作空间由两个离散动作组成（向左和向右移动）。然而，状态空间是连续的，并且由以下 4 个变量组成：

1) 线性位置。
2) 线性速度。
3) 旋转角度。
4) 角速度。

CarPole-v0 如图 9.6.2 所示。

最初，杆呈现直立的状态。每一个保持杆直立的时间步会得到 +1 的奖励。episode 在杆相对于垂直位置超过 15° 或从中心超过 2.4 个单元时结束。如果在 100 次连续的实验中获得平均奖励 195.0，则认为 CartPole-v0 问题解决。

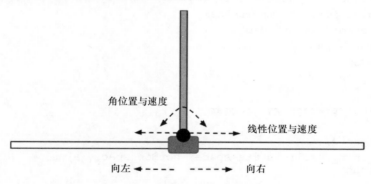

图 9.6.2　CartPole-v0 环境

代码列表 9.6.1 展现了 CartPole-v0 的 DQN 实现。DQNAgent 类表示使用 DQN 的智能体。两个 Q 网络被建立：

1) 在算法 9.6.1 中的 Q 网络，表示为 Q。
2) 算法 9.6.1 中的目标 Q 网络，表示为 Q_{target}。

两个网络都包含三个隐层的 MLP，其中每层包含 256 个单元。Q 网络在经验回放 replay( ) 中训练。在一个固定训练步骤的间隔内 $C=10$，通过使用 update_weights( )，Q 网络参数被复制到目标 Q 网络。该过程在算法 9.6.1 中的第 13 行实现，$Q_{\text{target}} = 0$。在每一个 episode，探索和利用的比率通过 update_epsilon( ) 函数递减，以利用所学习过的策略。

为实现算法 9.6.1 第 10 行经验回放 replay( )，对每一个经验单元 (s_j, a_j, r_{j+1}, s_{j+1})，每一个动作 a_j 的 Q 值被设置为 Q_{max}。所有其他动作的 Q 值不变。

上述操作由以下代码实现：

```
# 给定状态的策略预测
q_values = self.q_model.predict(state)

# 获得 Q_max
q_value = self.get_target_q_value(next_state)

# 对所有使用的动作纠正 Q value
q_values[0][action] = reward if done else q_value
```

如算法 9.6.1 中 11 行所示，只有动作 a_j 有非零损失，等于 $(Q_{max}-Q(s_j, a_j; \theta))^2$。需要注意的是，在代码列表 9.6.2 中，经验回放在每个 episode 之后被观察-活动-学习循环所调用，以确保在缓冲区内有足够的数据（缓冲区的大小需大于等于 batch 的大小）。在经验回放时，一个 batch 的经验单元被随机采样并用于训练 Q 网络。

类似于 Q-Table，act( ) 实现了式（9.6.1）中的 ϵ-greedy 策略。经验通过 remember( ) 存储在回放缓冲区。对 Q 的计算通过 get_target_q_value( ) 函数完成。平均运行 10 次，CartPole-v0 就会被 DQN 在 822 个 episodes 内解决。需要注意，每次训练运行的时间可能会有所不同。

代码列表 9.6.1，dqn-cartpole-9.6.1.py 用于展示 Keras 中 DQN 的实现。

```python
from keras.layers import Dense, Input
from keras.models import Model
from keras.optimizers import Adam
from collections import deque
import numpy as np
import random
import argparse
import gym
from gym import wrappers, logger

class DQNAgent():
    def __init__(self, state_space, action_space, args, episodes=1000):

        self.action_space = action_space

        # 经验缓冲区
        self.memory = []

        # 折算率
        self.gamma = 0.9

        # 初始90%探索，10%的利用
```

```
        self.epsilon = 1.0
        # 迭代应用衰减，直到10%探索/90%的利用
exploitation
        self.epsilon_min = 0.1
        self.epsilon_decay = self.epsilon_min / self.epsilon
        self.epsilon_decay = self.epsilon_decay ** (1. / float(episodes))

        # Q网络权值文件名
        self.weights_file = 'dqn_cartpole.h5'
        # 用于训练的Q Network
        n_inputs = state_space.shape[0]
        n_outputs = action_space.n
        self.q_model = self.build_model(n_inputs, n_outputs)
        self.q_model.compile(loss='mse', optimizer=Adam())
        # 目标Q网络
        self.target_q_model = self.build_model(n_inputs, n_outputs)
        # 将Q网络的参数复制到目标Q网络
        self.update_weights()

        self.replay_counter = 0
        self.ddqn = True if args.ddqn else False
        if self.ddqn:
            print("----------Double DQN--------")
        else:
            print("-------------DQN------------")


    # Q网络为256-256-256的MLP
    def build_model(self, n_inputs, n_outputs):
        inputs = Input(shape=(n_inputs, ), name='state')
        x = Dense(256, activation='relu')(inputs)
        x = Dense(256, activation='relu')(x)
        x = Dense(256, activation='relu')(x)
        x = Dense(n_outputs, activation='linear', name='action')(x)
        q_model = Model(inputs, x)
        q_model.summary()
        return q_model


    # 保存Q网络的参数到一个文件中
    def save_weights(self):
        self.q_model.save_weights(self.weights_file)

    # 复制训练好的Q网络参数到目标Q网络
    def update_weights(self):
        self.target_q_model.set_weights(self.q_model.get_weights())
```

```python
# epsilon-贪婪策略
def act(self, state):
    if np.random.rand() < self.epsilon:
        # 探索 - 选取随机动作
        return self.action_space.sample()

    # 利用
    q_values = self.q_model.predict(state)
    # 选择最大Q值的动作
    return np.argmax(q_values[0])


# 将经验存放在回放缓存中
def remember(self, state, action, reward, next_state, done):
    item = (state, action, reward, next_state, done)
    self.memory.append(item)


# 计算 Q_max
# 利用目标Q网络解决了非平稳性问题
def get_target_q_value(self, next_state):
    # 下一个状态中的最大Q值
    if self.ddqn:
        # DDQN
        # 当前Q网络选择活动
        # a'_max = argmax_a' Q(s', a')
        action = np.argmax(self.q_model.predict(next_state)[0])
        # 目标Q网络评估动作
        # Q_max = Q_target(s', a'_max)
        q_value = self.target_q_model.predict(next_state)[0][action]
    else:
        # DQN 在接下来的操作中选择最大的Q值
        # 动作的选择和评价在目标Q网络上进行
        # 目标Q网络
        # Q_max = max_a' Q_target(s', a')
        q_value = np.amax(self.target_q_model.predict(next_state)[0])

    # Q_max = reward + gamma * Q_max
    q_value *= self.gamma
    q_value += reward
    return q_value



# 经验回放解决了样本之间的相关性问题
```

```python
    def replay(self, batch_size):
        # sars = state, action, reward, state' (next_state)
        sars_batch = random.sample(self.memory, batch_size)
        state_batch, q_values_batch = [], []

        # fixme：为提升速度，该操作可在张量级别上完成
        # 但使用一个循环更容易理解
        for state, action, reward, next_state, done in sars_batch:
            # policy prediction for a given state
            q_values = self.q_model.predict(state)

            # 获取 Q_max
            q_value = self.get_target_q_value(next_state)
            # 对所有使用的动作纠正Q值
            q_values[0][action] = reward if done else q_value

            # 收集 state-q_value 映射的批次数据
            state_batch.append(state[0])
            q_values_batch.append(q_values[0])

        # 训练Q网络
        self.q_model.fit(np.array(state_batch),
                         np.array(q_values_batch),
                         batch_size=batch_size,
                         epochs=1,
                         verbose=0)

        # 更新探索-利用概率
        self.update_epsilon()

        # 每10次训练更新后，将新参数复制到旧的目标上
        if self.replay_counter % 10 == 0:
            self.update_weights()

        self.replay_counter += 1


    # 减少探索，增加利用
    def update_epsilon(self):
        if self.epsilon > self.epsilon_min:
            self.epsilon *= self.epsilon_decay
```

代码列表 9.6.2，dqn-cartpole-9.6.1.py 用于展示 Keras 中实现 DQN 的训练循环。

```python
# Q-Learning sampling and fitting
for episode in range(episode_count):
    state = env.reset()
    state = np.reshape(state, [1, state_size])
```

```
        done = False
        total_reward = 0
        while not done:
            # 在 CartPole-v0 中, action=0 表示向左, action=1 表示向右
            action = agent.act(state)
            next_state, reward, done, _ = env.step(action)
            # 在 CartPole-v0:
            # state = [pos, vel, theta, angular speed]
            next_state = np.reshape(next_state, [1, state_size])
            # 将每个经验单元存储在回放缓冲内
            agent.remember(state, action, reward, next_state, done)
            state = next_state
            total_reward += reward

            # 调用经验回放
            if len(agent.memory) >= batch_size:
                agent.replay(batch_size)

        scores.append(total_reward)
        mean_score = np.mean(scores)
        if mean_score >= win_reward[args.env_id] and episode >= win_trials:
            print("Solved in episode %d: Mean survival = %0.2lf in %d episodes"
                    % (episode, mean_score, win_trials))
            print("Epsilon: ", agent.epsilon)
            agent.save_weights()
            break
        if episode % win_trials == 0:
            print("Episode %d: Mean survival = %0.2lf in %d episodes" %
                    (episode, mean_score, win_trials))

    # 关闭环境并将监视结果保存到磁盘上
    env.close()
```

9.6.2 双 Q-Learning (DDQN)

在 DQN 中,目标 Q 网络在选择并评估每一个动作时会导致对 Q 值的过估计。为解决该问题,DDQN [3] 提出了使用 Q 网络来选择动作,并使用目标 Q 网络对动作进行评估。

算法 9.6.1 所总结的 DQN 在第 10 行对 Q 值的评估可表示为

$$Q_{\max} = \begin{cases} r_{j+1} & \text{如果 epsiode 在 } j+1 \text{ 处终止} \\ r_{j+1} + \gamma \max_{a_{j+1}} Q_{\text{target}}(s_{j+1}, a_{j+1}; \theta^-) & \text{其他} \end{cases}$$

Q_{target} 选择并评估动作 a_{j+1}。

DDQ 建议将第 10 行更改为

$$Q_{max} = \begin{cases} r_{j+1} & \text{如果 episode 在 } j+1 \text{处终止} \\ r_{j+1} + \gamma Q_{target}(s_{j+1}, \text{argmax}_{a_{j+1}} Q(s_{j+1}, a_{j+1}; \theta); \theta^-) & \text{其他} \end{cases}$$

条件 $\text{argmax}_{a_{j+1}} Q(s_{j+1}, a_{j+1}; \theta)$ 使 Q 来选择动作。然后该动作被 Q_{target} 评估。

在代码列表 9.6.1 中，DQN 和 DDQN 都被实现。对于 DDQN，get_target_q_value( ) 所执行的对值的修改，在代码中进行加粗显示。

```
# 计算 Q_max
# 使用目标Q网络解决了非平稳问题
def get_target_q_value(self, next_state):
    # 最大化之后状态的动作 Q_value
    if self.ddqn:
        # DDQN
        # current Q Network selects the action 当前Q网络选择活动
        # a'_max = argmax_a' Q(s', a')
        action = np.argmax(self.q_model.predict(next_state)[0])
        # target Q Network evaluates the action 目标Q网络评估操作
        # Q_max = Q_target(s', a'_max)
        q_value = self.target_q_model.predict(next_state)[0][action]
    else:
        # DQN 在之后动作中选择最大的Q值
        # 动作的选择和评估都是在目标Q值上进行

        # Q_max = max_a' Q_target(s', a')
        q_value = np.amax(self.target_q_model.predict(next_state)[0])
```

为比较方便，平均 10 次运行中，CartPole-v0 被 DDQN 在 971 个 episodes 内解决。为使用 DDQN，可运行以下代码：

```
$ python3 dqn-cartpole-9.6.1.py -d
```

9.7 小结

本章介绍了 DRL，该方法被很多学者认为是一个强大且最有望通向人工智能的技术。本章首先讨论了 RL 的原理，RL 可以求解很多练习问题，但是 Q-Table 不能扩展至更为复杂的现实问题。解决的方法是使用深度神经网络学习 Q-Table。然而，由于样本的关联以及目标 Q 网络的非确定性，在 RL 上训练深度神经网络具有高度不稳定。

DQN 针对这些问题，提出了在训练时使用经验回放和从 Q 网络中分离目标网络的方法。DDQN 则对算法提出更进一步的改进，通过将动作选择从动作评价中分离，来最小化出现对值过估计的可能性。针对 DQN，还有其他改进的方法。区分优先经验回放[6]的方法认为缓冲区不应均匀采样，基于 TD 误差的更重要的经验应被更频繁地采集以获得更高效的训练。参考文献 [7] 提出了一种决斗网络框架，用于评估状态价值函数和优势函数。这两种函数用于估计值以加快学习过程。

本章所介绍的方法是基于值的迭代 / 拟合。策略通过直接寻找最优价值函数来获得。在下一章中，将通过使用称为策略梯度法的一系列算法直接学习最优策略。使用学习策略的方法有很多好处，最大的优势是策略梯度方法对离散和连续动作空间都能进行处理。

参考文献

1. Sutton and Barto. *Reinforcement Learning: An Introduction*, 2017 (`http://incompleteideas.net/book/bookdraft2017nov5.pdf`).

2. Volodymyr Mnih and others, *Human-level control through deep reinforcement learning*. Nature 518.7540, 2015: 529 (`http://www.davidqiu.com:8888/research/nature14236.pdf`)

3. Hado Van Hasselt, Arthur Guez, and David Silver *Deep Reinforcement Learning with Double Q-Learning*. AAAI. Vol. 16, 2016 (`http://www.aaai.org/ocs/index.php/AAAI/AAAI16/paper/download/12389/11847`).

4. Kai Arulkumaran and others *A Brief Survey of Deep Reinforcement Learning*. arXiv preprint arXiv:1708.05866, 2017 (`https://arxiv.org/pdf/1708.05866.pdf`).

5. David Silver *Lecture Notes on Reinforcement Learning*, (`http://www0.cs.ucl.ac.uk/staff/d.silver/web/Teaching.html`).

6. Tom Schaul and others. *Prioritized experience replay*. arXiv preprint arXiv:1511.05952, 2015 (`https://arxiv.org/pdf/1511.05952.pdf`).

7. Ziyu Wang and others. *Dueling Network Architectures for Deep Reinforcement Learning*. arXiv preprint arXiv:1511.06581, 2015 (`https://arxiv.org/pdf/1511.06581.pdf`).

第 10 章
策略梯度方法

在本书的最后一章中,将介绍在强化学习中能够直接优化策略网络的方法。这些算法统称为策略梯度方法。由于策略网络在训练期间直接被优化,因此策略梯度方法属于策略强化学习算法。类似于第 9 章所讨论的基于价值的深度强化学习方法,策略梯度方法也可作为深度强化学习算法来实现。

研究策略梯度方法的目的是为了解决 Q-Learning 的局限性。回顾可知,Q-Learning 的主要思想是选择最大化状态价值的动作。使用 Q 函数,我们可决定策略,该策略可使智能体面对所给定的状态时决定该采取何种动作。所挑选的是单纯带给智能体最大价值的动作。在这方面,Q-Learning 被限定到一个有限数量的离散动作内。然而它并不能处理连续的动作空间环境。此外,Q-Learning 不能直接优化策略。最后,强化学习旨在找到一个最优策略,智能体可利用该策略决定应该采取何种动作得到最大化返回。

相反,策略梯度方法同时适用于离散和连续动作空间的环境,本章将展现四种策略梯度方法,可直接优化策略网络的性能衡量值。智能体可使用训练好的策略网络结果,采用最佳方式作用于其环境。

总之,本章将介绍以下内容:
- 策略梯度定理。
- 四种策略梯度方法:REINFORCE、基线 REINFORCE、Actor-Critic 和优势 Actor-Critic(A2C)。
- 假设在连续的动作空间环境内,如何使用 Keras 实现策略梯度方法。

10.1 策略梯度定理

如第 9 章中所述,在强化学习中,智能体适应于状态为一个环境,s_t 为状态空间 s 中的一个元素。状态空间 s 可能是离散或连续的。智能体从动作空间 A 中,遵从策略 $\pi(a_t|s_t)$ 采取一个动作 a_t。A 可能是离散的或连续的。因为执行动作 a_t,智能体可收获奖励 r_{t+1} 并将环境转换到一个新的状态 s_{t+1}。新的状态仅依赖于当前的状态和动作。智能体的目的是学习一个最优的策略 π^*,其可以从所有状态中最大化返回:

$$\pi^* = \mathrm{argmax}_\pi R_t \qquad (9.1.1)$$

返回被定义为从时间 t 直到 episode 结束或达到终止状态的折算累加奖励,即

$$V^\pi(s_t) = R_t = \sum_{k=0}^{T} \gamma^k r_{t+k} \qquad (9.1.2)$$

在式（9.1.2）中，返回也可解释为遵循策略，而赋予状态的一个价值。可从式（9.1.1）中观察到，未来奖励与即时奖励相比具有较低的权重，因为通常设定 $\gamma^k < 1.0$，其中 $\gamma \in [0,1]$。

到目前为止，仅考虑了通过优化一个基于价值的函数 $Q(s,a)$ 来学习策略。本章的目标是通过参数化 $\pi(a_t|s_t) \to \pi^*(a_t|s_t,\theta)$ 来直接学习策略。通过参数化，我们能使用一个神经网络来学习策略函数 $\mathcal{J}(\theta)$。学习策略意味着需要最大化一个特定的目标函数，而该目标函数作为相应参数在性能上的衡量。在系列化增强学习中，性能的衡量作为初始状态的值。对于连续的情况，目标函数是奖励率的平均值。

最大化目标函数 $\mathcal{J}(\theta)$ 可通过执行梯度上升的方法实现。在梯度上升过程中，梯度更新的方向是被优化函数在导数上的方向。至此，所有损失函数可通过最小化或执行梯度下降被优化。在随后的 Keras 实现中，可看到梯度上升的方法可简单地通过在执行梯度下降时给目标函数取负数达成。

直接学习策略的优点在于，其同时适用于连续和离散动作空间。对于离散空间，有

$$\pi(a_i|s_t,\theta) = \text{softmax}(a_i) \qquad a_i \in A \qquad (10.1.1)$$

在该公式中，a_i 表示第 i 个动作。a_i 可作为神经网络的预测结果，或状态 - 活动特征的一个线性函数：

$$a_i = \phi(s_t, a_i)^T \theta \qquad (10.1.2)$$

$\phi(s_t, a_t)$ 可以是任何函数，例如可以是一个编码器，用于将状态 - 活动转换为特征。

$\pi(a_i|s_i,\theta)$ 决定了每一个 a_i 的概率。例如，在前一章中车杆平衡的例子里，其目标是通过在 2D 坐标上从左向右移动车使得杆保持直立。在该例子中，a_0 和 a_1 分别表示从左向右移动的概率。一般情况，智能体以最高概率 $a_t = \max_i \pi(a_i|s_i,\theta)$ 来采取动作。

对于连续动作空间，$\pi(a_i|s_i,\theta)$ 依据所给定的状态在一个概率分布中采样出一个动作。例如，如果连续动作空间的范围为 $a_t \in [-1.0, 1.0]$，则 $\pi^* = \text{argmax}_\pi R_t$，它通常是一个高斯分布，均值和标准差通过策略网络进行预测。所预测的动作是高斯分布中的一个样本。为确保不会产生无效的预测结果，活动值被裁剪至范围 $-1.0 \sim 1.0$。

在形式上，对于连续动作空间，策略可作为高斯分布中的一个样本

$$\pi(a_t|s_t,\theta) = a_t \sim \mathcal{N}(\mu(s_t), \sigma(s_t)) \qquad (10.1.3)$$

均值 μ 和标准差 σ 都是状态特征的函数，即

$$\mu(s_t) = \phi(s_t)^T \theta_\mu \qquad (10.1.4)$$

$$\sigma(s_t) = \varsigma(\phi(s_t)^T \theta_\sigma) \qquad (10.1.5)$$

$\phi(s_t)$ 表示任意函数用于将状态转换为其特征。$\varsigma(x) = \log(1+e^x)$ 为 softplus 函数，可确保

标准差为正。在实现状态特征函数时，$\phi(s_t)$ 使用一个自编码器网络的编码器。本章最后，将会训练一个自编码器并使用该模型的编码器部分作为状态特征函数。因此，训练一个策略网络转化成为对参数 $\theta = [\theta_\mu, \theta_\sigma]$ 的优化问题。

给定一个连续可微策略函数，$\pi(a_t|s_t,\theta)$，策略梯度可通过下式进行计算：

$$\nabla \mathcal{J}(\theta) = \mathbb{E}_\pi \left[\frac{\nabla_\theta(a_t|s_t,\theta)}{\pi(a_t|s_t,\theta)} Q^\pi(s_t,a_t) \right] = \mathbb{E}_\pi \left[\nabla_\theta \ln \pi(a_t|s_t,\theta) Q^\pi(s_t,a_t) \right] \quad (10.1.6)$$

式（10.1.6）也称为策略梯度定理（policy gradient theorem），同时适用于离散和连续动作空间。梯度和相应参数 θ 可通过对策略动作取自然对数而得到，该策略动作的采样使用 Q 值进行尺度化。式（10.1.6）利用了自然对数的特性 $\frac{\nabla x}{x} = \nabla \ln x$。

策略梯度定理在某种意义上比较直观，表示性能梯度是从目标策略估计出，并与策略梯度成正比。策略梯度被 Q 值尺度化可促进动作积极贡献于状态值。梯度也可以与动作概率成反比，用于惩罚对改进性能无贡献动作的出现频率。

下一节中，将会介绍评估策略梯度的不同方法。

注意：有关策略梯度定理的证明，见参考文献 [2] 和 David Silver 关于强化学习的讲义。

策略梯度方法具有一些优势。例如，在一些卡片的游戏中，基于价值的方法无法使用一个简单的流程去处理随机性，这与基于策略的方法不同。在基于策略的方法中，动作概率随参数变化比较平缓。然而基于价值的动作在参数发生细小变化时可能会造成剧烈变化。最终，基于策略的方法对参数的依赖导致在性能衡量中执行梯度上升时应用不同的公式。这构成了下一节中所要介绍的 4 种策略梯度方法。

基于策略的方法也有其自身的缺陷。通常，此类方法很难训练，并且其容易收敛到局部最优而非全局最优。从本章最后要展现的实验中可看出，一个智能体很容易选择一个不一定能带来最高价值的活动。此外，策略梯度还具有高方差的特性。

策略更新经常被过估计。此外，训练基于策略的方法非常耗时。训练需要上千次 episodes。每个 episode 仅能产生少量的样本。在本章最后所展示的典型实现中，1000 episode 的训练在 GTX 1060 GPU 上会耗费将近 1h。

以下章节将讨论四种策略梯度方法。虽然讨论将集中在连续的动作空间中，相关概念在离散动作空间中也适用。由于四种策略梯度方法在策略和价值网络实施方面存在相似性，本章将在最后对如何在 Keras 中实现进行说明。

10.2 蒙特卡罗策略梯度（REINFORCE）方法

最简单的策略梯度方法称为 REINFORCE[5]。以下方法是一个蒙特卡罗策略梯度方法

$$\nabla \mathcal{J}(\theta) = \mathbb{E}_\pi [R_t \nabla_\theta \ln \pi(a_t|s_t,\theta)]$$

其中，R_t 为定义在式（9.1.2）中的返回。R_t 在策略梯度定理中是对 $Q^\pi(s_t, a_t)$ 的一个无偏采样。

算法 10.2.1 总结了 REINFORCE 算法。REINFORCE 是一个蒙特卡罗算法。该方法无需环境中的动态信息（无模型）。仅需要经验采样 $\langle s_i, a_i, r_{i+1}, s_{i+1} \rangle$ 并将其用于优化调整策略网络 $\pi(a_i|s_i,\theta)$ 的参数。折算系数 γ，用于计算步骤增加后奖励的折损。梯度被 γ' 所折算。后期步骤内的梯度将提供较少的贡献。而学习率 α 作为梯度更新的尺度化因子。

参数通过使用折算梯度和学习率执行梯度上升后被更新。作为蒙特卡罗算法，REINFORCE 需要智能体在处理梯度更新之前完成一个 episode。由于蒙特卡罗的特性，REINFORCE 的梯度更新具有高方差的特性。本章最后，将展示 Keras 中的 REINFORCE 算法实现。

算法 10.2.1 REINFORCE

需要：一个可微参数化目标策略网络 $\pi(a_t|s_t,\theta)$。

需要：折算因子 $\gamma \in [0,1]$ 和学习率 α。例如，$\gamma = 0.99$ 并且 $\alpha = /e-3$。

需要：θ_0，初始策略网络的参数（例如 $\theta_0 \to 0$）。

1. Repeat
2.   通过 $\pi(a_t|s_t,\theta)$ 生成一个 episode $(s_0a_0r_1s_1,s_1a_1r_2s_2,\ldots,s_{T-1}a_{T-1}r_Ts_T)$
3.   for steps $t = 0, \ldots, T-1$ do
4.   计算返回 $R_t = \sum_{k=0}^{T} \gamma^k r_{t+k}$
5.   计算折算后的性能梯度 $\Delta \mathcal{J}(\theta) = \gamma' R_t \nabla_\theta \ln \pi(a_t|s_t,\theta)$
6.   执行梯度上升 $\theta = \theta + \alpha \nabla \mathcal{J}(\theta)$

如图 10.2.1 所示，在 REINFORCE 中，参数化策略可通过神经网络进行建模。如前一节所述，对于连续动作空间，状态的输入被转化为特征。状态特征作为策略网络的输入。代表策略函数的高斯分布含有一个均值和标准差，两者都是状态特征的函数。策略网络 $\pi(\theta)$，可以是一个 MLP、CNN 或 RNN，用于决定状态输入的性质。所预测的动作仅为策略函数的一个样本。

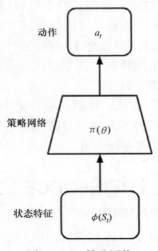

图 10.2.1　策略网络

10.3 基线 REINFORCE 方法

REINFORCE 方法可通过从返回中减去一个基线而进行泛化，即 $\delta=R_t-B(s_t)$。基线函数 $B(s_t)$ 可以是任意不依赖于 a_t 的函数，并且基线不会改变性能梯度的期望值。

$$\nabla \mathcal{J}(\theta) = \mathbb{E}_\pi[(R_t-B(s_t))\nabla_\theta \ln\pi(a_t \mid s_t,\theta)] = \mathbb{E}_\pi[R_t \nabla_\theta \ln\pi(a_t \mid s_t,\theta)] \quad (10.3.1)$$

从式（10.3.1）可知，$\mathbb{E}_\pi[B(s_t)\nabla_\theta \ln\pi(a_t \mid s_t,\theta)]=0$，因为 $B(s_t)$ 不是一个关于 a_t 的函数。

虽然引入基线不会改变期望值，但会减少梯度更新的方差。方差的减少一般会加速学习的过程。大多数情况下，使用价值函数 $B(s_t) = V(s_t)$ 作为基线。如果返回被过度估计，尺度化因子将通过价值函数成比例减少后，产生一个较低的方差。价值函数也被参数化 $V(s_t) \to V(s_t,\theta_v)$，并且它随策略网络进行联合训练。在连续动作空间中，状态值可以是一个状态特征的线性函数

$$v_t = V(s_t,\theta_v) = \phi(s_t)^T \theta_v \quad (10.3.2)$$

算法 10.3.1 总结了基线 REINFORCE 算法[1]。该方法与 REINFORCE 算法类似，只是返回被 δ 所替代。另外一个不同之处在于当前需要训练两个神经网络。如图 10.3.1 所示，除了策略网络 $\pi(\theta)$，价值网络 $V(\theta)$ 同时被训练。策略网络的值通过性能梯度 $\Delta \mathcal{J}(\theta)$ 来更新，而价值网络的参数通过价值梯度 $\nabla V(\theta_v)$ 来更新。由于 REINFORCE 是一个蒙特卡罗算法，其价值函数的训练也是一个蒙特卡罗算法。

学习率可设置为不同值。但需要注意的是，价值网络也执行梯度上升操作。本章最后将展示如何使用 Keras 实现基线 REINFORCE 算法。

算法 10.3.1 基线 REINFORCE 算法

需要：一个可微的参数化目标策略网络 $\pi(a_t \mid s_t,\theta)$。
需要：一个可微的参数化价值网络 $V(s_t,\theta_v)$。
需要：折算因子 $\gamma \in [0,1]$，用于性能梯度的学习率 α，以及用于价值梯度的学习率 α_v。
需要：θ_0 初始化策略网络参数（例如 $\theta_0 \to 0$），θ_{v0} 初始价值网络参数（例如 $\theta_{v0} \to 0$）。

1. Repeat
2.   通过 $(a_t \mid s_t,\theta)$ 生成一个 episode $\langle s_0 a_0 r_1 s_1, s_1 a_1 r_2 s_2, \ldots, s_{T-1} a_{T-1} r_T s_T \rangle$
3.   for steps $t = 0, \ldots, T-1$ do
4.   计算返回 $R_t = \sum_{k=0}^{T} \gamma^k r_{t+k}$
5.   减去基线 $\delta = R_t - V(s_t,\theta_v)$
6.   计算折算后的价值梯度 $\nabla V(\theta_v) = \gamma^t \delta \nabla_\theta \ln V(s_t,\theta_v)$
7.   执行梯度上升 $\theta_v = \theta_v + \alpha_v \nabla V(\theta_v)$
8.   计算折算后的性能梯度 $\nabla \mathcal{J}(\theta) = \gamma^t \delta \nabla_\theta \ln\pi(a_t \mid s_t,\theta)$
9.   计算梯度上升 $\theta = \theta + \alpha \nabla \mathcal{J}(\theta)$

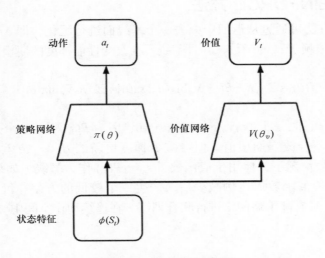

图 10.3.1 策略和价值网络

10.4 Actor-Critic 方法

在基线 REINFORCE 方法中，以特定值作为基线，并不能用于训练价值函数。本节将会引入一个基线 REINFORCE 的变体算法，称为 Actor-Critic 方法。策略和价值网络分别担任演员和评论家。策略网络作为一个演员决定对给定的状态采取何种动作。同时，价值网络用于评价演员或策略网络所做出决策。价值网络作为一个评论家评估演员所选动作的好坏程度。价值网络评估状态价值表示为 $V(s,\theta_v)$，该价值通过将所获得的奖励累加和观察下一个状态的折算价值 $\gamma V(s',\theta_v)$ 计算得出。差值 δ 可表示为

$$\delta = r_{t+1} + \gamma V(s_{t+1},\theta_v) - V(s,\theta_v) = r + \gamma V(s',\theta_v) - V(s,\theta) \qquad (10.4.1)$$

为简便起见，移除了下标 r 和 s。式（10.4.1）与第 9 章中所讨论的 Q-Learning 的时序差分类似。下一个状态价值通过 $\gamma \in [0,1]$ 折算。估计未来长远的奖励很困难，因此，估计仅发生在不久的将来 $r + \gamma V(s',\theta_v)$。这也被称为 bootstrapping 技术。bootstrapping 技术依赖于式（10.4.1）的状态表示，通常可以加速学习并且减少方差。从式（10.4.1）中，我们注意到价值网络对当前状态 $s = s_t$ 的评价，而当前状态来源于策略网络的前一个动作 a_{t-1}。同时，策略梯度基于当前动作 a_t。某种意义上，评估被推迟了一步。

算法 10.4.1 总结了 Actor-Critic 方法[1]。除了用于同时训练策略和价值网络的当前状态价值进行评估，训练也是在线完成。每一步，两个网络都被同时训练。这与 REINFORCE 和基线 REINFORCE 不同，两者的智能体都是在执行训练前完成一个 episode。同时，价值网络被咨询了两次：第一次，是在对当前状态进行价值评估时；第二次是对下一个状态进行评估时。两种价值都被用于计算梯度。图 10.4.1 展示了 Actor-Critic 网络。本章最后将展示其在 Keras 中的实现。

算法 10.4.1 Actor-Critic
需要：一个可微的参数化目标策略网络 $\pi(a|s,\theta)$。
需要：一个可微的参数化价值网络 $V(s,\theta_v)$。
需要：折算因子 $\gamma \in [0,1]$，性能梯度的学习率 α，和价值梯度的学习率 α_v。
需要：θ_0 初始策略网络的参数（例如 $\theta_0 \to 0$），θ_{v0} 初始价值网络参数（例如 $\theta_{v0} \to 0$）。

1. Repeat
2.   for steps $t=0,...,T-1$ do
3.   采样一个动作 $a \sim \pi(a|s,\theta)$
4.   执行动作并观察奖励 r 和下一个状态 s'
5.   估计状态的价值评估 $\delta = r+\gamma V(s',\theta_v)-V(s,\theta_v)$
6.   计算折算后的价值梯度 $\nabla V(\theta_v) = \gamma^t \delta \nabla_{\theta_v}(s_t,\theta_v)$
7.   执行梯度上升 $\theta_v = \theta_v + \alpha_v \nabla V(\theta_v)$
8.   计算折算后的执行梯度 $\Delta \mathcal{J}(\theta) = \gamma^t \delta \nabla_\theta \ln \pi(a|s,\theta)$
9.   执行梯度上升 $\theta = \theta + \alpha \Delta \mathcal{J}(\theta)$
10. $s = s'$

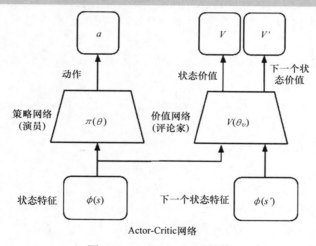

图 10.4.1 Actor-Critic 网络

10.5 优势 Actor-Critic 方法

上一节中的 Actor-Critic 方法，其价值函数的目标是正确的评估状态价值。然而，也可采用其他的技术用于训练价值网络。典型方法就是使用类似 Q-Learning 算法中的策略，在价值函数优化时使用 MSE（均方误差）。新的价值梯度等同于返回 R_t 和状态值之间 MSE 值求偏导，即

$$\nabla V(\theta_v) = \frac{\delta(R_t - V(s,\theta_v))^2}{\delta \theta} \tag{10.5.1}$$

当 $(R_t-V(s,\theta_v)) \to 0$ 时，价值网络的预测会更准确。将该 Actor-Critic 算法的变体称为 A2C。A2C 是一个单线程或同步版本的异步优势 Actor-Critc (Asynchronous Advantage Actor-Critic, A3C)[2]。$(R_t-V(s,\theta_v))$ 被称为优势。

算法 10.5.1 总结了 A2C 方法。在 A2C 和 Actor-Critic 之间有很多差异。Actor-Critic 是在线或在每一个经验样本上进行训练。A2C 类似于蒙特卡罗算法的 REINFORCE 和基线 REINFORCE 方法。它在一个 episode 完成后进行训练。Actor-Critic 的训练是从第一个状态持续到最后一个状态。A2C 的训练起源于最后一个状态，并结束于第一个状态。另外，A2C 策略和价值梯度不再被折算。

A2C 的相应网络与图 10.4.1 类似，因为仅对梯度计算的方法做了改变。为了激励智能体在训练期间的探索，A3C 算法[2]在梯度函数中加入了策略函数加权熵值的梯度 $\beta \nabla_\theta H(\pi(a_t|s_t,\theta))$。之前已介绍，熵是一个事件信息和不确定的度量。

算法 10.5.1 优势 Actor-Critic (A2C)

需要：一个可微的参数化目标策略网络 $\pi(a_t|s_t,\theta)$。

需要：一个可微的参数化价值网络 $V(s_t,\theta_v)$。

需要：折算因子 $\gamma \in [0,1]$，性能梯度的学习率 α、价值梯度的学习率 α_v 和熵权值 β。

需要：θ_0 初始策略网络的参数（例如 $\theta_0 \to 0$），θ_{v0} 初始价值网络参数（例如 $\theta_{v0} \to 0$）。

1. Repeat
2. 通过 $\pi(a_t|s_t,\theta)$ 生成一个 episode $\langle s_0 a_0 r_1 s_1, s_1 a_1 r_2 s_2, ..., s_{T-1} a_{T-1} r_T s_T \rangle$
3. $R_t = \begin{cases} 0 & if\ s_r\ is\ terminal \\ V(s_r,\theta_v) & for\ non-terminal,s_r,bootstrap\ from\ last\ state \end{cases}$
4. for steps $t = T-1,...,0$ do
5. 计算返回 $R_t = r_t + \gamma R_t$
6. 计算价值梯度 $\nabla V(\theta_v) = \dfrac{\partial (R_t - V(s,\theta_v))^2}{\partial \theta_v}$
7. 累加梯度 $\theta_v = \theta_v + \alpha_v \nabla V(\theta_v)$
8. 计算性能梯度 $\Delta \mathcal{J}(\theta) = \nabla_\theta \ln \pi(a_t|s_t,\theta)(R_t - V(s,\theta_v)) + \beta \nabla_\theta H(\pi(a_t|s_t,\theta))$
9. 执行梯度上升 $\theta = \theta + \alpha \Delta \mathcal{J}(\theta)$

10.6 Keras 中的策略梯度方法

前面所讨论的四种策略梯度方法（算法 10.2.1~10.5.1）使用了相同的策略和价值网络模型。图 10.2.1~ 图 10.4.1 中的策略和价值网络具有相同的配置。四种价值梯度方法仅在以下方面存在差异：

- 性能和价值梯度公式。
- 训练策略。

在本节中，将讨论如何在 Keras 中使用一套代码实现算法 10.2.1~ 算法 10.5.1，因为它们可共享很多共同的程序。

完整代码见 https://github.com/PacktPublishing/ Advanced-Deep-Learning-with -Keras。

但在讨论实施前,首先简单探讨一下训练环境。

与 Q-Learning 不同的是,策略梯度方法既可应用于离散也可以应用于连续动作空间。在本例中,将展现四种策略梯度方法在一个连续动作空间应用的例子,使用 OpenAI Gym 中的 MountainCarContinuous-v0 (https://gym.openai.com)。如果对 OpenAI Gym 不熟悉,可参照第 9 章的有关内容。

MountainCarContinous-v0 的 2D 环境快照如图 10.6.1 所示。在这个 2D 环境中,发动机动力较弱的一辆小车位于两座山之间。为了抵达右边山顶的黄色旗帜处,小车需要回开再往前以获得足够的动能。越多能量(动作的绝对值越大)被小车使用,将会得到越小(更多负值)的奖励。因此,奖励总是负值,当小车抵达旗帜后变为正值,即收获一个 +100 的奖励。然而,每次动作都会按照以下代码被惩罚:

```
reward-= math.pow(action[0],2)*0.1
```

有效动作的连续范围值为 [-1.0,1.0]。超过这个范围,动作就会被截断至最大或最小值。因此,应用一个超过 1.0 或小于 -1.0 的值毫无意义。

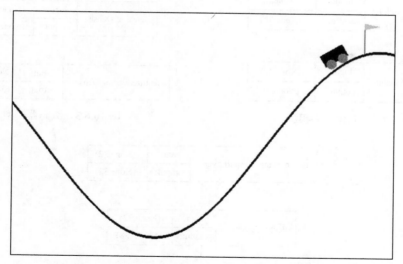

图 10.6.1　MountainCarContinous-v0 Open AI Gym 环境

MountainCarContinous-v0 的环境状态有两个元素,即
- 小车位置。
- 小车速度。

状态可被一个编码器转换为状态特征。所预测的动作是给定状态策略模型的输出。价值函数的输出是状态的预测值。

如图 10.2.1~ 图 10.4.1 所示，在建立策略和价值网络之前，我们必须首先建立一个函数将状态转换为特征。该函数可通过第 3 章所介绍的自编码器内部的编码器来实现。图 10.6.2 展示了一个由一个编码器和一个解码器组成的自编码器。在图 10.6.3 中，一个 MLP 的编码器由 Input(2) -Dense(256,activation='relu') -Dense(128, activation='relu') -Dense(32) 组成。每一个状态都被转换为一个 32 维特征向量。在图 10.6.4 中，解码器也是一个 MLP，但是由 Input(32)-Dense(128, activation='relu')-Dense(256,activation='relu')-Dense(2) 组成。自编码器使用 MSE、损失函数和 Keras 默认的 Adma 优化器训练 10 个 epochs。我们为训练和测试集采样了 220000 个样本，并按照 200k/20k 进行训练 - 测试划分。完成训练之后，存储编码器的权值用于未来策略和价值网络的训练。代码列表 10.6.1 展现了建立和训练一个自编码器的方法。

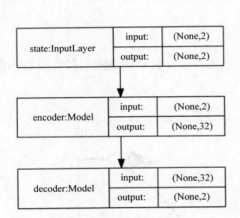

图 10.6.2　自编码器模型

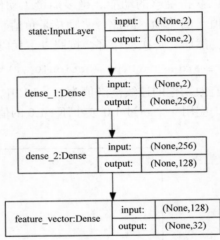

图 10.6.3　编码器模型

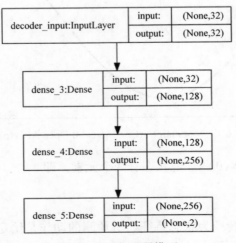

图 10.6.4　解码器模型

代码列表 10.6.1，policygradient-car-10.1.1.py 展示了建立和训练自编码器的方法。

```python
# 使用自编码器将状态转变为特征
def build_autoencoder(self):
    # 首先构建自编码器模型
    inputs = Input(shape=(self.state_dim, ), name='state')
    feature_size = 32
    x = Dense(256, activation='relu')(inputs)
    x = Dense(128, activation='relu')(x)
    feature = Dense(feature_size, name='feature_vector')(x)

    # 实例化编码器模型
    self.encoder = Model(inputs, feature, name='encoder')
    self.encoder.summary()
    plot_model(self.encoder, to_file='encoder.png', show_shapes=True)

    # 构建解码器模型
    feature_inputs = Input(shape=(feature_size,), name='decoder_input')
    x = Dense(128, activation='relu')(feature_inputs)
    x = Dense(256, activation='relu')(x)
    outputs = Dense(self.state_dim, activation='linear')(x)

    # 实例化解码器模型
    self.decoder = Model(feature_inputs, outputs, name='decoder')
    self.decoder.summary()
    plot_model(self.decoder, to_file='decoder.png', show_shapes=True)

    # 自编码器=编码器+解码器
    # 实例化自编码器模型
    self.autoencoder = Model(inputs, self.decoder(self.encoder(inputs)), name='autoencoder')
    self.autoencoder.summary()
    plot_model(self.autoencoder, to_file='autoencoder.png', show_shapes=True)

    # 使用均方误差 (MSE) 损失函数， Adam 优化器
    self.autoencoder.compile(loss='mse', optimizer='adam')


# 从环境中随机采样状态来训练自编码器
def train_autoencoder(self, x_train, x_test):
    # 训练自编码器
    batch_size = 32
    self.autoencoder.fit(x_train,
```

```
          x_train,
          validation_data=(x_test, x_test),
          epochs=10,
          batch_size=batch_size)
```

对于给定 MountainCarContinous-v0 环境，策略（或演员）模型所预测的动作必须应用于小车。如本章第 1 小节所讨论的策略梯度方法，对于连续动作空间，策略模型从高斯分布中采样一个动作，即 $\pi(a_t|s_t,\theta)=a_t\sim\mathcal{N}(\mu(s_t),\sigma(s_t))$。在 Keras 中，该方法可实现如下：

```python
# 给定均值和标准差，采样一个动作，截断并返回
# 对所给定的状态，假设选择的动作的概率符合高斯随机分布

# action given a state
def action(self, args):
    mean, stddev = args
    dist = tf.distributions.Normal(loc=mean, scale=stddev)
    action = dist.sample(1)
    action = K.clip(action,
                    self.env.action_space.low[0],
                    self.env.action_space.high[0])
    return action
```

动作被截断至可能的最大值和最小值。

策略网络用于预测高斯分布的均值和标准差。图 10.6.5 展示了用于建模 $\pi(a_t|s_t,\theta)$ 的策略网络。需要注意的是，编码器模型预先训练好的权值被冻结。仅均值和标准差权值接收性能梯度更新。

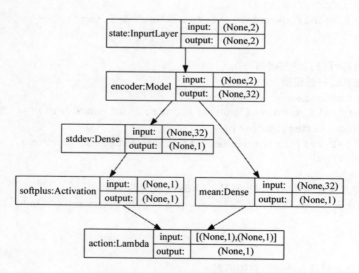

图 10.6.5　策略模型（演员模型）

策略网络基本上可认为是对式（10.1.4）和式（10.1.5）的实现。为方便起见，这里再次罗列如下：

$$\mu(s_t) = \phi(s_t)^T \theta_\mu \quad (10.1.4)$$

$$\sigma(s_t) = \varsigma(\phi(s_t)^T \theta_\sigma) \quad (10.1.5)$$

其中，$\phi(s_t)$ 为编码器，θ_μ 为均值 Dense(1) 层的权值，并且 θ_σ 为标准差 Dense(1) 层的权值。使用改进后的 softplus 函数 $\varsigma(\cdot)$ 来避免零标准差：

```
# 有些实现过程使用了修改以后的softplus以确保标准差不为0
def softplusk(x):
    return K.softplus(x) + 1e-10
```

策略模型的构建器如代码列表 10.6.2 所示。将要讨论的对数概率、熵和价值模型也包含在该代码列表中。

代码列表 10.6.2，policygradient-car-10.1.1.py 展现了通过已编码的状态特征构建策略（演员）、logp、熵和价值模型的过程。

```
def build_actor_critic(self):
    inputs = Input(shape=(self.state_dim, ), name='state')
    self.encoder.trainable = False
    x = self.encoder(inputs)
    mean = Dense(1,
                 activation='linear',
                 kernel_initializer='zero',
                 name='mean')(x)
    stddev = Dense(1,
                   kernel_initializer='zero',
                   name='stddev')(x)
    # 使用 softplusk 以避免 stddev = 0
    stddev = Activation('softplusk', name='softplus')(stddev)
    action = Lambda(self.action,
                    output_shape=(1,),
                    name='action')([mean, stddev])
    self.actor_model = Model(inputs, action, name='action')
    self.actor_model.summary()
    plot_model(self.actor_model, to_file='actor_model.png',
show_shapes=True)

    logp = Lambda(self.logp,
                  output_shape=(1,),
                  name='logp')([mean, stddev, action])
    self.logp_model = Model(inputs, logp, name='logp')
    self.logp_model.summary()
    plot_model(self.logp_model, to_file='logp_model.png', show_
shapes=True)

    entropy = Lambda(self.entropy,
                     output_shape=(1,),
                     name='entropy')([mean, stddev])
```

```
        self.entropy_model = Model(inputs, entropy, name='entropy')
        self.entropy_model.summary()
        plot_model(self.entropy_model, to_file='entropy_model.png', show_
shapes=True)
        value = Dense(1,
                      activation='linear',
                      kernel_initializer='zero',
                      name='value')(x)
        self.value_model = Model(inputs, value, name='value')
        self.value_model.summary()
```

除了策略网络 $\pi(a_t|s_t,\theta)$，我们也需要一个有关动作的对数概率 (logp) 网络 $\ln\pi(a_t|s_t,\theta)$，并通过该网络计算实际梯度。如图 10.6.6 所示，logp 网络是一个简单的策略网络，它利用一个额外的 Lambda(1) 层用于计算所给动作的高斯分布的对数概率、均值和标准差。logp 网络和演员（策略）模型共享相同参数集。Lambda 层没有任何参数，通过以下函数实现：

```
# given mean, stddev, and action compute
# 给定均值、标准差、动作来计算高斯分布的log概率
def logp(self, args):
    mean, stddev, action = args
    dist = tf.distributions.Normal(loc=mean, scale=stddev)
    logp = dist.log_prob(action)
    return logp
```

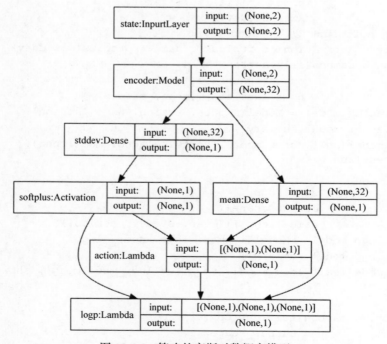

图 10.6.6　策略的高斯对数概率模型

训练 logp 网络的同时也训练了演员模型。在本节所讨论的训练方法中，仅 logp 网络被训练。

如图 10.6.7 所示，熵模型与策略网络共享参数。Lambda(1) 的输出层使用以下函数通过给定的均值和标准差来计算高斯分布的熵：

```
# given the mean and stddev compute the Gaussian dist entropy
# 给定均值、标准差、动作来计算高斯分布的熵
def entropy(self, args):
    mean, stddev = args
    dist = tf.distributions.Normal(loc=mean, scale=stddev)
    entropy = dist.entropy()
    return entropy
```

熵模型仅被 A2C 方法使用。

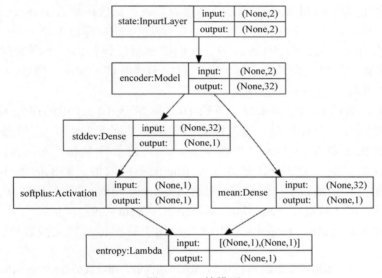

图 10.6.7　熵模型

图 10.6.8 展现了价值模型。价值模型也使用预先训练好的编码器并冻结权值来实现下面的公式。方便起见，再次罗列该公式

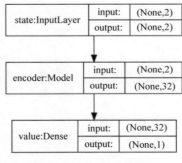

图 10.6.8　一个价值模型

$$v_t = V(s_t, \theta_v) = \phi(s_t)^T \theta_v \qquad (10.3.2)$$

θ_v 为 Dense(1) 层的权值，是唯一接收梯度更新的层。图 10.6.8 展示了算法 10.3.1~算法 10.5.1 中的 (s_t, θ_v)。价值模型可用少量的代码建立，即

```
inputs = Input(shape=(self.state_dim, ), name='state')
self.encoder.trainable = False
x = self.encoder(inputs)

value = Dense(1,
              activation='linear',
              kernel_initializer='zero',
              name='value')(x)
self.value_model = Model(inputs, value, name='value')
```

这些代码也在方法 build_actor_critic( ) 中得以实现，如代码列表 10.6.2 所示。

完成网络模型后，下一个步骤就是训练。在算法 10.2.1~算法 10.5.1 中，通过梯度上升来执行目标函数的最大化；而在 Keras 中，我们需要通过运行梯度下降来执行损失函数的最小化。损失函数可简单认为是将要最大化的目标函数取负。梯度下降即为负的梯度上升。代码列表 10.6.3 展现了 logp 和价值损失函数。

可利用损失函数的通用结构来统一算法 10.2.1~算法 10.5.1 中的损失函数。性能和价值梯度仅在其常数因子上有差别。所有性能梯度都有共同 $\nabla_\theta \ln \pi (a_t|s_t, \theta)$ 条件。可表示为策略对数概率损失函数 logp_loss( ) 中的 y_pred。共同条件 $\nabla_\theta \ln \pi (a_t|s_t, \theta)$ 的因子，依赖于 y_true 所实现的算法。表 10.6.1 展现了 y_true 的不同取值。剩下的条件是加权梯度熵 $\beta \nabla_\theta H(\pi (a_t|s_t, \theta))$。其在函数 logp_loss( ) 中通过 beta 和 entropy 的乘积实现。只有 A2C 使用这个条件，所以默认情况下 beta=0.0。对于 A2C，beta=0.9。

代码列表 10.6.3，policygradient-car-10.1.1.py 用于展现 logp 损失函数和价值网络。

```
# logp损失，第三个和第四个变量(熵和beta)是A2C所需的，所以我们有一个不同的损失函数结构
def logp_loss(self, entropy, beta=0.0):
    def loss(y_true, y_pred):
        return -K.mean((y_pred * y_true) + (beta * entropy), ax
is=-1)

    return loss



# 典型的损失函数结构只接收2个参数，除了A2C，所有方法的价值损失都将使用这种结构
def value_loss(self, y_true, y_pred):
    return -K.mean(y_pred * y_true, axis=-1)
```

类似地，算法 10.3.1 和算法 10.4.1 中的价值损失函数具有相同的结构。价值损失函数在 Keras 中通过 value_loss( ) 实现，如代码列表 10.6.3 所示。共同梯度因子 $\nabla_{\theta_v} V(s_t, \theta_v)$ 被表示为张量 y_pred。剩下的因子被表示为 y_true。y_true 的取值也在表 10.6.1 中进行了列举。REINFORCE 不使用价值函数，而 A2C 使用 MSE 损失函数来学习价值函数。在 A2C 中，y_true 表示目标价值或真实值。

表 10.6.1 logp_loss 和 value_loss 中 y_true 的取值

算法	logp_loss 的 y_true	value_loss 的 y_true
10.2.1 REINFORCE	$\gamma' R_t$	Not applicable
10.3.1 REINFORCE with baseline	$\gamma' \delta$	$\gamma' \delta$
10.4.1 Actor-Critic	$\gamma' \delta$	$\gamma' \delta$
10.5.1 A2C	$(R_t - V(s, \theta_v))$	R_t

代码列表 10.6.4，policygradient-car-10.1.1.py 用于展现通过 episode 训练后的 REINFORCE、基线 REINFORCE 和 A2C。在代码列表 10.6.5 中，调用主训练程序前，需要计算一个合适的返回。

```
# 按episode进行训练(REINFORCE、基线REINFORCE和A2C，在进行单步训练之前使用该程序准备数据集)
def train_by_episode(self, last_value=0):
    if self.args.actor_critic:
        print("Actor-Critic must be trained per step")
        return
    elif self.args.a2c:
        # 从最后一个状态到第一个状态实现A2C的训练
        # 折算因子
        # discount factor
        gamma = 0.95
        r = last_value

        # 按照算法10.5.1所示对memory进行逆序访问
        for item in self.memory[::-1]:
            [step, state, next_state, reward, done] = item
            # 计算返回
            r = reward + gamma*r
            item = [step, state, next_state, r, done]
            # 每一步训练
            # A2C 的奖励都被折算
            self.train(item)

        return


    # 仅 REINFORCE 和基线 REINFORCE 使用以下代码
    # 将奖励 (rewards) 转换为返回 (returns)
    rewards = []
```

```python
gamma = 0.99
for item in self.memory:
    [_, _, _, reward, _] = item
    rewards.append(reward)

# 计算每个步骤的返回
# 返回是从 t 到 episode结束过程中奖励的累加
# 使用返回替代列表中的奖励
for i in range(len(rewards)):
    reward = rewards[i:]
    horizon = len(reward)
    discount = [math.pow(gamma, t) for t in range(horizon)]
    return_ = np.dot(reward, discount)
    self.memory[i][3] = return_

# 每一步进行训练
for item in self.memory:
    self.train(item, gamma=gamma)
```

代码列表 10.6.5，policygradient-car-10.1.1.py 用于展现所有策略梯度算法的主要训练程序。Actor-critic 在每次经验采样时调用该主程序，同时余下的调用发生在代码列表 10.6.4 中每个 episode 的训练过程中。

```python
# 四种策略梯度方法训练的主要程序
def train(self, item, gamma=1.0):
    [step, state, next_state, reward, done] = item

    # 必须为熵计算保存状态
    self.state = state

    discount_factor = gamma**step

    # reinforce-baseline: delta = return - value
    # actor-critic: delta = reward - value + discounted_next_value
    # a2c: delta = discounted_reward - value
    delta = reward - self.value(state)[0]

    # 仅 REINFORCE 不使用评论家（价值网络）
    critic = False
    if self.args.baseline:
        critic = True
    elif self.args.actor_critic:
        # 由于该函数被 Actor-Critic直接调用
        # 因此在此评估价值函数
        critic = True
        if not done:
```

```
                next_value = self.value(next_state)[0]
                # 添加下一个价值的折算
                delta += gamma*next_value
        elif self.args.a2c:
            critic = True
        else:
            delta = reward


        # 使用算法10.2.1、10.3.1和10.4.1中所示的折算因子
        discounted_delta = delta * discount_factor
        discounted_delta = np.reshape(discounted_delta, [-1, 1])
        verbose = 1 if done else 0


        # 训练 logp 网络 （也意味着训练演员模型）
        # 因为他们共享完全相同的参数
        self.logp_model.fit(np.array(state),
                            discounted_delta,
                            batch_size=1,
                            epochs=1,
                            verbose=verbose)

        # 在 A2C中，目标值作为返回
        # （用 train_by_episode 函数中的返回替换奖励）
        if self.args.a2c:
            discounted_delta = reward
            discounted_delta = np.reshape(discounted_delta, [-1, 1])

        # 训练价值网络 （评论家）
        if critic:
            self.value_model.fit(np.array(state),
                                 discounted_delta,
                                 batch_size=1,
                                 epochs=1,
                                 verbose=verbose)
```

完成所有的网络模型和损失函数构建后，最后一个部分就是训练策略，该过程对于每个算法都不同。所使用的两个训练函数如代码列表 10.6.4 和 10.6.5 所示。算法 10.2.1、10.3.1 和 10.5.1 在训练之前需等待一个完整的 episode 结束，所以 train_by_epsiode( ) 和 train( ) 都会被返回。完整的 episode 被存放在 self.memory。Actor-Critic 的算法 10.4.1 在每一步进行训练并且只运行 train( ) 方法。

每个算法使用不同的方法处理 episode 的轨迹。

表 10.6.2　表 10.6.1 中的 y_true 值

算法	y_true 公式	Keras 中的 y_true
10.2.1 REINFORCE	$\gamma' R_t$	reward*discount_factor
10.3.1 REINFORCE with baseline	$\gamma' \delta$	(reward-self.value(state)[0]*discount_factor)
10.4.1 Actor-Critic	$\gamma' \delta$	(reward-self.value(state)[0]+gamma*next_value*discount_factor)
10.5.1 A2C	$(R_t - V(s, \theta_v))$ 和 R_t	(reward-self.value(state)[0])and reward

对于 REINFORCE 方法和 A2C，reward 实际上是 train_by_episode( ).discount_factor=gamma**step 计算的返回结果。

所有的 REINFORCE 方法都会计算返回 $R_t = \sum_{k=0}^{T} \gamma^k r_{t+k}$，通过将记忆中的奖励值进行替换：

```
# 仅 REINFORCE 和基线 REINFORCE 使用以下代码
# use the ff codes
# 其将奖励 (rewards) 转化为返回 (returns)
rewards = []
gamma = 0.99
for item in self.memory:
    [_, _, _, reward, _] = item
    rewards.append(reward)

# 计算每一步的返回
# 返回是从 t 到 episode 结束过程中奖励的累加
# 以返回替代列表当中的奖励
for i in range(len(rewards)):
    reward = rewards[i:]
    horizon = len(reward)
    discount = [math.pow(gamma, t) for t in range(horizon)]
    return_ = np.dot(reward, discount)
    self.memory[i][3] = return_
```

该返回随后从第一步开始，逐步训练策略（演员）和价值模型（仅使用基线）。

A2C 的训练策略有所不同，它按照从最后一步到第一步的过程计算梯度。因此，返回的累加起始于最后一步的奖励或最后的下一个状态值。

```
# 按照算法 10.5.1，memory逆向访问
for item in self.memory[::-1]:
    [step, state, next_state, reward, done] = item
    # 计算返回
    r = reward + gamma*r
    item = [step, state, next_state, r, done]
    # 每一步训练
    # A2C 奖励被折算
    self.train(item)
```

代码列表中的 reward 变量也被返回所替代。该变量如果达到终止状态时（小车触及旗子），其值被初始化为 reward，或在非终止状态时被赋值为下一个状态值：

```
v = 0 if reward > 0 else agent.value(next_state)[0]
```

在 Keras 实现中，提及的所有程序都在 PolicyAgent 类的方法中实现。PolicyAgent 用于表示智能体实现策略梯度的方法，包括构建和训练网络模型以及预测动作、对数概率、熵和状态值。

代码列表 10.6.6 展现了当智能体执行和训练策略和价值模型时，一个 episode 是如何展开的。for 循环执行 1000 episodes，当超过 1000 步或小车触及旗帜后，一个 episode 终止。智能体在每步当中运行策略所预测的动作。在每一步或 episode 结束后，训练程序被调用。

代码列表 10.6.6，policygradient-car-10.1.1.py 智能体运行 1000 个 episodes 去执行策略在每一步所预测的动作，并且完成训练。

```
# 采样和拟合
for episode in range(episode_count):
    state = env.reset()
    # 状态为小车的 [位置，速度]
    state = np.reshape(state, [1, state_dim])
    # 在每个 episode 开始前重置所有变量与记忆
    step = 0
    total_reward = 0
    done = False
    agent.reset_memory()
    while not done:
        # [min, max] action = [-1.0, 1.0]
        # 对于基线方法，随机选择动作不会移动小车触旗
        
        if args.random:
            action = env.action_space.sample()
        else:
            action = agent.act(state)
        env.render()
        # 执行完动作后，得到 s', r
        next_state, reward, done, _ = env.step(action)
        next_state = np.reshape(next_state, [1, state_dim])
        # 将经验单元保存至记忆中用于训练
        # Actor-Critic 无须该记忆，但仍做保留
        item = [step, state, next_state, reward, done]
        agent.remember(item)
        
        if args.actor_critic and train:
            # only actor-critic performs online training
            # train at every step as it happens
            # 仅 actor-critic 能执行在线训练
            # 在每一步发生时进行训练
```

```
            agent.train(item, gamma=0.99)
        elif not args.random and done and train:
            # 对于 REINFORCE，基线 REINFORCE 和 A2C
            # 在训练网络前，需等待 episode 的完成

            # 最后一个值被 A2C 所使用
            v = 0 if reward > 0 else agent.value(next_state)[0]
            agent.train_by_episode(last_value=v)

        # 累积奖励
        total_reward += reward
        # 下一个状态为新状态
        state = next_state
        step += 1
```

10.7 策略梯度方法的性能评估

四种策略梯度方法通过在 1000 episodes 中训练智能体来进行评估。我们定义一个训练会话为 1000 episodes 的训练。第一个性能指标用于衡量在 1000 episodes 里，小车触及旗帜的累计次数。图 10.7.1~ 图 10.7.4 展示了每种方法的 5 个会话。

在这个指标中，A2C 可获得最高的触旗次数，随后是基线 REINFORCE、Actor-Critic 和 REINFORCE。使用基线或评论策略可加速学习过程。注意这些智能体的训练会话在执行时都在持续改进。然而，部分实验中智能体的性能没有随着时间的推移而改进。

第二个性能指标是 MountainCarContinous-v0 是否在每个 episode 中获得大于 90.0 的奖励。在每个方法的训练会话中，我们选择了一个会话在最后的 100 episodes（episode 900 到 999）中拥有的最高奖励总数。图 10.7.5~ 图 10.7.8 展现了 4 种策略梯度方法的结果。基线 REINFORCE 是唯一一个能在 1000 episodes 训练后获得持续大于 90 的奖励的方法。A2C 获得次优性能，但其奖励总数并没有持续超过 90。

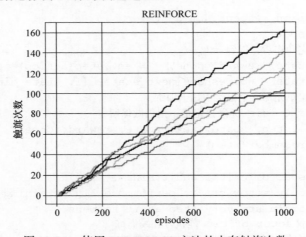

图 10.7.1　使用 REINFORCE 方法的小车触旗次数

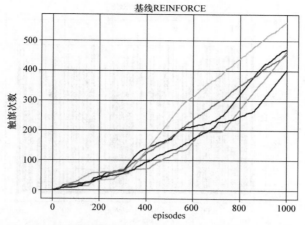

图 10.7.2 使用基线 REINFORCE 方法的小车触旗次数

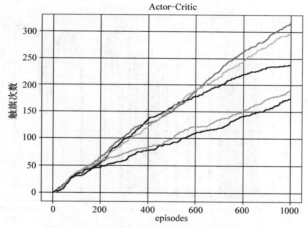

图 10.7.3 使用 Actor-Critic 方法的小车触旗次数

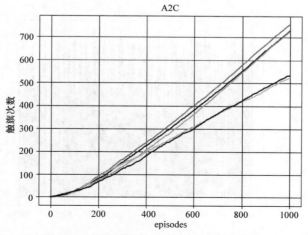

图 10.7.4 使用 A2C 方法的小车触旗次数

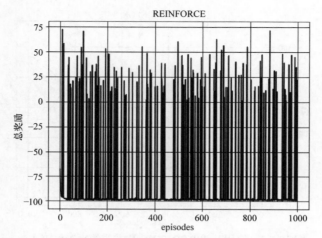

图 10.7.5 使用 REINFORCE 方法在每个 episode 中的总奖励

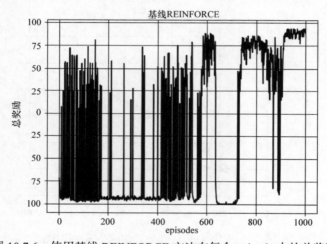

图 10.7.6 使用基线 REINFORCE 方法在每个 episode 中的总奖励

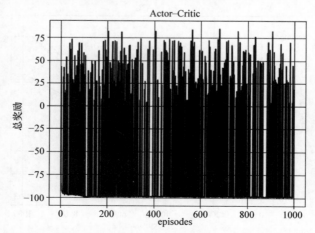

图 10.7.7 使用 Actor-Critic 方法在每个 episode 中的总奖励

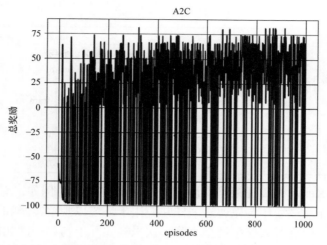

图 10.7.8　使用 A2C 方法每个 episode 中的总奖励

在所开展的实验中，对数概率和价值网络优化使用了相同的学习率 1e-3。除了 A2C 的折算因子被设置为易于训练的 0.95 以外，其他折算因子都被设置为 0.99。

建议运行以下代码来执行一个训练好的网络：

```
$ python3 policygradient-car-10.1.1.py
--encoder_weights=encoder_weights.h5 --actor_weights=actor_weights.h5
```

表 10.7.1 展示了运行 policygradient-car-10.1.1.py 的其他模式。权值文件（*.h5）可使用用户所训练的权值文件替代。可通过查询代码了解其他选项。

表 10.7.1　运行 policygradient-car-10.1.1.py 中不同的选项

目的	运行
以 scratch 文件训练 REINFORCE	python3 policygradient-car-10.1.1.py --encoder_weights=encoder_weights.h5
以 scratch 文件训练基线 REINFORCE	python3 policygradient-car-10.1.1.py --encoder_weights=encoder_weights.h5-b
以 scratch 文件训练 Actor-Critic	python3 policygradient-car-10.1.1.py --encoder_weights=encoder_weights.h5-a
以 scratch 文件训练 A2C	python3 policygradient-car-10.1.1.py --encoder_weights=encoder_weights.h5-c
以先前保存的权值训练	python3 policygradient-car-10.1.1.py --encoder_weights=encoder_weights.h5 --actor_weights=actor_weights.h5--train
以先前保存的权值训练基线 REINFORCE	python3 policygradient-car-10.1.1.py --encoder_weights=encoder_weights.h5 --actor_weights=actor_weights.h5 --value_weights=value_weights.h5-b--train

（续）

目的	运行
以先前保存的权值训练 Actor-Critic	python3 policygradient-car-10.1.1.py --encoder_weights=encoder_weights.h5 --actor_weights=actor_weights.h5 --value_weights=value_weights.h5-a--train
以先前保存的权值训练 A2C	python3 policygradient-car-10.1.1.py --encoder_weights=encoder_weights.h5 --actor_weights=actor_weights.h5 --value_weights=value_weights.h5-c--train

最后注意，在 Keras 中实现策略梯度方法有一些局限性。例如，对演员模块的训练需要对动作进行重采样。该动作要先通过采样并应用于环境以观察奖励和下一个状态。随后，开展另一次采样用于训练对数概率模型。第二次采样实际上与第一次相同，显得没有必要。但是用于训练的奖励却来自于第一次采样的动作，会在计算梯度的时候引入随机噪声。

好消息是 Keras 可通过 tf.keras 的形式从 TensorFlow 中获得很多支持。将代码从 Keras 转移到一些更灵活和强大的机器学习库（例如 Tensorflow 中）已变得非常容易。如果刚接触 Keras 并想建立较为低级的自定义机器学习程序，Keras 的 API 和 tf.keras 之间存在很强的相似性。

在 TensorFlow 中学习使用 Keras 的学习曲线较为平滑。此外，在 tf.keras 中，利用一些新的易于使用的数据集和 Tensorflow 的 API，可精简很多代码并且可重用模型，易于构建清晰的传递途径。随着新的 eager execute 模式的出现，在 tf.keras 和 Tensorflow 中实现和调试 Python 代码甚至变得更为简单。eager execution 允许在没有像本书这样建立一个计算图形之前就可以运行代码。同时也允许代码的结构向典型的 Python 程序靠拢。

10.8 小结

本章介绍了策略梯度方法，从策略梯度定理出发，构建了四种用于训练策略网络的方法，详细讨论了这四种方法（分别是 REINFORCE、基线 REINFORCE、Actor-Critic 和 A2C 算法），并对它们如何在 Keras 中实现进行了探讨。然后，通过统计智能体成功触及其目标的次数和统计每个 episode 中所收获的总奖励的方法，验证了四种算法。

与前一章深度 Q 网络类似，在基础策略梯度算法方面有了很多改进算法。例如，最显著的是 A3C[3] 算法，它是 A2C 的一个多线程版本。该方法使智能体可同时暴露在不同的经验中，并通过异步的方式优化策略和价值网络。然而，在 OpenAI 的实验中（https://blog.openai.com/baselines-acktr-a2c/），A3C 相对于 A2C 没有明显优势，因为前者并没有利用到目前较强的 GPU。

本书即将结束时，需提醒读者，深度学习的领域非常广泛，本书不可能覆盖所有内容。我们仔细挑选了一些高级主题，并且认为这些主题可覆盖比较广的应用范围，而且也易于构建。本书所展示的在 Keras 中的所有实现，将会帮助读者在自己的工作和研究中应用相关技术。

参考文献

1. Sutton and Barto. *Reinforcement Learning: An Introduction*, `http://incompleteideas.net/book/bookdraft2017nov5.pdf`, (2017).

2. Mnih, Volodymyr, and others. *Human-level control through deep reinforcement learning, Nature* 518.7540 (2015): 529.

3. Mnih, Volodymyr, and others. *Asynchronous methods for deep reinforcement learning, International conference on machine learning*, 2016.

4. Williams and Ronald J. *Simple statistical gradient-following algorithms for connectionist reinforcement learning, Machine learning* 8.3-4 (1992): 229-256.